図・解・で・わ・か・る

ビジネスマンのための

超簡単

最新PDF

Windows／macOS／スマホ／タブレット対応版

閲覧・作成
自由自在!

便利帳

オール
カラー版

音賀 鳴海 & アンカー・プロ 著

秀和システム

ＰＤＦはＤＸへの〝はじめの一歩〟

「ＰＤＦ」（ピー・ディー・エフ）は、電子書式の国際標準フォーマットです。Ｗｅｂページに「ＰＤＦファイル」へのリンクを見ることも多くなっています。これらのＰＤＦファイルは、きちんとした整ったレイアウトデザインで見たい（読みたい）書類、例えば報告書やマニュアルなどに多く使われています。

ＤＸ（デジタル・トランスフォーメーション）は、変化し続けるＩＴ社会に質的な変化を生むことです。そのためには、デジタル技術を積極的に活用します。そして、その結果として創造的な生産活動や循環型の消費行動が推進されると考えられます。

身近なところから取り組めるＤＸ化に「ペーパーレス」があります。紙媒体での情報やメッセージをデジタル化することで、物質による伝達や保存を減らすことができます。「ペーパーレス」は、資源の節約にも一役買います。まさに、「ＰＤＦ」の出番というわけです。

このように、ＤＸ化に取り組むための〝はじめの一歩〟は「ＰＤＦ」なのですが、ほとんどの人はすでに使ったことがあるでしょう。Ｗｅｂページに貼られているＰＤＦファイルへのリンクをクリックすると、自然にＰＤＦ文書が表示されるようになっている場合が多いからです。このとき、ＰＤＦ文書を表示しているのはWebブラウザとは異なる専用のアプリなのかもしれません。普通は、どのアプリでPDF文書を開くかなど気にしません。それほど、PDFは身近な技術になっているのです。

すでに一般のデジタルライフに浸透しているPDFですが、いざ、PDF文書を作成しようとしたり、一部分を編集しようと思ったりしたときに、ハタと困ります。

〝PDF文書を読むのは簡単できたのに、作るにはどうすればいいの?〟

そんな疑問に答えるのが本書の目的です。「PDF文書の作成や編集には、どんなアプリが必要なのか」「PDFファイルによる請求書の訂正はどうやってするのか」「PDFの履歴書へデータを入力するにはどうすればいいのか」「セキュリティは大丈夫なのか」など、DX化の入り口で多くの人が迷うPDFへの困りごとを一つひとつ解決します。簡単だけど、けっこう奥も深い、だから、知っているかどうかでビジネスにも差が出る、本書は、このようなPDFの〝手軽な実用書〟になっていると思います。

二〇二三年七月

音賀 鳴海 & アンカー・プロ

目次

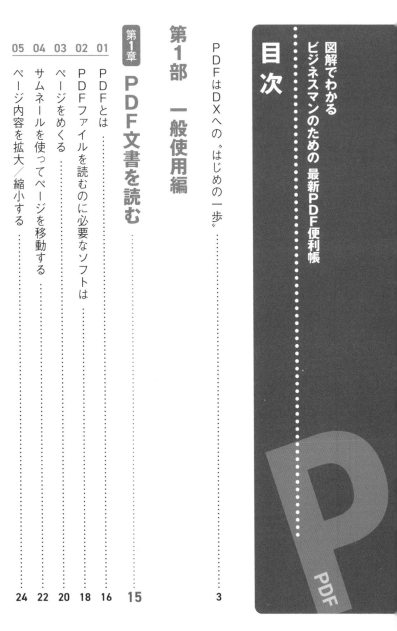

図解でわかる
ビジネスマンのための 最新PDF便利帳

第2章 PDF文書を作成する …… 31

第2部　ビジネス活用編

第2章 Acrobat Pro/Standard …… 133

第3部 実践で役立つ編

第4章 こんなときはどうする？

第1部

一般使用編

第1章

PDF文書を読む

P

PDF

01 PDFとは

キーワード

電子文書フォーマット

ＰＤＦは、世界中で最も使われている電子文書フォーマットで、オフィスのペーパーレス化には欠かせない技術です。１９９０年代にアメリカのAdobe社が開発し、その後２００８年にはＰＤＦ形式が電子文書ファイル形式の国際標準になっています。

ＰＤＦファイルを読むには、ＰＤＦビューワーが必要です。本書が推奨するのは、Adobe社の「Acrobat Reader」と、Microsoft社の「Edge」です。

さて、ＰＤＦ文書の特徴は、ＯＳや機器が違っても、オリジナルとほとんど同じ紙面が再生されるところです。ＰＤＦ文書の電子紙面は画面上で拡大してもきれいに表示されます。文字のフォントやサイズ、デザインされたリーフレットなどの紙面を、オリジナルと同じように表示できるＰＤＦだから、世界中で使われているのです。

MEMO PDFはPortable Document Formaの略語です。

PDFファイルを開く

●PDFファイル

PDF文書は、データファイルの一種です。ファイルのアイコンデザインや拡張子で確認できます。

●PDFファイルを開く

PDFファイルを開くには、対応したアプリが必要になります。これがPDFビューワーなどと呼ばれるソフトです。コンピューターやスマホにダウンロードしているPDFファイルをダブルクリックあるいはタップなどの「開く」操作をすると、「既定のアプリ」として設定されているソフトが起動して、PDFファイルが読み込まれ、内容が表示されます。

▼Acrobat Reader（文書ビュー）

> **MEMO** Acrobat Readerは、無料で利用できるAdobe社製のPDFビューワーです。

PDF

02 ＰＤＦファイルを読むのに必要なソフトは

キーワード
ビューワー

ＰＤＦファイル形式で保存されている電子文書を〝読む〟ためには、特定のアプリが必要です。とはいっても、現在、国際標準となったＰＤＦですから、標準的なコンピューターやスマホではすぐＰＤＦ文書を読むことができます。

Windowsコンピューターでは、Edgeなどの各種ＷｅｂブラウザやWord、ExcelなどのOffice製品などでＰＤＦファイルを開くことができます。Androidタブレットやスマホでは、ChromeなどのＷｅｂブラウザやGoogleドキュメントなどがあります。Apple製デバイス（iPadやiPhone）ではSafariなどのＷｅｂブラウザや「ブック」などです。もちろん、各ＯＳ用のAdobe社製のＰＤＦビューワー（Adobe Acrobat Readerなど）もあります。

ＰＤＦファイルを「開く」操作を行うと、既定でＰＤＦファイル用に設定されているソフトが起動し、そこにＰＤＦファイルが読み込まれます。

MEMO

PDF文書を読むことを主な機能としているソフトを「PDFビューワー」「PDF閲覧ソフト」などと呼びます。

PDFを開く既定のアプリを変更する

●PC編

システムパネルのホームから、「アプリ」>「既定のアプリ」を開く。「ファイルの種類またはリンクの種類を入力してください」ボックスに小文字で「.pdf」を入力して、Enter キーを押します。

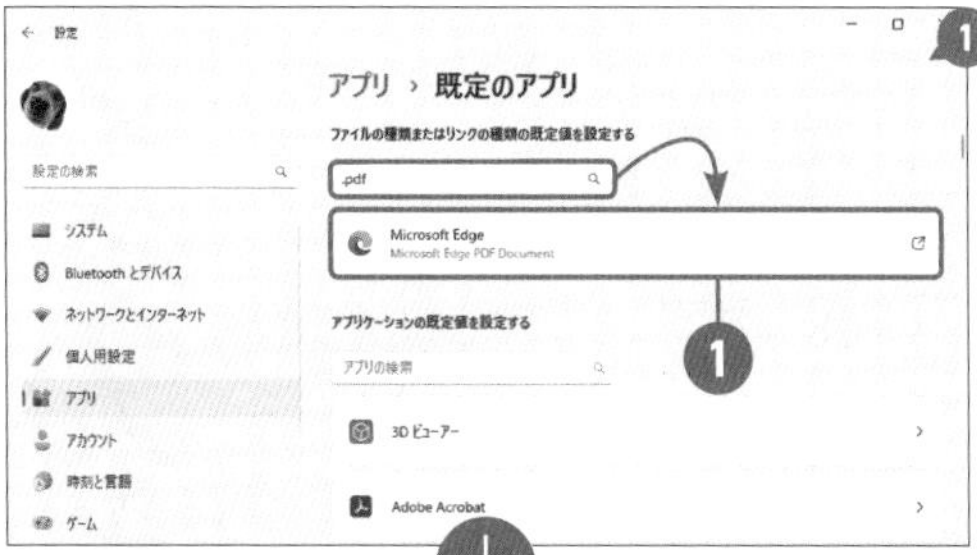

1 現在、既定に設定されているアプリが表示されるので、ここをクリックする。

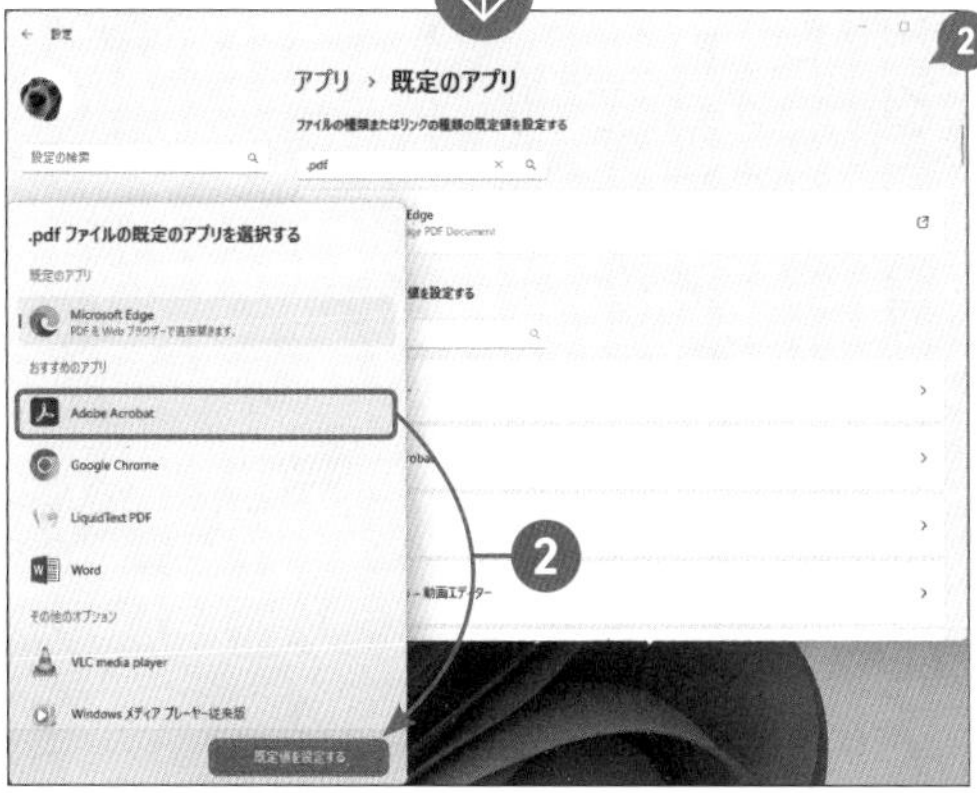

2 既定にするアプリを選択して、「既定値を設定する」ボタンをクリックする。

●Mac編

PDFファイルを右クリックし、ショートカットメニューから［情報を見る］を選択します。開いた情報ウインドウの［このアプリケーションで開く：］で、既定にするアプリを選択し、［すべてを変更］ボタンをクリックします。

●既定アプリ変更(mac)

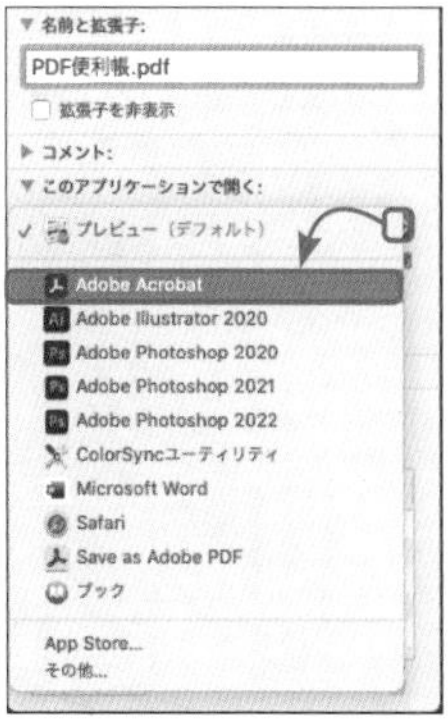

PDF

03 ページをめくる

キーワード
手のひらツール
ページ移動

ＰＤＦのようなデジタル文書は、紙媒体を仮想化したものなので、ページ単位またはプレゼン資料単位で作成されています。多くのビジネス用ＰＤＦ文書の紙面相当サイズはＡ４サイズと同じです。複数ページで作成されているＰＤＦ文書ファイルを開くと、紙面のサイズ単位で区切られた電子文書が確認できるでしょう。

ページの移動は、画面をスクロールさせたり、パスモードにして画面をドラッグしたりします。タブレットやスマホでは、デジタル紙面を指でスワイプあるいはフリックします。

簡単なページ単位での移動は、「ページコントロール」の「⬆」「⬇」ボタンをクリック（タップ）するか、ＰＣの場合は［Ctrl］＋［⬆］キー（［Ctrl］＋［⬇］キー）を押すとよいでしょう。ページ単位で画面を移動すると、移動先のページの先頭が表示されます。

MEMO
「パス」モードになると、マウスポインターの形状が手の形（手のひらツール）になります。

文書の見たいところを見る

●手のひらツールでページ内を移動する、ページを移動する

メインツールバーで「パス」ツールをオンにして、電子文書をドラッグして移動します。

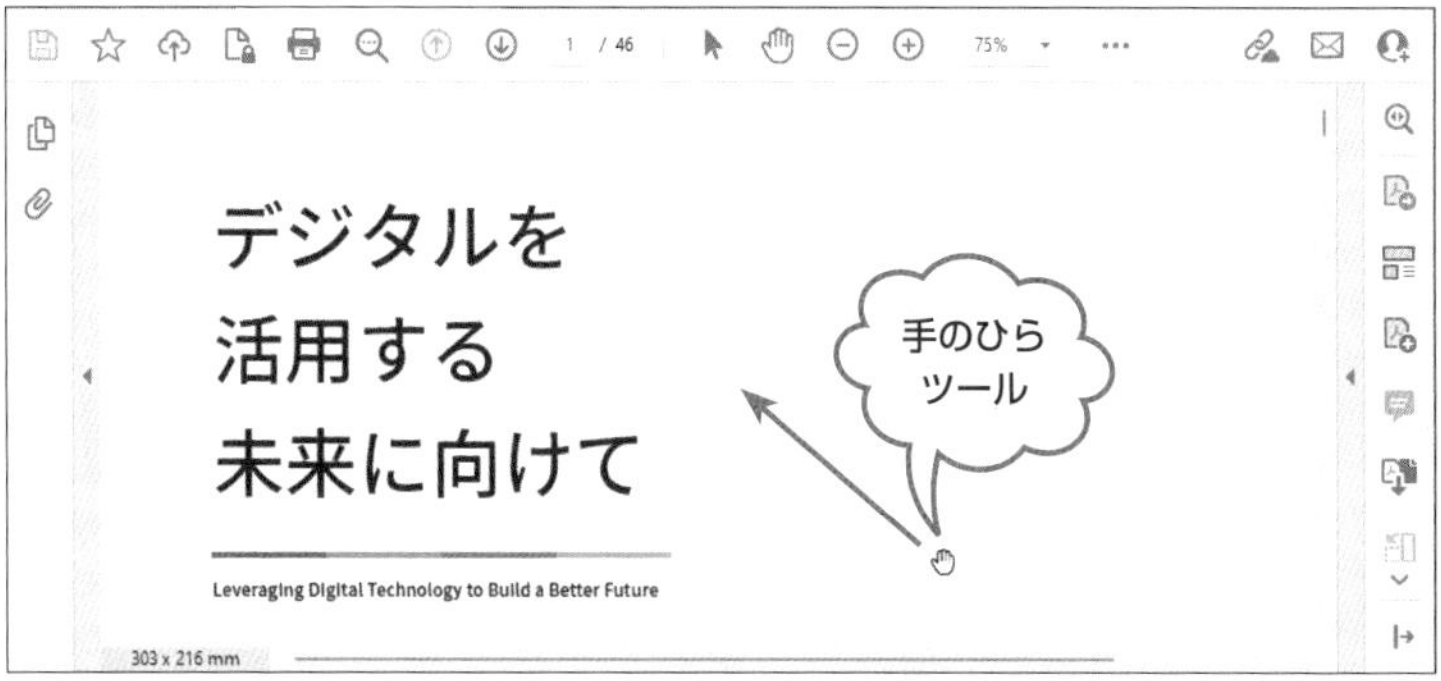

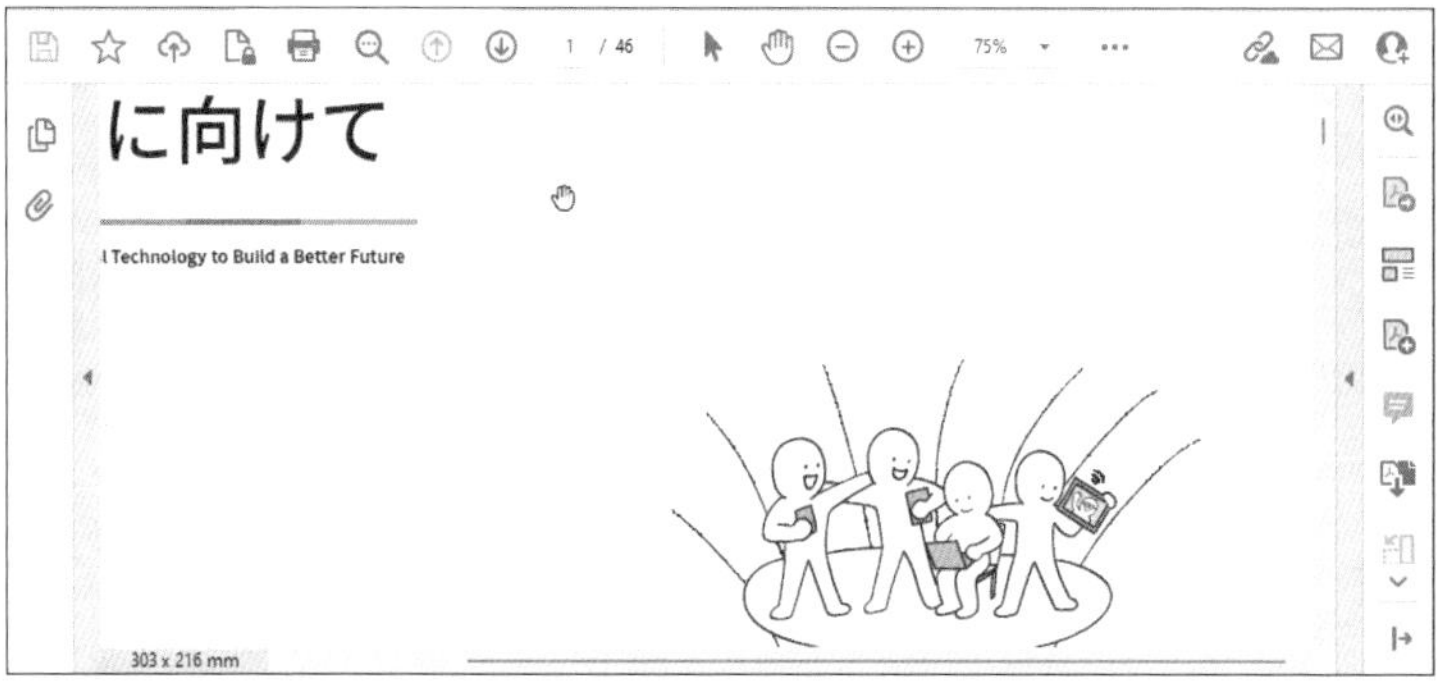

●次のページ／前のページの先頭に移動する

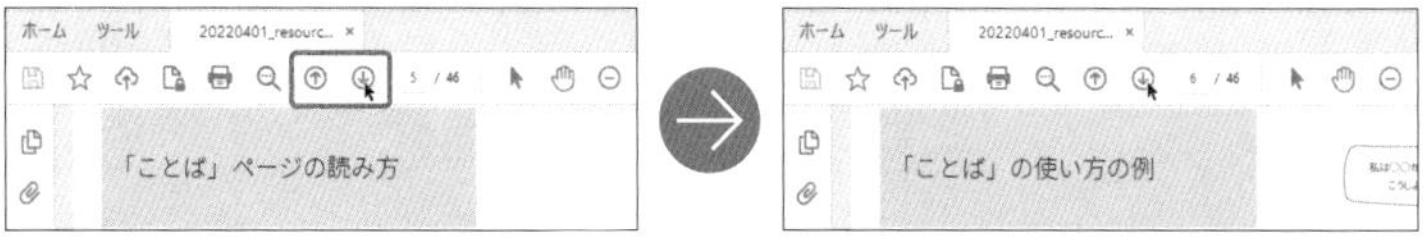

PDF

04 サムネールを使ってページを移動する

キーワード ページサムネール

ＰＤＦビューワーの「ページサムネール」機能は、ページの縮小版を表示します。ページサムネールを使うと、ＰＤＦ文書内の知りたい情報が載っているページを俯瞰することができます。比較的大きなイラストやグラフ、タイトルなどを目印にして、ページ移動するときなどに使用します。

ウィンドウ左端に表示されるナビゲーションパネルの「ページサムネール」アイコンをクリック（タップ）すると、ページサムネールパネルが開きます。ページサムネールパネルには、いま見ているページから順に小さなページが表示されます。スクロールまたはドラッグして、見たいページを探します。

ページサムネール画像の表示サイズは、パネルの「オプション」アイコンを開いて変更することができます。サムネールをクリック（タップ）すると、そのページが表示されます。

MEMO サムネールのようにページをまとめて移動できる機能には、「しおり」もあります。

ページサムネールで見たいページに移動する

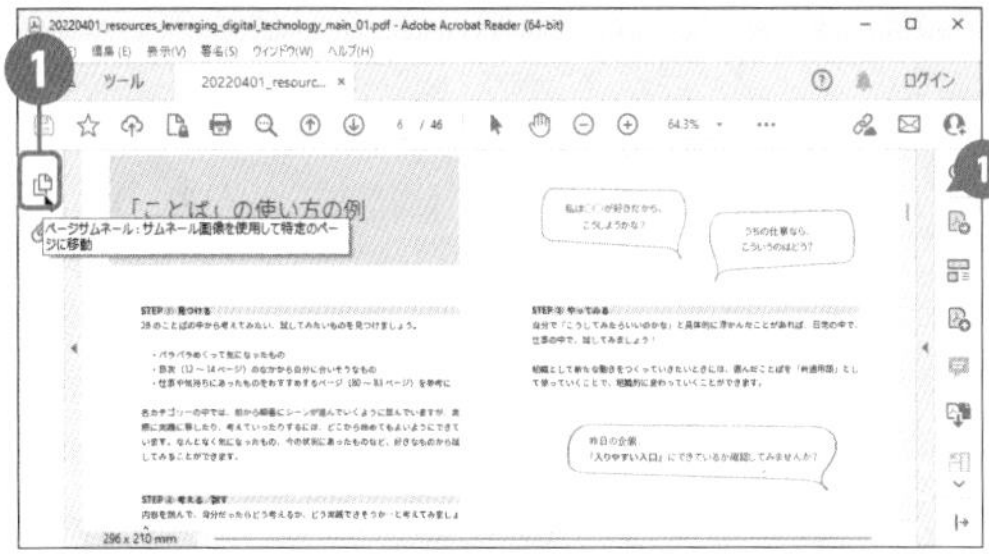

❶ナビゲーションパネルのページサムネールアイコンを選択する。

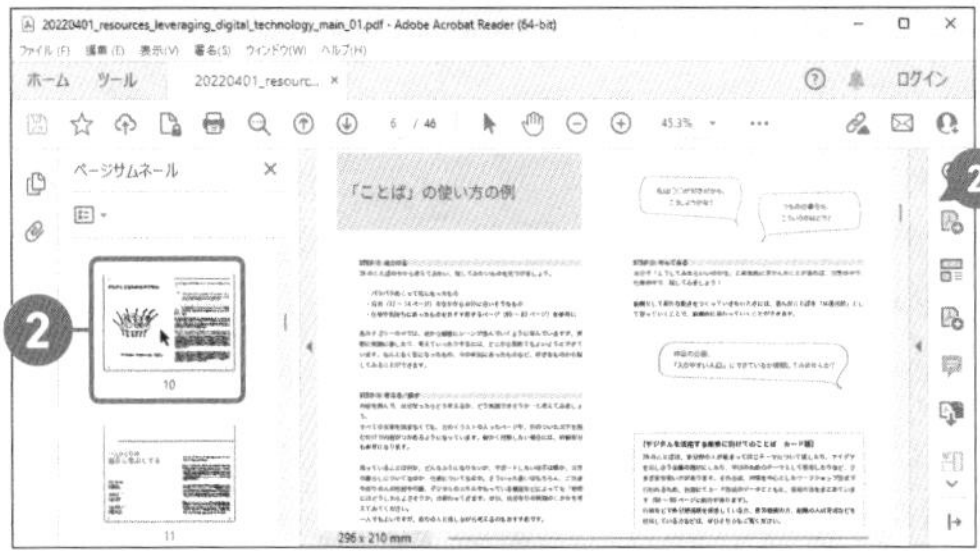

❷ページサムネールパネルから見たいページを探して、選択する。

❸見たいページが表示された。

MEMO

Ctrl + ↑（Ctrl + ↓）キーを押して、ショートカットキーで上下のページサムネールを表示できます。

PDF

05 ページ内容を拡大／縮小する

キーワード
ズームアウト
ズームイン

見ているページをもっと拡大して見たいときには、ページを拡大表示することができます。ページの拡大機能は「ズームイン」、縮小機能は「ズームアウト」です。ページの拡大（ズームイン）は、ツールバーの「＋」アイコンをクリック（タップ）します。反対にページの縮小（ズームアウト）は、「－」アイコンをクリック（タップ）します。アイコンを操作するたびに、大元のサイズを100％として25％ずつ拡大、縮小されます（25～150％）。このとき、表示されているページの左上が起点となって拡大／縮小されます。ツールバーのサイズ表示には任意の数字（1～6400）を入力することもできます。サイズ表示の右の「▼」をクリックすると、表示される倍率から選ぶことができます。「ページレベルにズーム」を選択すると、ページの高さに合わせてサイズ調整され、「画像領域の幅に合わせる」を選択すると、ページの横幅に合わせてサイズ調整されます。

MEMO ズームインは、Ctrl＋;キー。ズームアウトは、Ctrl＋－キー。

ページを拡大／縮小する

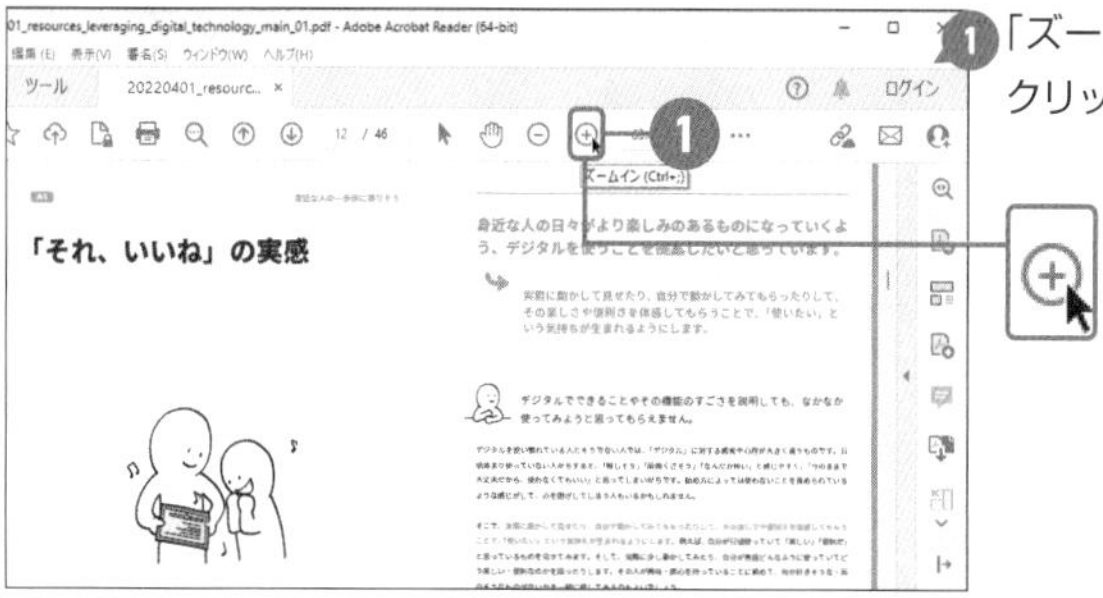

1 「ズームイン」アイコンをクリック（タップ）する。

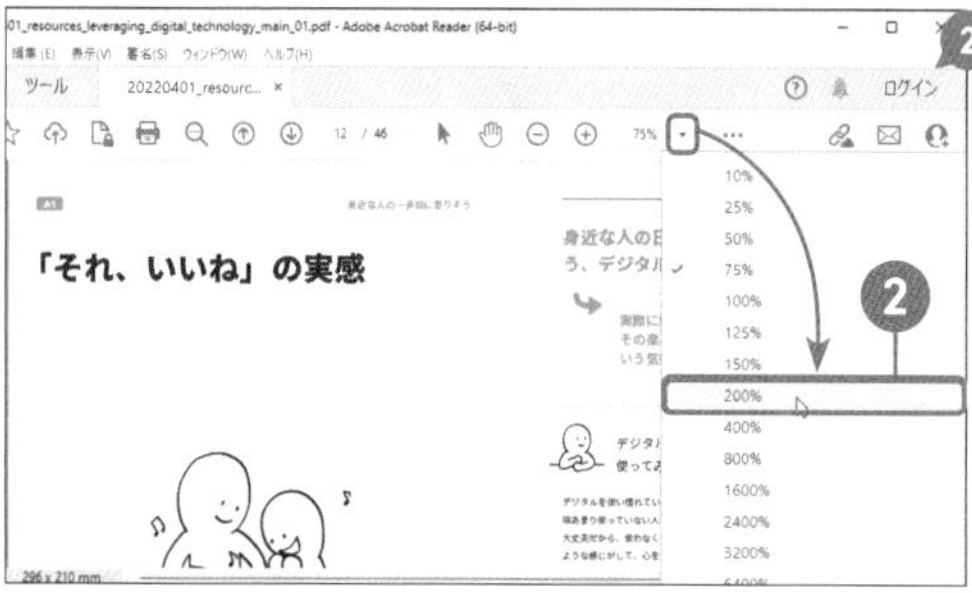

2 ズームメニューを開き、拡大%を選択する。

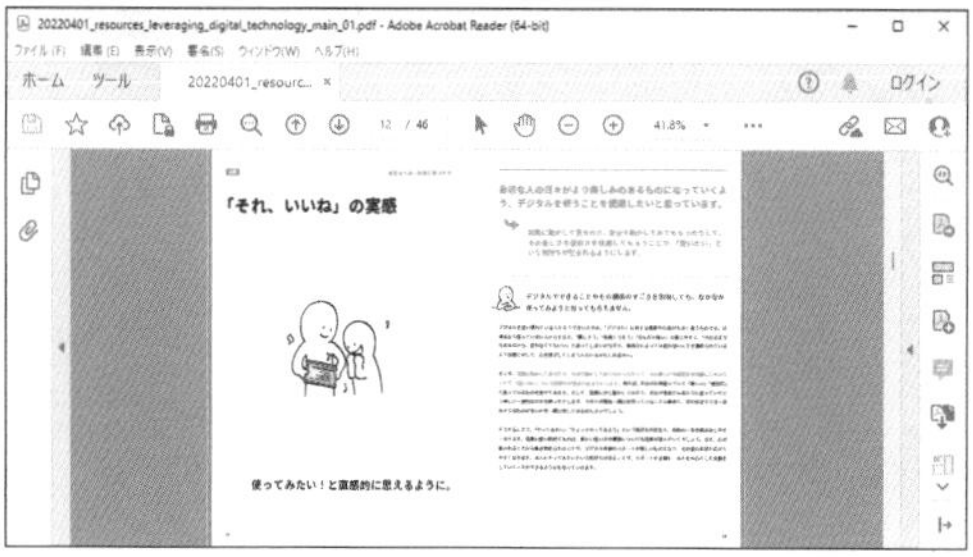

●ページレベルにズーム

1ページの縦がすべて入るように自動でサイズ調整されます。

> 「ページレベルにズーム」などのオプションでは、PDFビューワーのウィンドウサイズを変更しても自動でオプションの実行が継続されます。

06 2ページを並べて表示する

キーワード
見開きページ表示
閲覧モード

ＰＣの大きなモニターやタブレット画面なら、１ページ表示よりも２ページくらいを同時に表示しても内容がわかりやすいでしょう。場合によっては、もっと多くのページを一度に画面に表示できますし、その方が、ページを移動する手間が省けて便利になるかもしれません。

２ページずつ表示すると、まるで書籍でページを繰るのと同じように文書を読むことができます。初期状態のＰＤＦビューワーは「単一ページ表示」です。これを「見開きページ表示」に変更します。

見開きページ表示は、メニューバーから「表示」⬇「ページ表示」⬇「見開きページ表示」をオンにします。すると、２ページずつの表示になります。同じようにして「ページ表示」メニューから「見開きページでスクロール」をオンにすると、ウィンドウに表示される限りのページが見開き表示されます。

MEMO 閲覧モードでは、画面にマウスを載せたときだけ、ツールバーが表示されます。

大きな画面で文書を効率よく見る

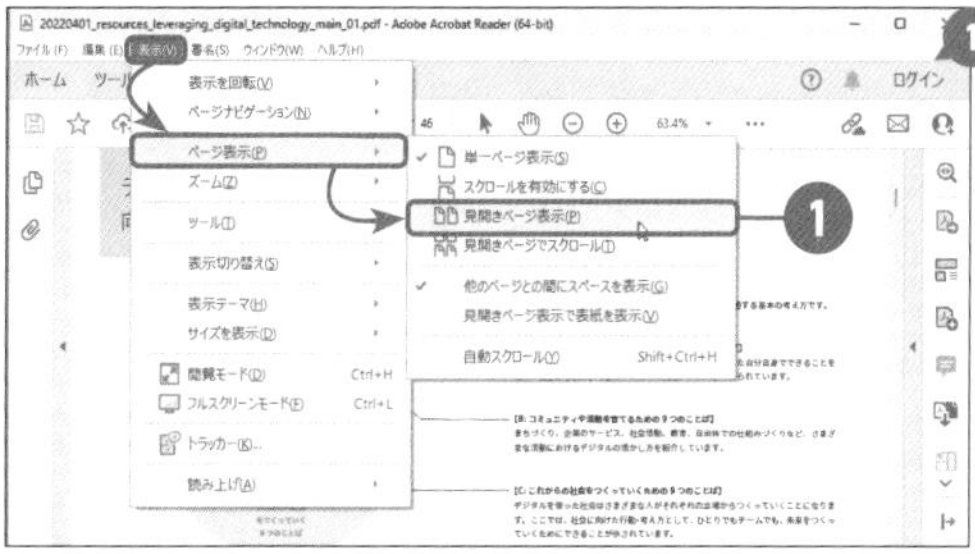

1 表示メニューから「ページ表示」➡「見開きページ表示」をオンにする。

2 2ページが横並びで表示された。

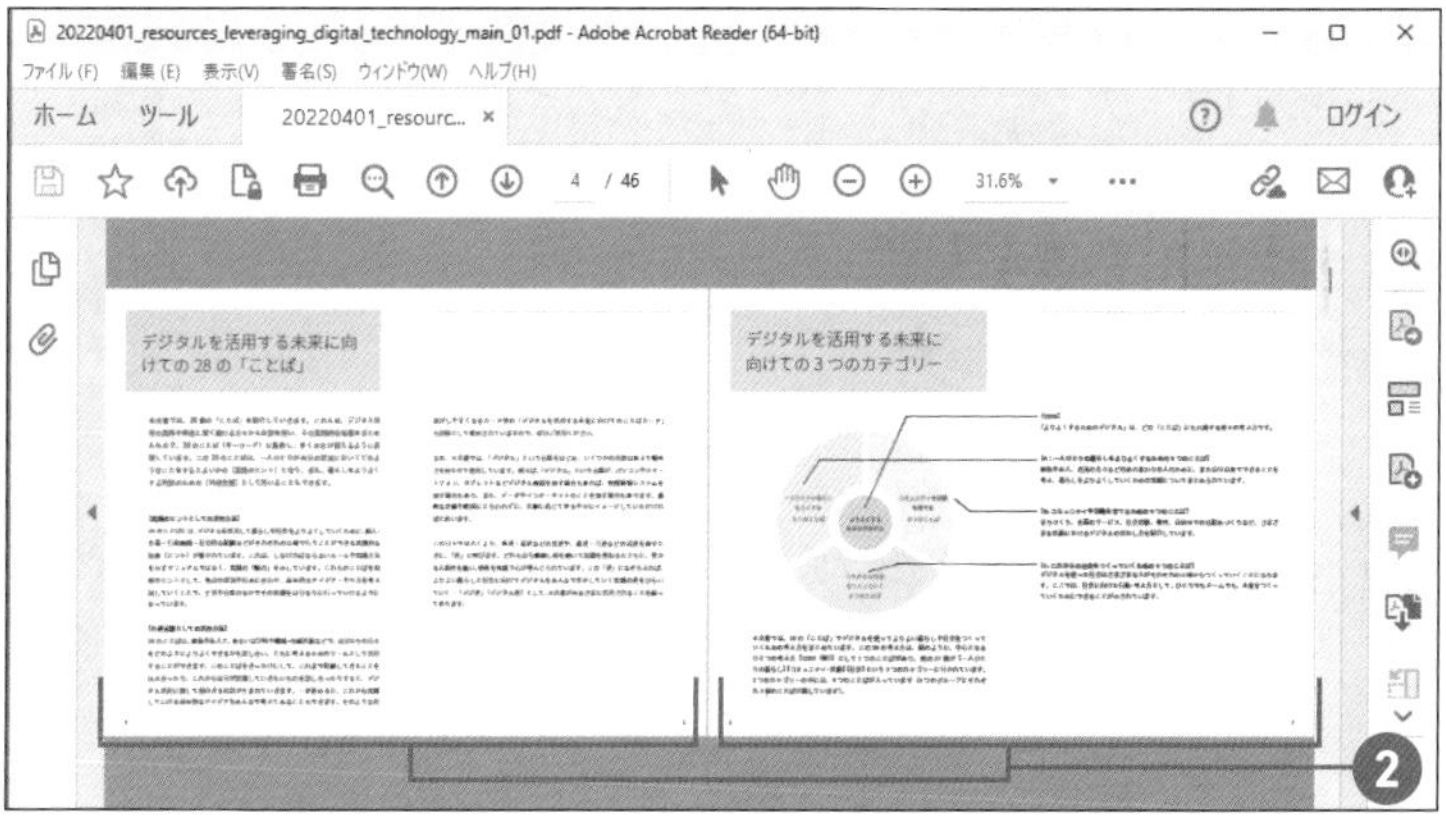

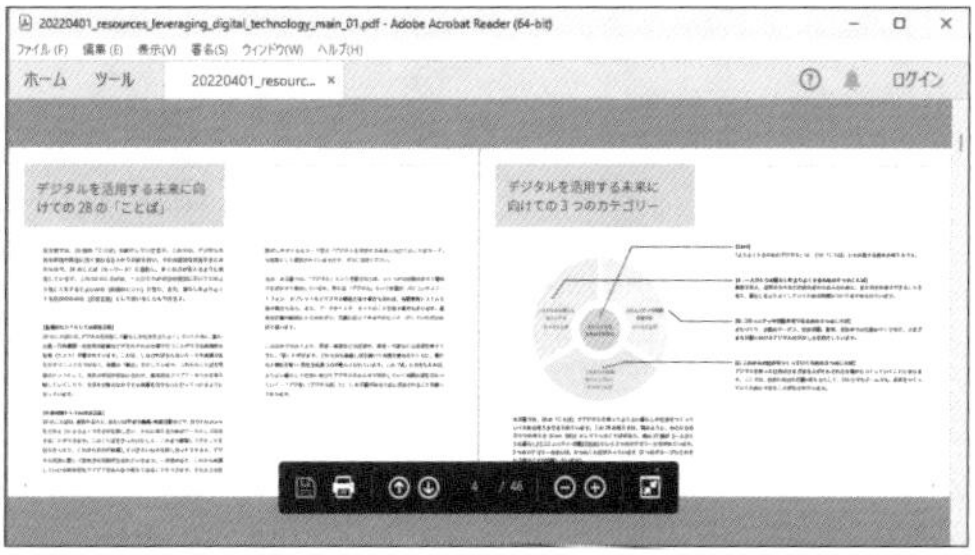

●閲覧モードでページを表示する

表示メニューで「閲覧モード」を有効にすると、ツールバーやナビゲーションなどが非表示になって、文書が見やすくなります。

07 PDF文書を印刷する

キーワード
ファイルを印刷

開いているＰＤＦ文書は印刷することができます。ただし、印刷できる機能については、プリンターのマニュアルなどを参照してください。

ＰＤＦ文書を両面印刷で小冊子のように印刷するには、次のようにオプション設定をします。まず、ＰＤＦ文書を開いているデバイスに使用するプリンターを接続してプリンターのドライバーをインストールし、印刷できるようにしてください、Ｗｉ－Ｆｉを利用する場合には、Ｗｉ－Ｆｉ接続も必要です。

印刷する文書を開いたら、ツールバーの「ファイルを印刷」アイコンをクリック（タップ）します。すると、「印刷」ウィンドウが開きます。プリンターボックスで、印刷に使用するプリンターを選択し、印刷するページ範囲を指定します。「ページ処理」では「小冊子」を選択します。「綴じ方」で左か右を選択し、「印刷」ボタンを押すと印刷が開始します。

MEMO 印刷機能のショートカットキーは、Ctrl＋Pキーです。

PDF文書を紙に印刷する

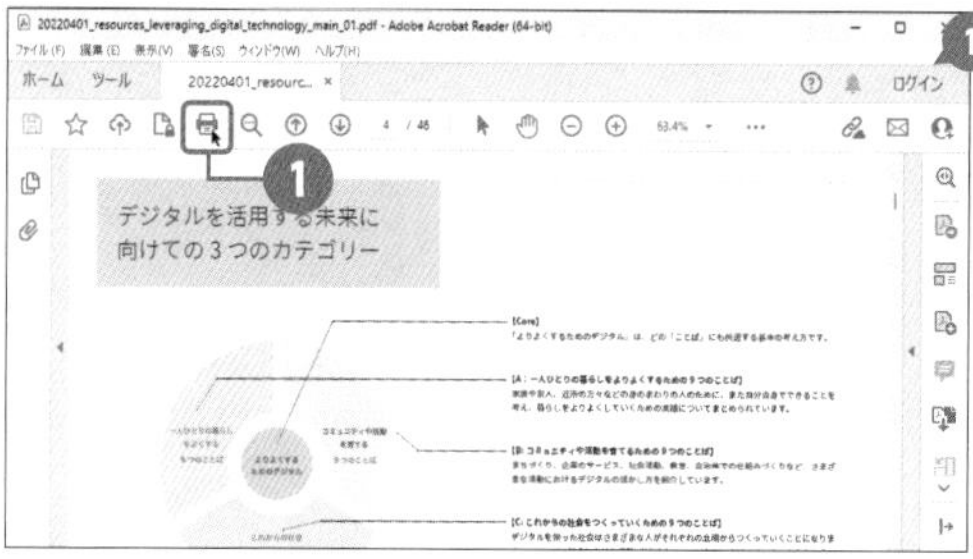

❶ツールバーから「印刷」アイコンをクリック（タップ）する。

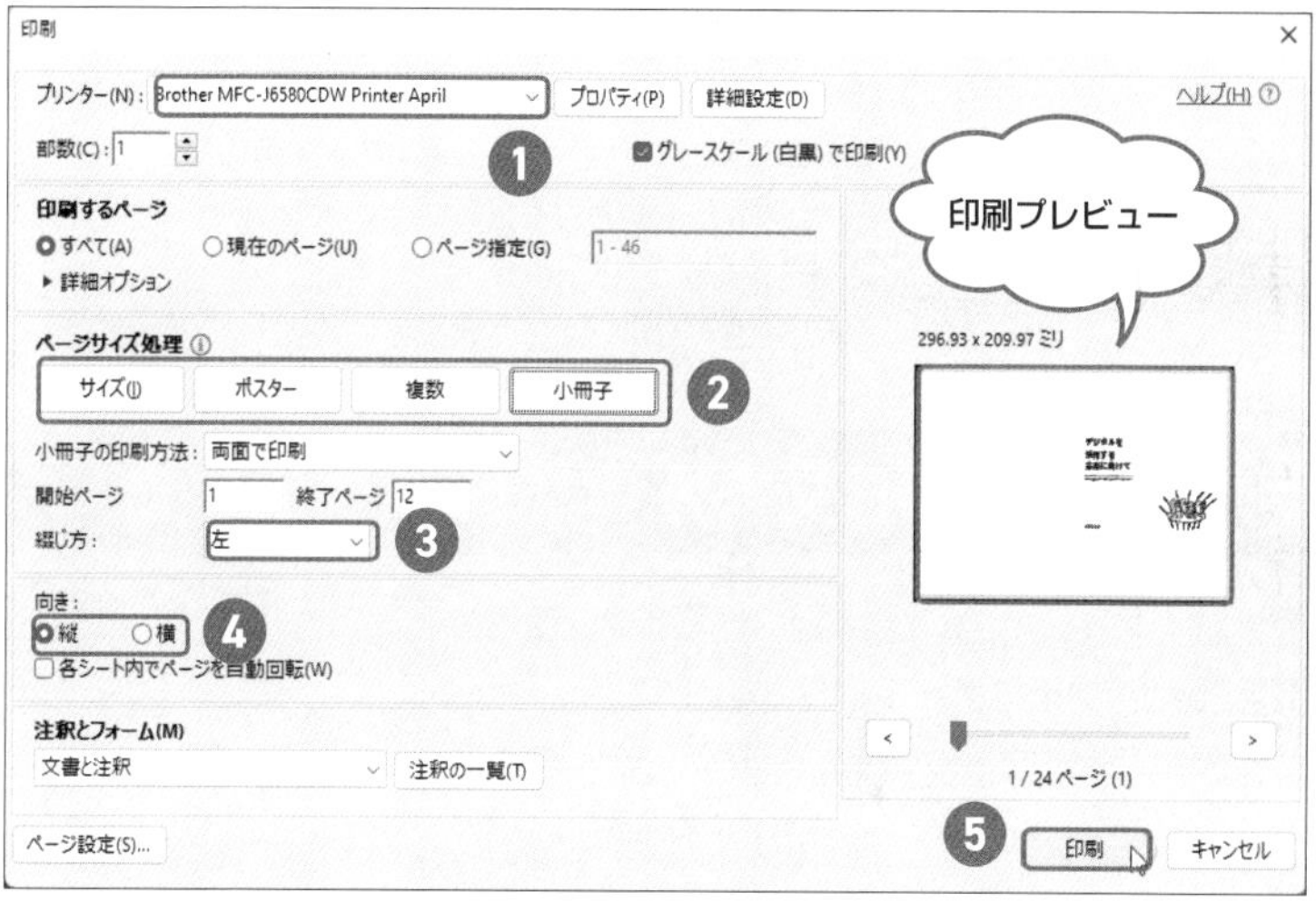

❶プリンターを選択　❷ページ処理方法を選択　❸綴じ方を選択
❹用紙の向きを選択　❺印刷を実行

MEMO PDF文書の1ページを1枚の紙に印刷するには、「ページサイズ処理」で「サイズ」を選択します。

COLUMN ● ブラウザで開いたPDFを保存

　Webブラウザで PDF文書を開いたとき、そのPDFファイルをハードディスクなどに保存するには、PDFビューワーの機能を使って保存することのほか、Webブラウザの機能を使ってもPDFファイルとして保存できます。

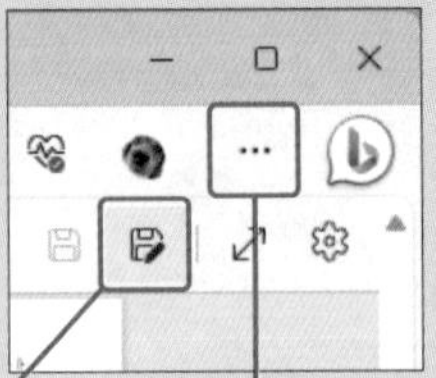
PDFツールバーの保存アイコンをクリックする。
Webブラウザのオプションボタンから保存する。

執筆時のバージョン（2023年6月時点）ではEdgeで保存用のショートカットキー（Ctrl＋Sキー）を押しても実行されませんでした。

COLUMN ● PDF文書だけを画面表示する

　PDF文書を表示するとき、通常はWebブラウザでも専用のPDFビューワーでもメニューバーやツールバーが表示されますが、文書の内容をじっくりと見たいときなど、これらのコントロールを消したいものです。このようなとき、全体表示機能に切り替えましょう。

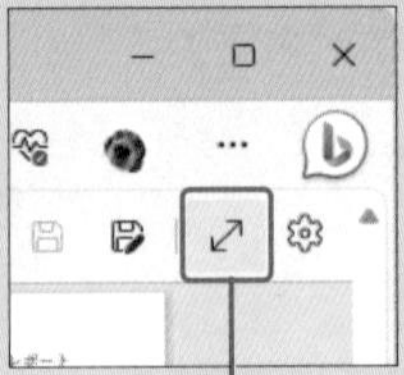
「全画面表示」に切り替える。

全画面表示を元のウィンドウ表示に戻すには、Escキーを押します。

第2章

PDF文書を作成する

01 PDF文書を作成する

キーワード
PDF変換
印刷

ＩＴ機器（コンピューターやスマホなど）で作成した文書をＰＤＦファイルにするのは、それほど難しい作業ではありません。いま販売されているほとんどのＩＴ機器には、作成した文書をＰＤＦ形式にして保存する機能が備わっているからです。Windowsでは、標準で付属しているWordPadやメモ帳で作成した文書をＰＤＦ文書に変換したり、フォトアプリで表示した写真やペイントで描いたイラストをＰＤＦファイルに変換したりすることができます。iPadやAndroidスマホなども、ドキュメントやイラストを作成するアプリからＰＤＦファイルにして保存できます。

文書作成アプリなどからＰＤＦファイルに変換するするときに注意するのは、これらのアプリではＰＤＦファイルへの変換は保存操作というよりは、印刷のオプションであるという点です。印刷はプリンターへの〝出力〟、ＰＤＦもＰＤＦコンバーターへの〝出力〟と考えれば、納得できるでしょうか。

MEMO iPhoneやiPadでは、アプリのプリント機能から「ブック」を開いて、PDFファイル保存します。

標準アプリでPDFを作成する

●ワードパッドでPDF文書を作成する

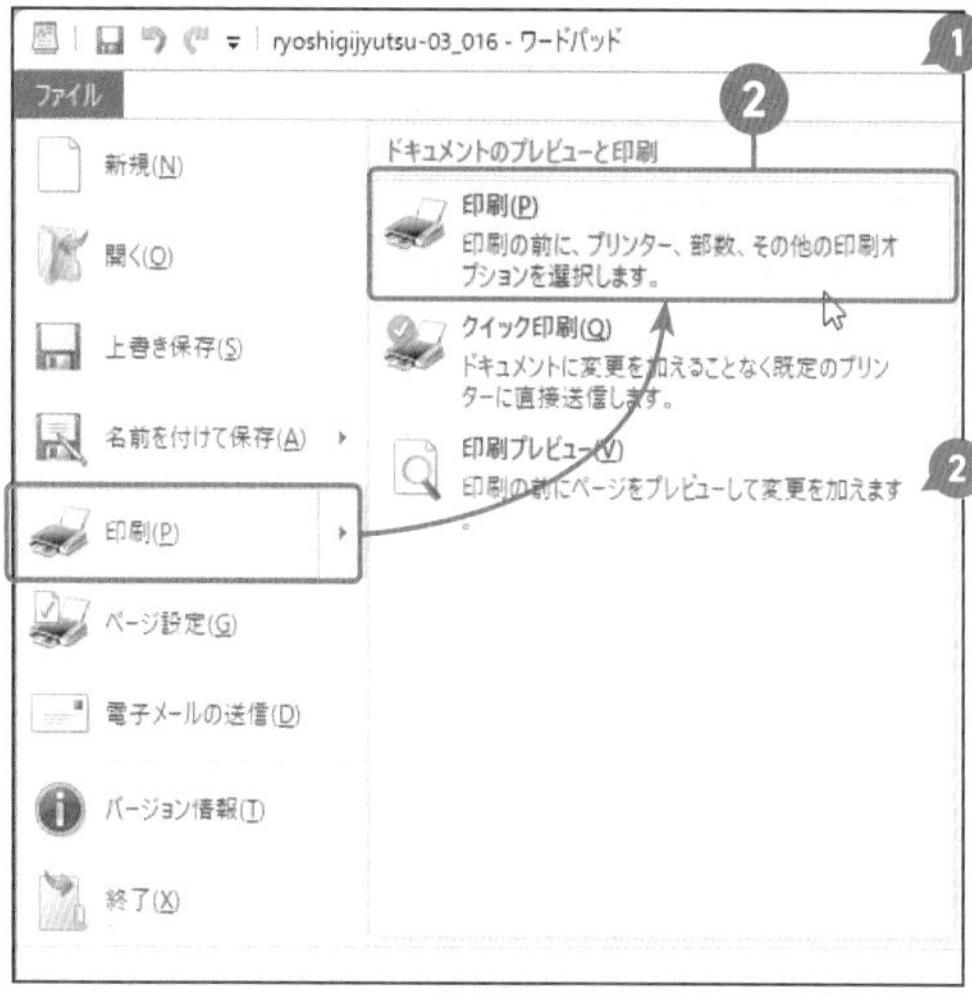

1 ワードパッドで文書を作成する。

2 「ファイル」タブから「印刷」>「印刷」を選択する。

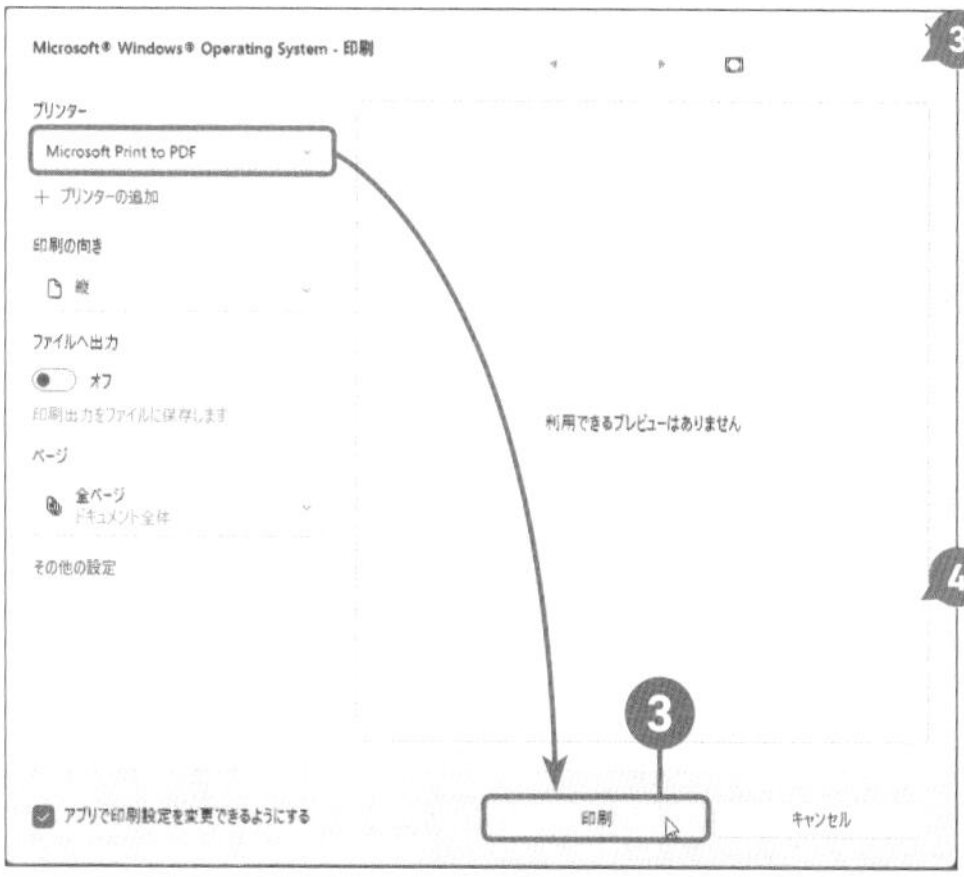

3 「印刷」ダイアログボックスで「プリンター」リストボックスから「Microsoft Printer to PDF」を選択して、「印刷」ボタンをクリックする。

4 「保存」ダイアログボックスが表示されたら、保存場所を指定して、「保存」ボタンをクリックする。

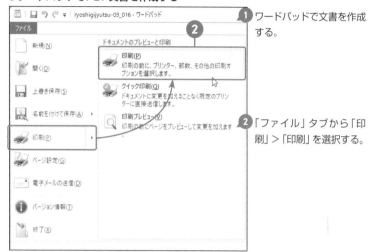

PDF

02 PDF文書を編集するには

キーワード
Acrobat
Office

ＰＤＦ文書ファイルを編集するには、大きく２つの方法があります。１つは、Adobe社製の「Acrobat Pro DC/Standard DC」（以下「Acrobat Pro/Standard」と表記）や、他の会社のＰＤＦファイルを直接編集できるソフトを使用する方法です。この方法で使用するソフトは、基本的に有料です。この方法は、ＰＤＦ文書を直接編集するので、操作が簡単、作業が速い、レイアウトなどの崩れはほとんどありません。

もう１つの方法は、ＰＤＦ文書ファイルをWordやExcelなどのOffice形式にいったん変換し、そのファイルを編集して、ＰＤＦファイルに再変換したりする方法です。オンラインで行う場合には、Microsoft Officeがインストールされていなくてもできます。この方法は、直接ＰＤＦ文書を編集するのに比べて、作業に手間と時間がかかります。また、編集後に再びＰＤＦ文書ファイルにしたとき、以前の文書とまったく同じレイアウトやフォントになるかどうか保障はありません。

MEMO Acrobat Pro/Standardの購入については、178ページを参照してください。

ファイルの内容を編集する方法

● Acrobat Pro/Standard

PCやタブレットにAcrobatをインストールすれば、PDFの作成や編集がスムーズにできます。

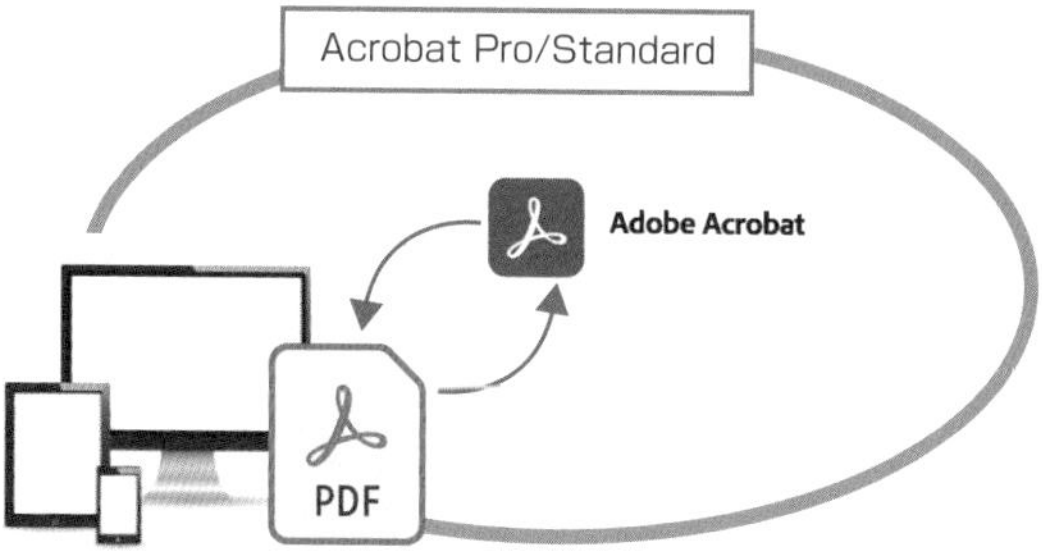

● AdobeオンラインサービスとMicrosoft Office（Word、Excel、PowerPointなど）

Officeアプリで作成した文書やスプレッドシート、プレゼンテーションはPDFファイルとして保存できます。また、PDFをこれらのアプリで読み込んで編集することもできます。Officeアプリを持っていなくても、AdobeオンラインサービスやOffice 365などのクラウドサービスを使ってPDFファイルを編集することも可能です。

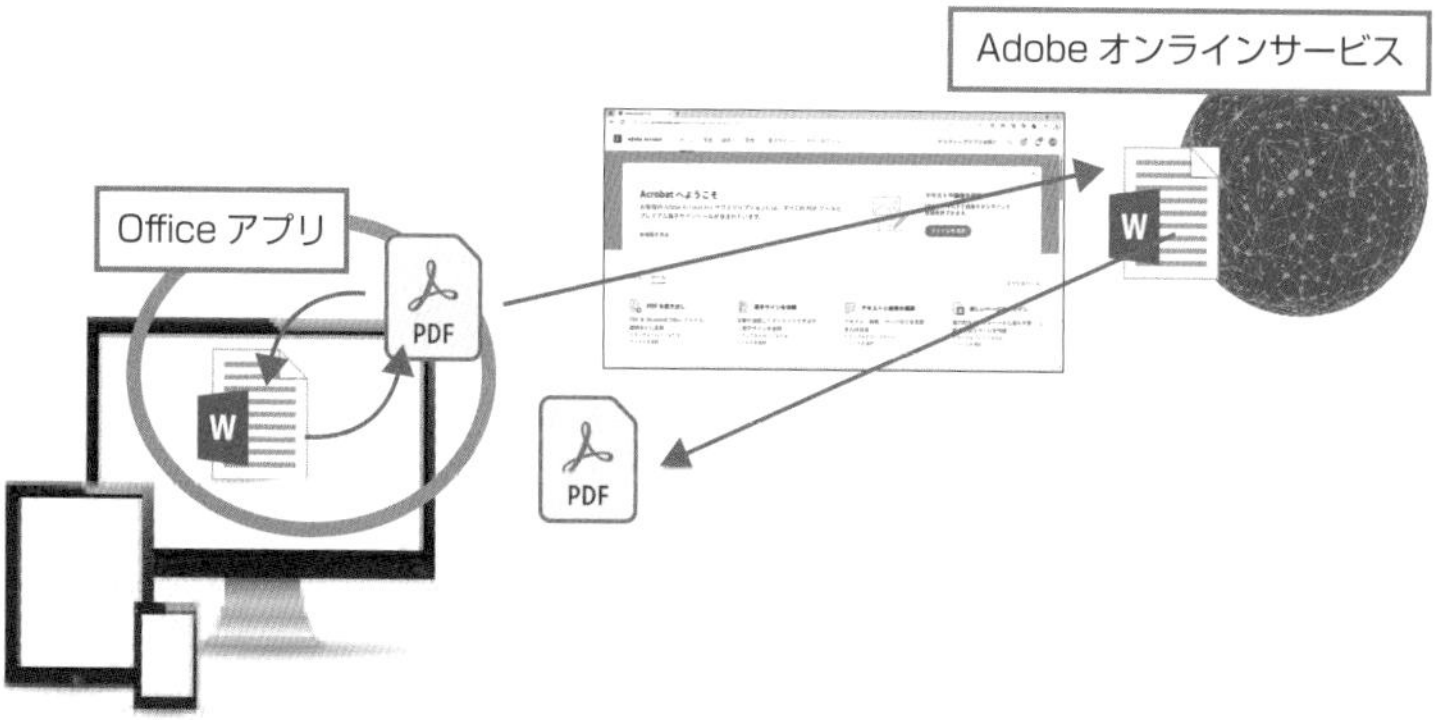

PDF

03 Word文書をPDF文書に変換する

キーワード
Word
Excel

Wordで作成した文書は、Wordの機能を使ってＰＤＦファイルに変換できます。操作は、次のように行います。

Wordで文書を作成したら「ファイル」タブをクリックし、「名前を付けて保存」を選択して、保存場所を指定します。その後、「名前を付けて保存」ダイアログボックスが開いたら「ファイルの種類」リストボックスから「ＰＤＦ」を選択します。

グラフや写真があっても、簡単なレイアウトならば、ＰＤＦファイルにしても元の紙面と同じように変換されます。ただし、特殊なフォントを使用した文字の場合には、よく似たフォントが使われたり、色が少し異なったりすることがあります。元の文書の再現性を高めるためには、「名前を付けて保存」ダイアログボックスで、「ＰＤＦ／Ａ準拠」オプションをオンにしてください。

MEMO PDF文書をWord文書に変換するための操作は、本文106ページを参照してください。

Word文書をPDFに変換する

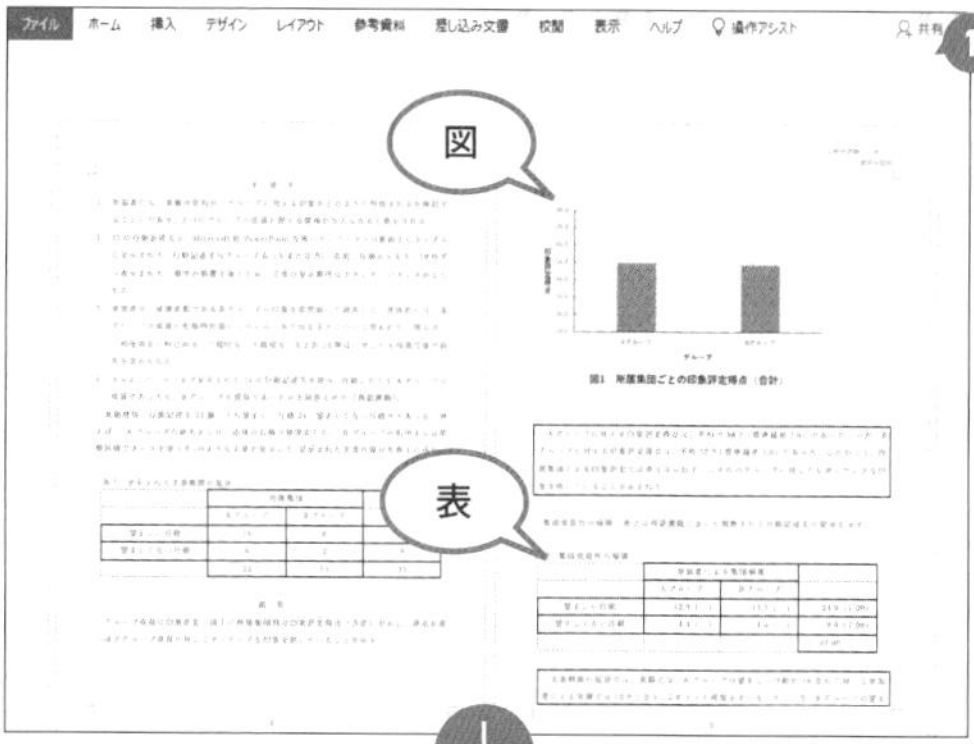

1 Wordで文書を作成する。

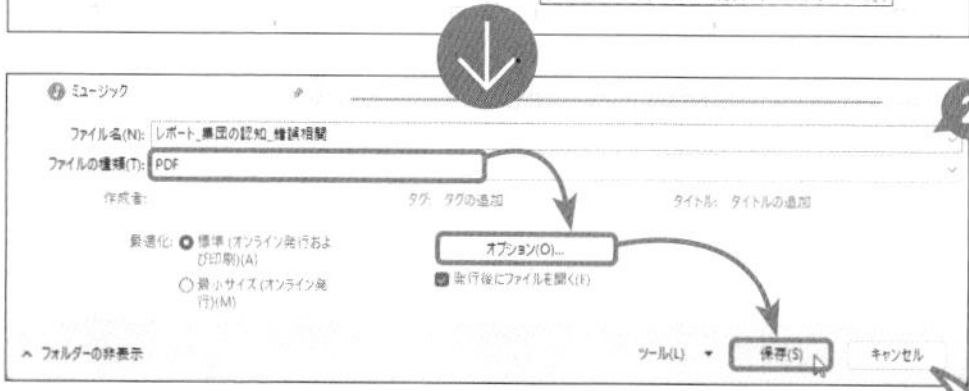

2 「名前を付けて保存」ダイアログボックスで、PDFファイル形式を選択して、「保存」ボタンをクリックする。

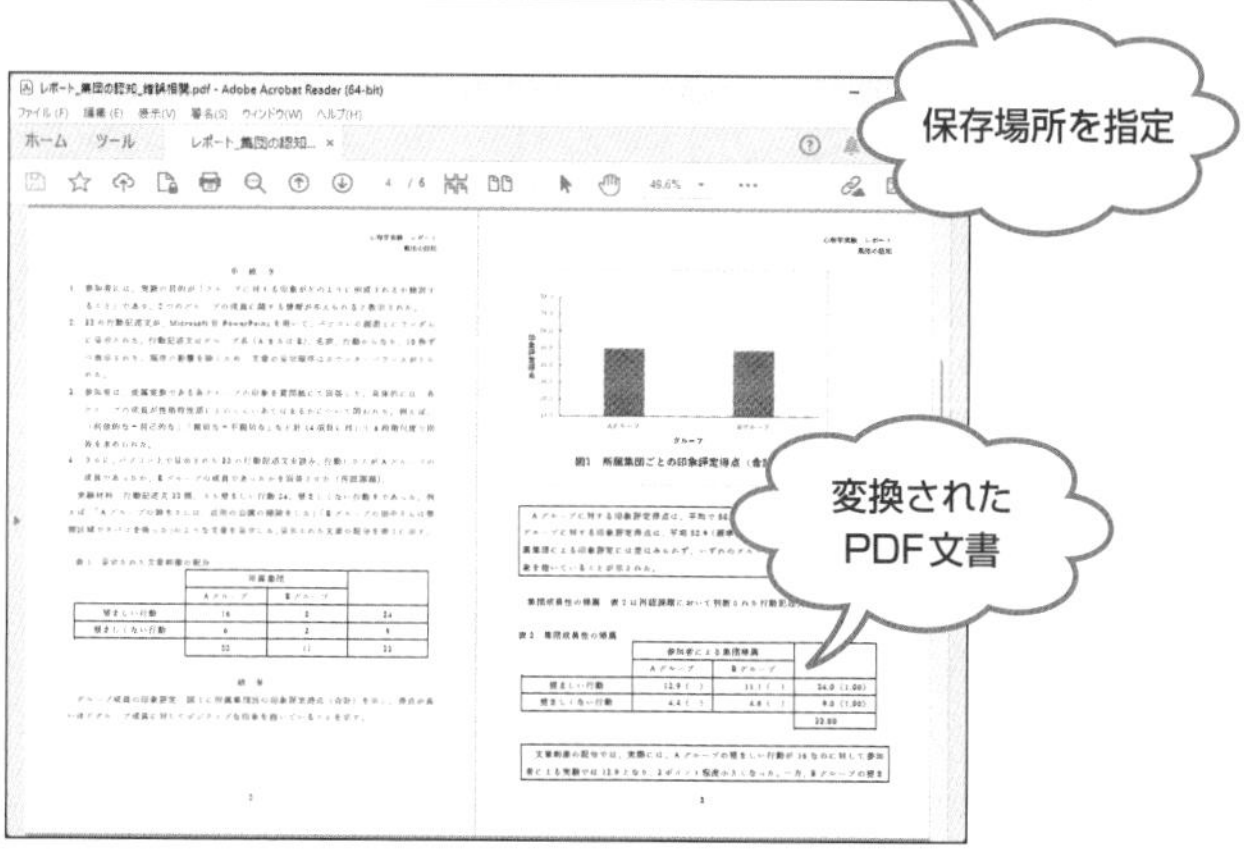

MEMO PDF/A準拠文書に変換する場合は、「オプション」ボタンをクリックします。

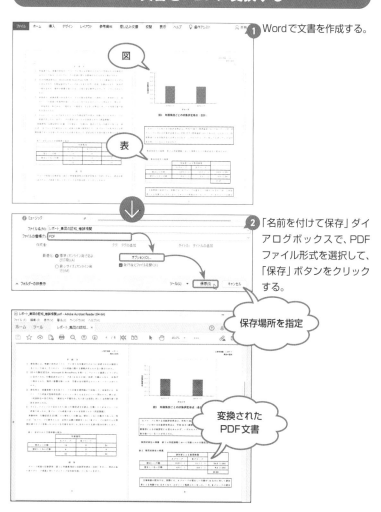

04 PDFの履歴書に文字を入力する

キーワード
Word
編集

PDFファイル形式の履歴書のひな型があるとします。これに文字を入力（編集）して、履歴書を作成する場合のPDFの編集方法は、「02　PDF文書を編集するには」で説明したように2種類あります。ここでは、Wordを使った方法で履歴書に情報を入力し、再度、PDF文書にして保存します。

Wordの「ファイル」タブから「開く」を選択し、履歴書PDFファイルを選択します。通常のWord文書を開くときと同じ操作です。

PDF文書をWord文書に変換するときに、レイアウトなどが崩れる旨のメッセージが表示されることがあります。また、「保護ビュー」機能によって、変換後の文書が編集できない場合には、タブの下に表示される「編集を有効にする」ボタンをクリックします。Wordで通常の文書を編集するようにして履歴書を作成したら、ファイル形式を指定して保存します。

MEMO
履歴書PDFファイルが画像を貼り付けてつくられているときは、上記のようには編集できません。

履歴書PDFファイルを編集する

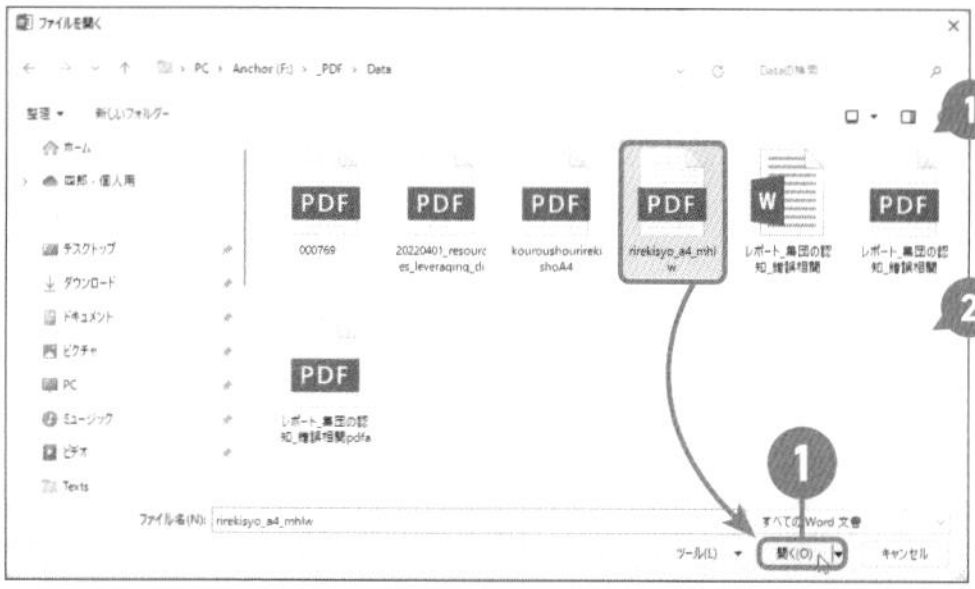

1 Wordで履歴書PDFファイルを開く。

2 変換後のWord文書に関する注意点が表示される。メッセージに目を通して、「OK」ボタンをクリックする。

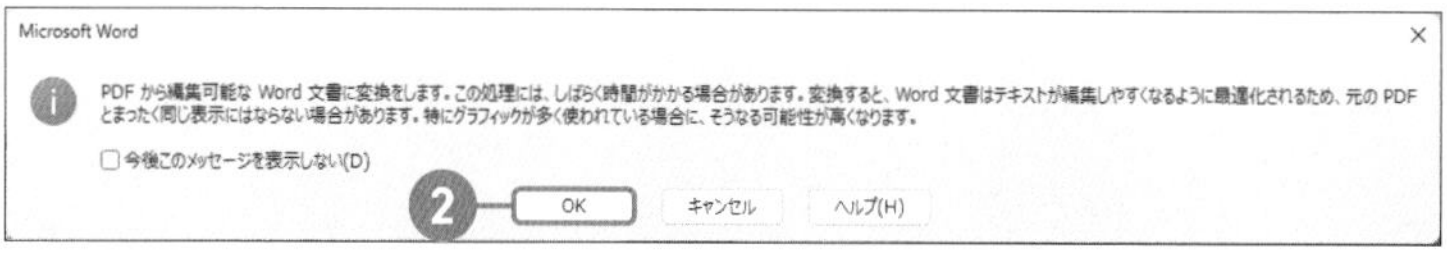

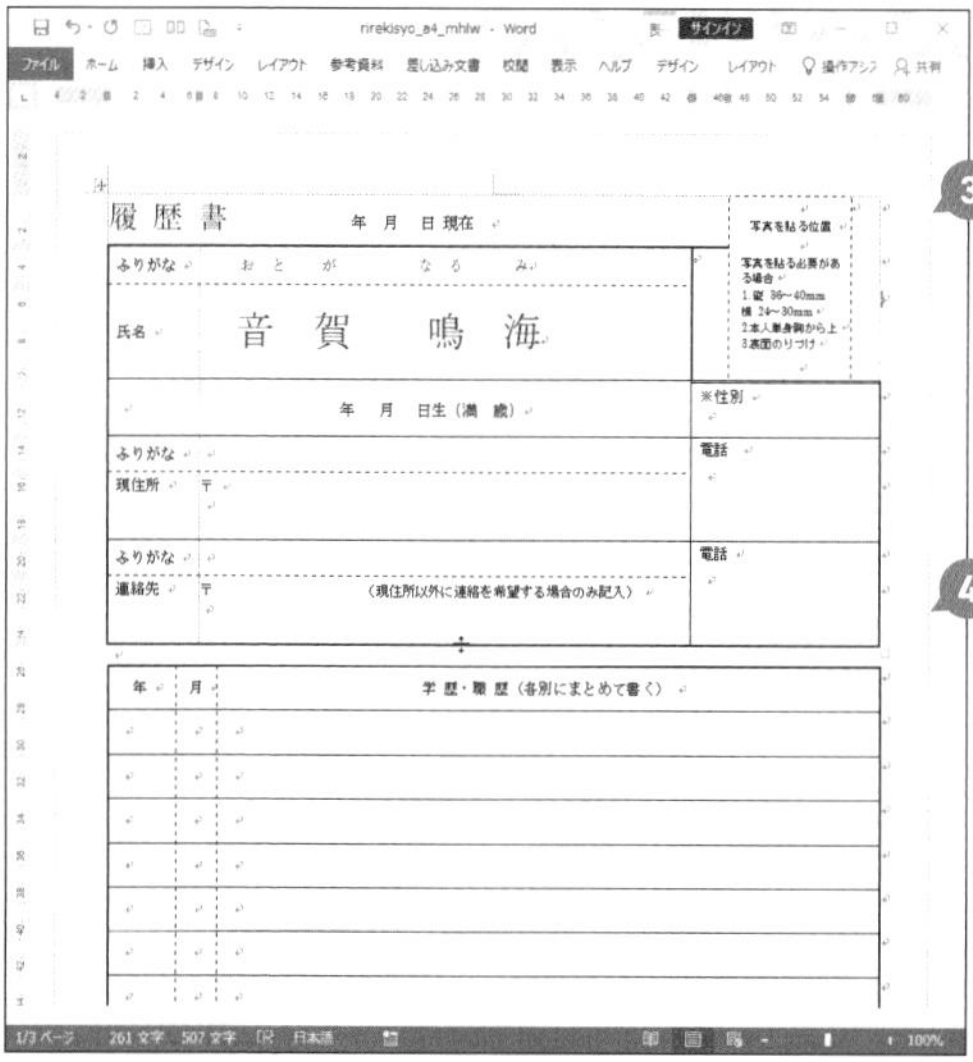

3 Word文書に変換された履歴書に情報を入力する。

4 履歴情報を入力したら、PDF形式（Word形式）で保存する。

PDF

05 文章の一部をハイライト表示する

キーワード
Acrobat Reader

ＰＤＦ文書を読むのに使用する「Acrobat Reader」ですが、文書中にハイライト表示することができます。ＰＤＦ文書を読んでいて、大切だと感じた部分をラインマーカーのようにハイライト表示したり、コメントの該当箇所を明示したりするのに利用できます。

任意のフレーズや文字をハイライト表示するには、次のように操作します。Acrobat ReaderでＰＤＦ文書を開いたら、該当箇所をマウスでドラッグして選択し、次に、選択箇所を右クリックして「テキストをハイライト表示」を選択します。

ハイライト表示に設定した箇所をもう一度、右クリックすると、設定時とは異なるショートカットメニューが表示されます。「削除」を選択すると、ハイライト表示が消えます。

MEMO 文字の範囲選択後には、フローティングツールバーが表示されます。

文書の重要箇所にラインマーカーで色をつける

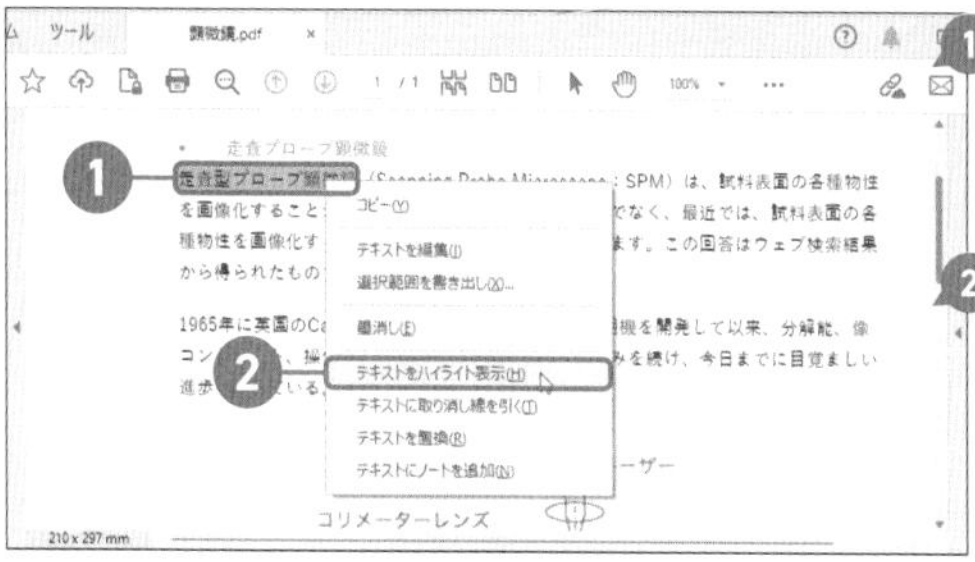

1 Acrobat ReaderでPDF文書を開く。マーキングする箇所を範囲選択する。

2 選択箇所を右クリックして、「テキストをハイライト表示」を選択する。

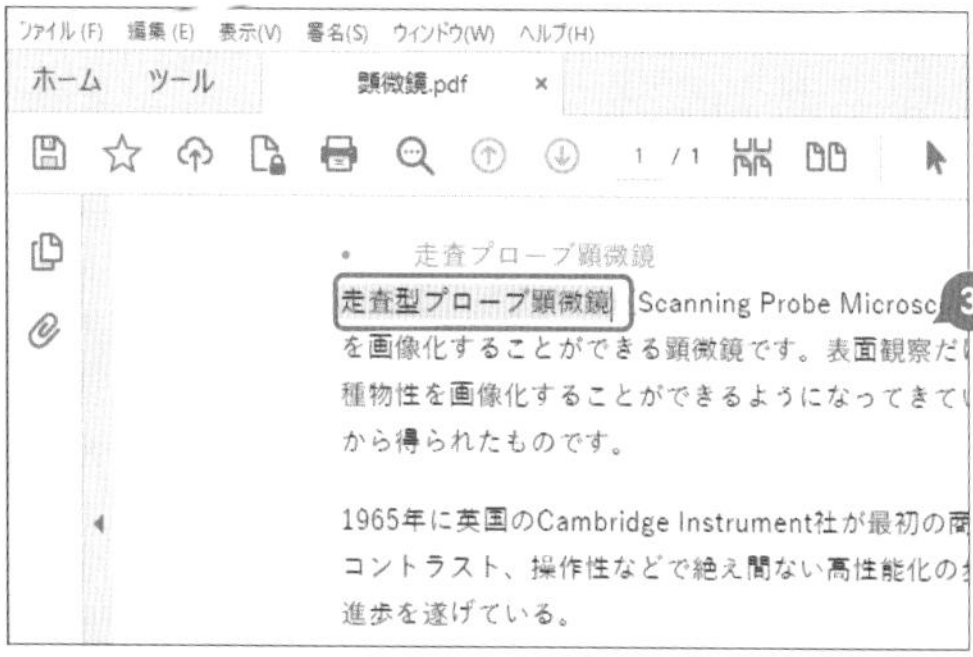

3 選択箇所が黄色でハイライト表示される。

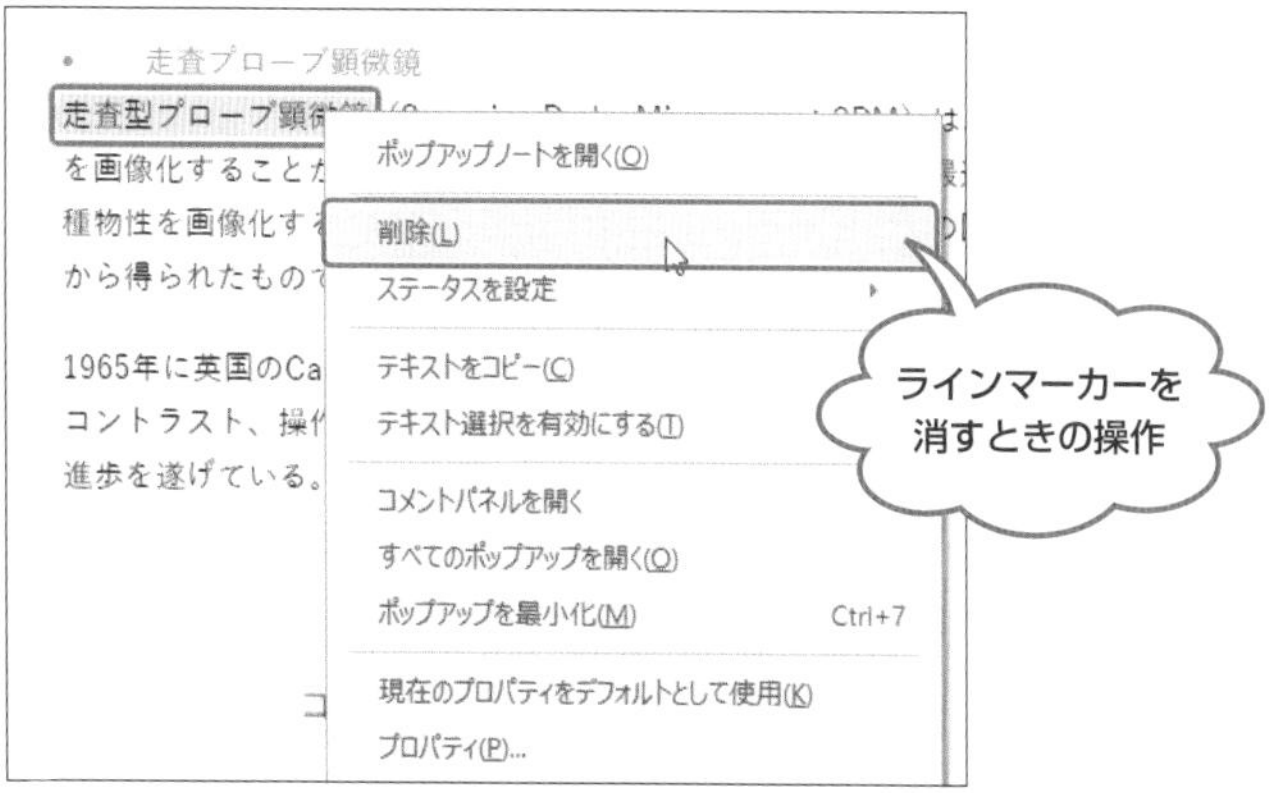

PDF

06 PDF文書にコメントを書き込む

キーワード
Acrobat Reader
ノート注釈

ＰＤＦ文書を読むのに使用する「Acrobat Reader」ですが、文書や画像には簡単なコメントを書き込むことができます。この機能を「ノート注釈」といいます。文章の途中、任意の語句やフレーズに注釈をつけたいときは、次のように操作します。Acrobat Readerで文書を開いたら、「タスクパネル」にある「コメント」アイコンをクリックします。すると、コメントツールバーが表示されます。

コメントツールバーの「ノート注釈を追加」アイコンをクリックします。すると、マウスポインターの形状はコメント用に変化します。その状態で、注釈をつける箇所をクリックします。

ノート注釈機能は、文書中の任意の箇所のほか、文書の写真や図につけることもできます。図を選択すると表示されるフローティング状態のツールバーで「ノート注釈を追加」アイコンをクリックします

MEMO 「ノート注釈を追加」するショートカットキーは、Ctrl + 6 キー。

文字に注釈をつける

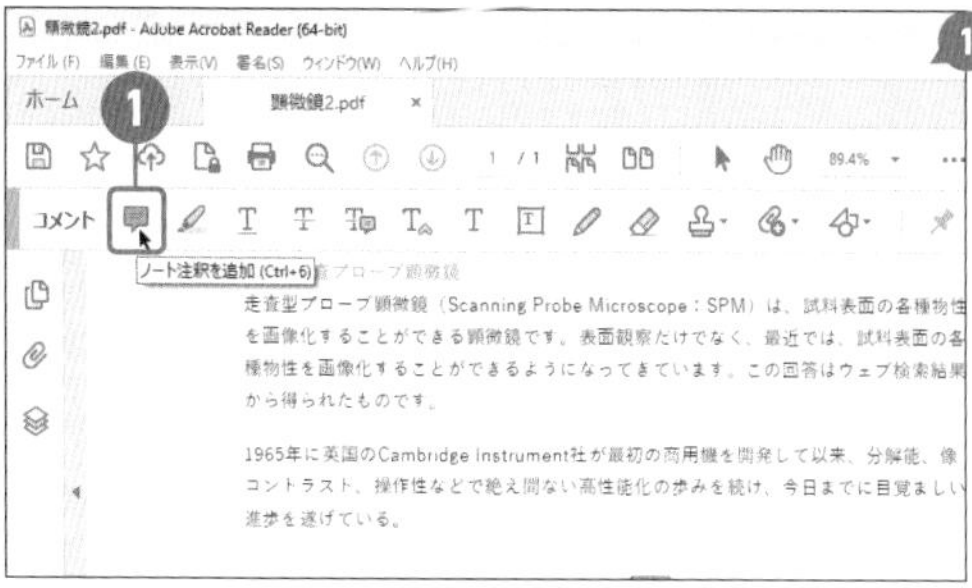
顕微鏡2.pdf - Adobe Acrobat Reader (64-bit)
ファイル(F)　編集(E)　表示(V)　署名(S)　ウィンドウ(W)　ヘルプ(H)
ホーム
顕微鏡2.pdf
1 / 1
89.4%
コメント
1
ノート注釈を追加 (Ctrl+6)
走査型プローブ顕微鏡（Scanning Probe Microscope：SPM）は、試料表面の各種物性を画像化することができる顕微鏡です。表面観察だけでなく、最近では、試料表面の各種物性を画像化することができるようになってきています。この回答はウェブ検索結果から得られたものです。
1965年に英国のCambridge Instrument社が最初の商用機を開発して以来、分解能、像コントラスト、操作性などで絶え間ない高性能化の歩みを続け、今日までに目覚ましい進歩を遂げている。

1 タスクパネルの「コメント」アイコンをクリックする。コメントツールバーが表示されたら、「ノート注釈を追加」アイコンをクリックする。

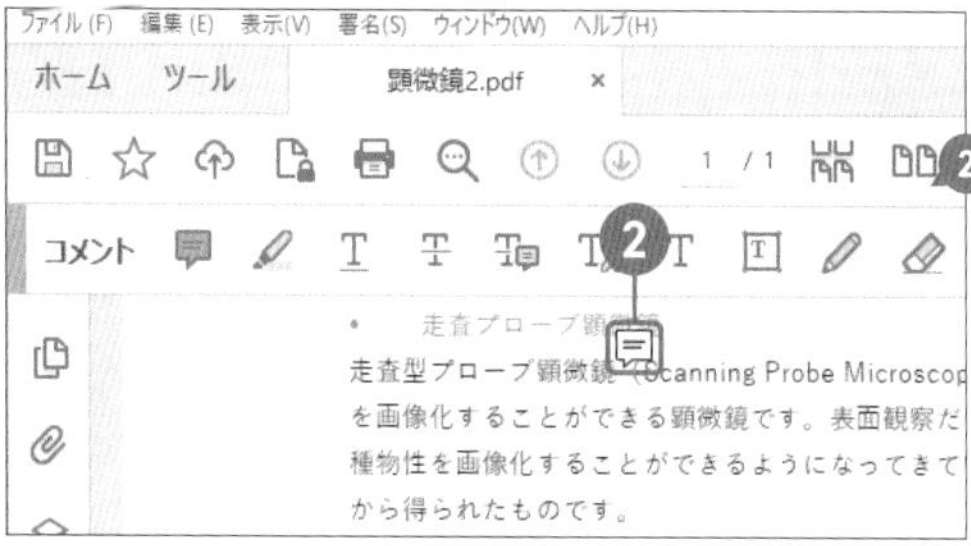
ファイル(F)　編集(E)　表示(V)　署名(S)　ウィンドウ(W)　ヘルプ(H)
ホーム　ツール
顕微鏡2.pdf
1 / 1
コメント
2
走査型プローブ顕微鏡
走査型プローブ顕微鏡（Scanning Probe Microscop
を画像化することができる顕微鏡です。表面観察だ
種物性を画像化することができるようになってきて
から得られたものです。

2 注釈マークを挿入する箇所をクリックする。

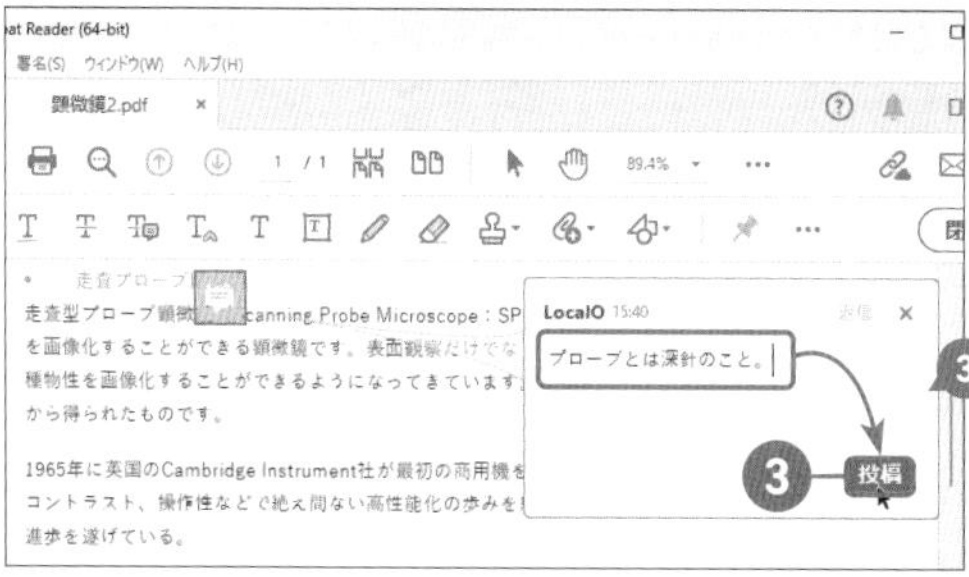
at Reader (64-bit)
署名(S)　ウィンドウ(W)　ヘルプ(H)
顕微鏡2.pdf
1 / 1
89.4%
走査型プローブ顕微鏡（Scanning Probe Microscope：SP
を画像化することができる顕微鏡です。表面観察だけでな
種物性を画像化することができるようになってきています
から得られたものです。
1965年に英国のCambridge Instrument社が最初の商用機を
コントラスト、操作性など で絶え間ない高性能化の歩みを
進歩を遂げている。
LocalO 15:40
プローブとは深針のこと。
3
投稿

3 注釈（コメント）を記入する。

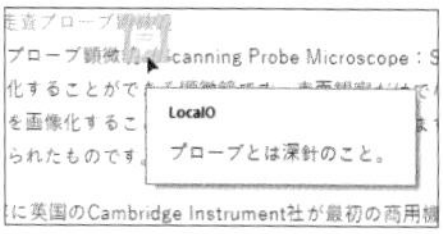
走査プローブ顕微鏡
プローブ顕微鏡（Scanning Probe Microscope：S
化することができ
を画像化するこ
られたものです。
LocalO
プローブとは深針のこと。
に英国のCambridge Instrument社が最初の商用機

MEMO 注釈マークにマウスポインターを重ねると、コメントテキストがポップアップ表示します。

07 PDF文書の余白にメモを書き込む

キーワード
Acrobat Reader
入力と署名

「Acrobat Reader」では、本文のテキストを編集することはできませんが、「テキストボックス」を挿入して、その中にテキストを入力することができます。なお、この機能は、PDF文書に署名を挿入する機能の一部を使用します。ここでは、署名はせずに、文書の余白にテキストボックスを挿入して、そこに編集メモを残します。

Acrobat Readerで文書を開いたら、「タスクパネル」にある「入力と署名」アイコンをクリックします。すると、入力と署名ツールバーが表示され、マウスポインターの形状がテキストボックス挿入用に変化します。この状態でメモ書きしたい文章の余白をクリックします。テキストボックスが挿入されたら、メモを入力します。

メモ書きの文字色は、入力と署名ツールバーを操作して変更できます。入力と署名ツールバーが表示されているモードでは、文書中に「×」や「✓」を挿入することもできます。

MEMO　テキストボックスなどの削除は、「入力と署名」ツールバーを表示して、該当するテキストボックスを選択します。

文書中にメモ書きする

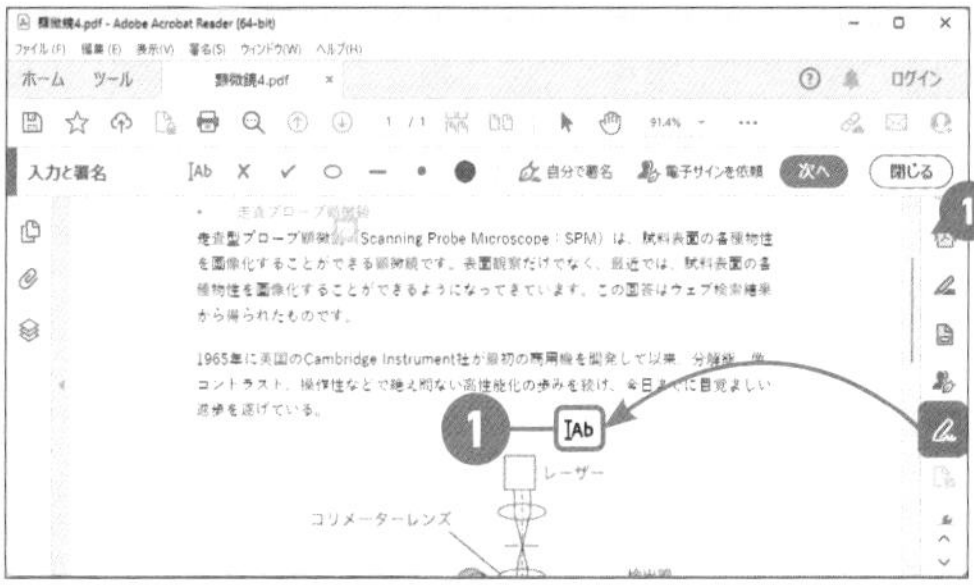

1 タスクパネルの「入力と署名」アイコンをクリックする。入力と署名ツールバーが表示さます。テキストボックスを挿入する場所をクリックする。

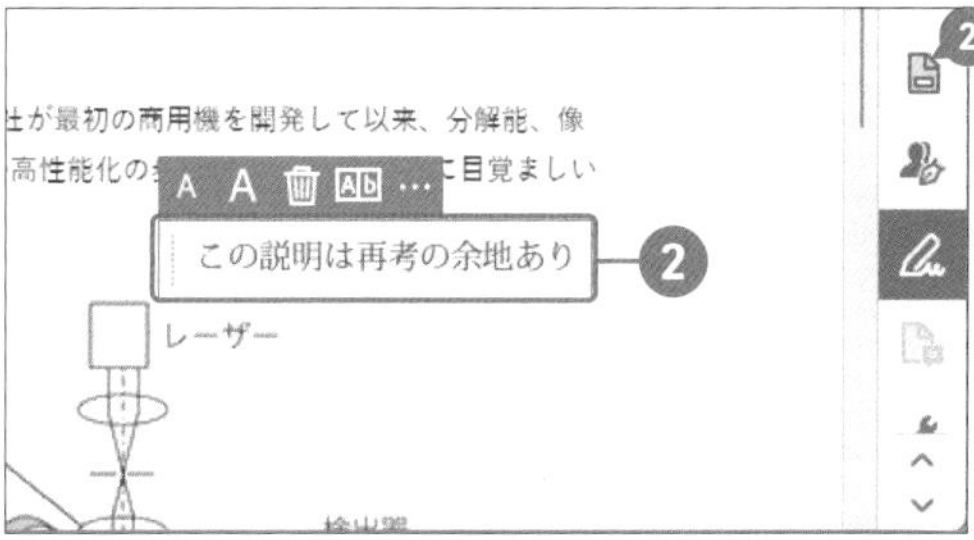

2 挿入されたテキストボックスにテキストを入力する。

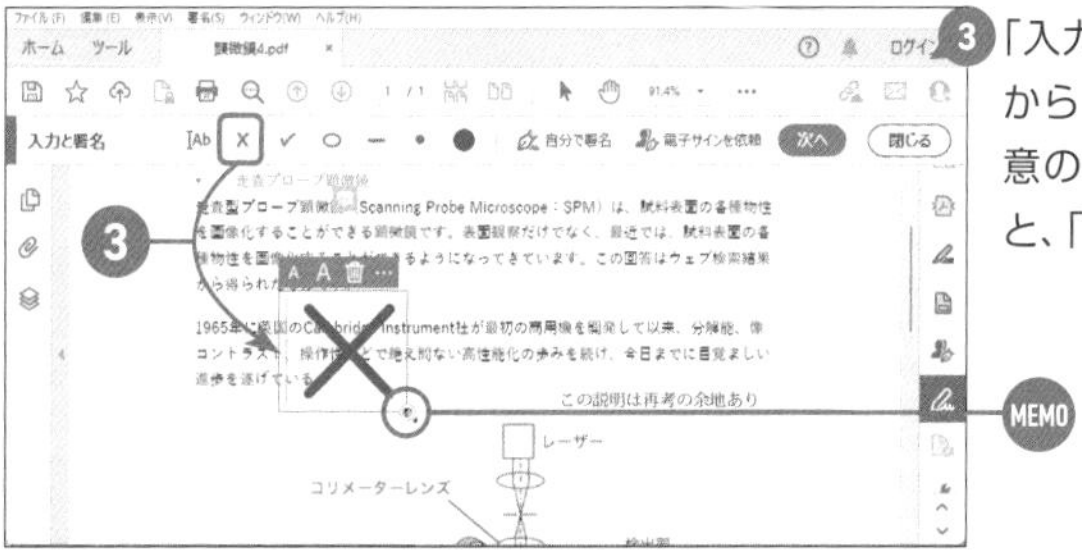

3 「入力と署名」ツールバーから「×」を選択して、任意の場所でクリックすると、「×」が挿入されます。

MEMO 入力した「×」の右下のサイズ変更ハンドルで大きさを変更できます。

08 注釈やメモ書きしたＰＤＦ文書を保存する

キーワード
Acrobat Reader
保存

Acrobat Readerは、ＰＤＦ文書を読むためのソフトですが、注釈やコメントを書き込むことができます。Acrobat ReaderでＰＤＦファイルに変更を加えた場合には、上書き保存あるいは別の名前を付けて保存しましょう。

上書き保存は、簡単です。ツールバーの「上書き保存」アイコンをクリックするだけです。別のファイル名で保存したり、別の場所に保存したりするときには、ファイルメニューから「名前を付けて保存」を行います。

ファイルの保存場所としては、ローカルなストレージのほか、Adobeクラウドストレージのストレージ、DropboxやGoogleドライブ、OneDriveなどが指定できます。

ファイルメニューからは、WordやExcelなどへのファイル変換や、ファイル圧縮などの機能を選択することができます。ただし、Acrobat Readerでは、ＰＤＦ文書の直接編集など実行できない機能もあります。

MEMO 古いAcrobat Readerは、最新版にアップデートしましょう。

注釈などを書き込んだPDF文書を保存する

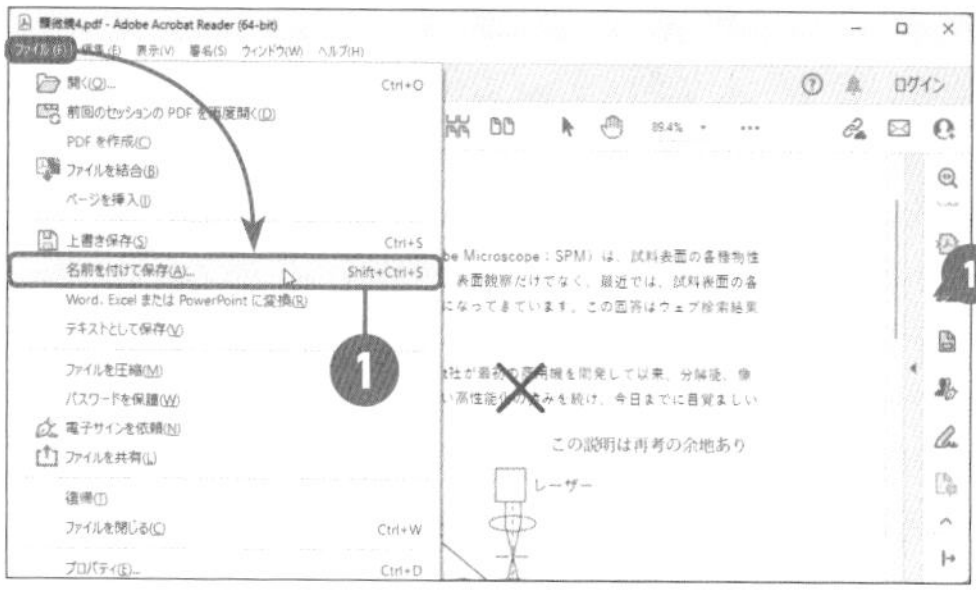

1 ファイルメニューを開き、「名前を付けて保存」を選択する。

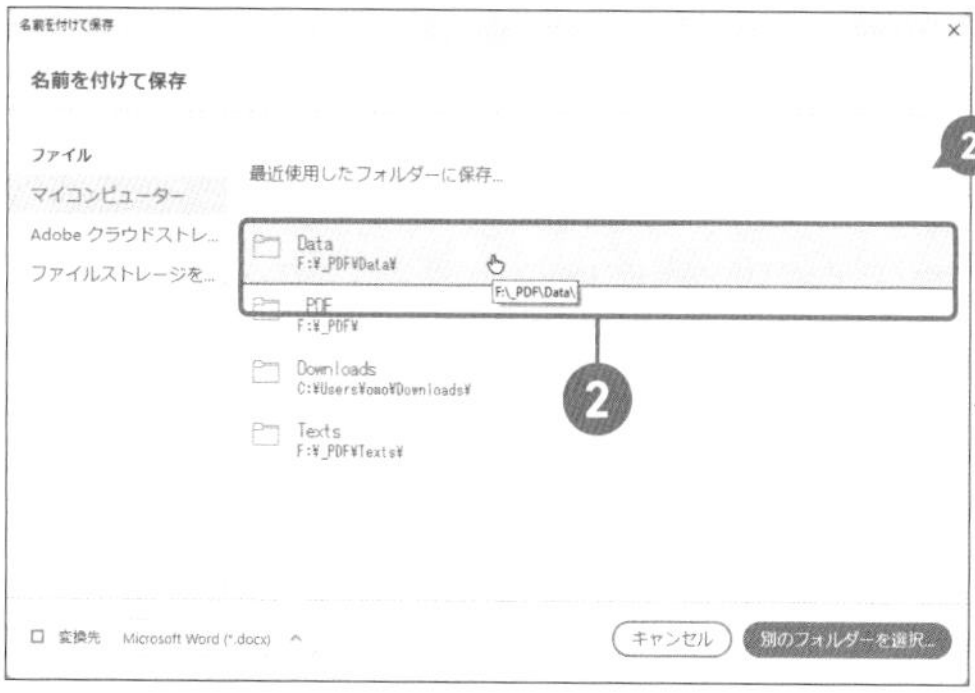

2 保存する場所を選択する。

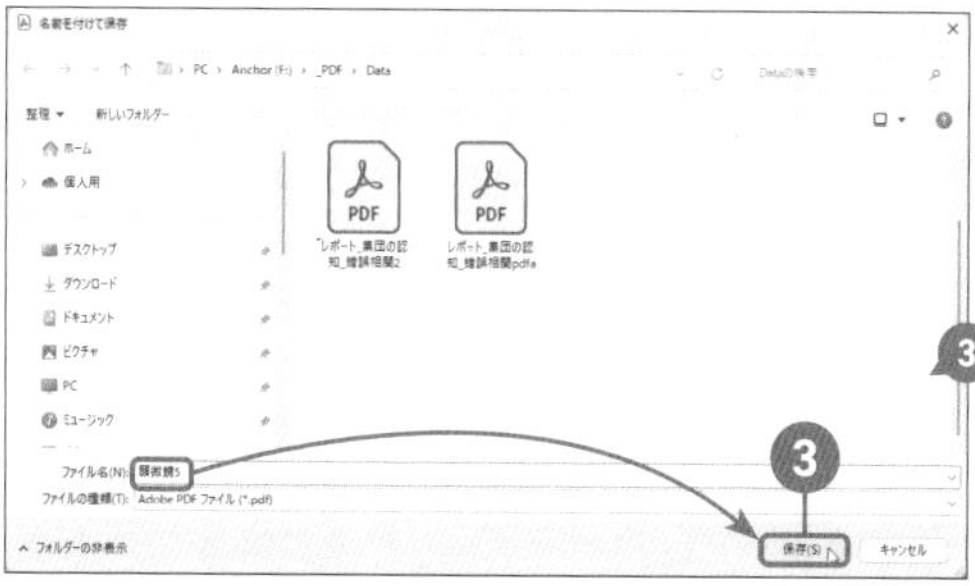

3 ファイル名を付けて、「保存」ボタンをクリックする。

COLUMN ● “自炊”って何のこと？

「自炊」とは、“自分で炊飯すること”で間違いなのですが、IT用語としての「自炊」は、食事とは無関係で、PDFファイルに関係しています。

紙でできている書籍や雑誌などの背の部分を裁断して、ページをバラバラにします。ページごとにすれば、スキャナーで簡単に取り込むことができます。取り込んだページのデータをPDF化することで、電子化された書籍、雑誌などができます。この一連の作業を調理にたとえ、自分でするのが「自炊」、業者に頼むのが「他炊」（自炊代行）です。

現在では、優秀なスキャンアプリを使うことで、紙の書籍や雑誌を裁断することなく、写真撮影したページの歪みを自動で平に補正した画像からPDFファイルにすることもできます。こちらの方法の方が時間がかかりますが……。

「自分で（書籍のデータを）吸い上げる」➡「自」「吸」➡「自炊」となったようです。

自分で購入した書籍や雑誌を「自炊」して、自分だけあるいは家族の範囲で閲覧するのは問題ありませんが、PDF化したデータを販売したり、他人に譲渡したりするのは違法とされます。また、自炊行為を代行して代金などをとる「他炊」は、「知的財産高等裁判所」の判断（2014年10月22日）によれば、違法と判断されています。

第3章

PDFをスマホで使う

PDF

01 スマホでPDF文書を読む

キーワード
フリック
ピンチ

スマホでＰＤＦ文書を読むときにもＰＤＦビューワーが必要です。通常は、初期装備されているアプリとしてＰＤＦビューワーが入っているか、ＰＤＦ文書を表示する機能のあるアプリが入っています。

ＷｅｂページにＰＤＦ文書のリンクがあれば、そこをタップします。すると、ＰＤＦファイルを開くことのできるアプリの一覧が表示されます。一覧の中に「Adobe Acrobat」があれば、それを選びましょう。ＰＤＦ文書が表示されます。

スマホの画面は小さいので、どうしても文字や図が小さく表示されます。縦長の文書もスマホを横向きにすると文字が大きく表示されて読みやすくなります。また画面に親指と人差し指を当て、指を広げるようにする（ピンチアウト）と、画面が拡大されます。指を狭める（ピンチイン）と、画面が縮小されます。画面やページを移動するには、画面をドラッグしたり、はじくようにします（フリック）。

MEMO
PDFアプリは、無料でインストールできても、広告つき、アプリ内課金のものがほとんどです。

スマホアプリでPDFを開く

●PDF文書を開く

1 スマホのWebアプリでPDF文書へのリンクが貼ってあるページを開く。

2 PDFファイルのリンクをタップする。

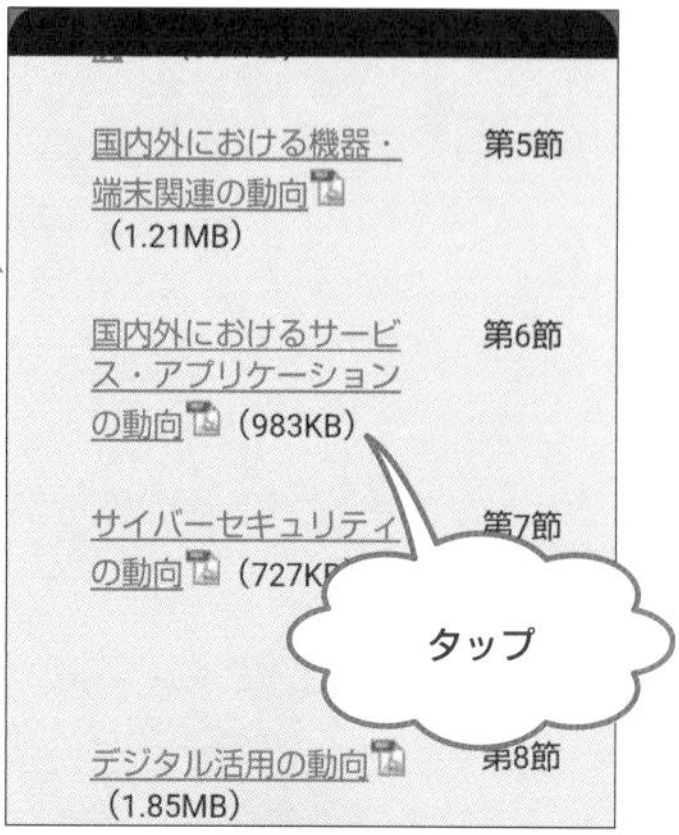

3 PDFファイルを開くアプリを指定する。

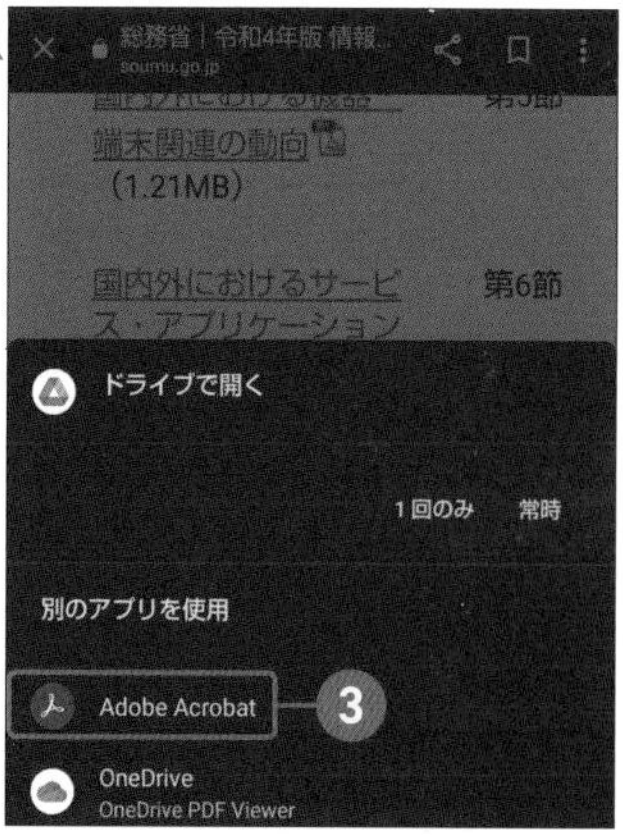

MEMO PDFファイルの他、WordやExcelなどのビジネスファイルも開けるものがあります。これ1つで複数のドキュメントファイルが開けるので便利です。

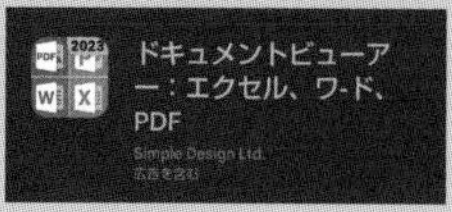

●ページを移動する

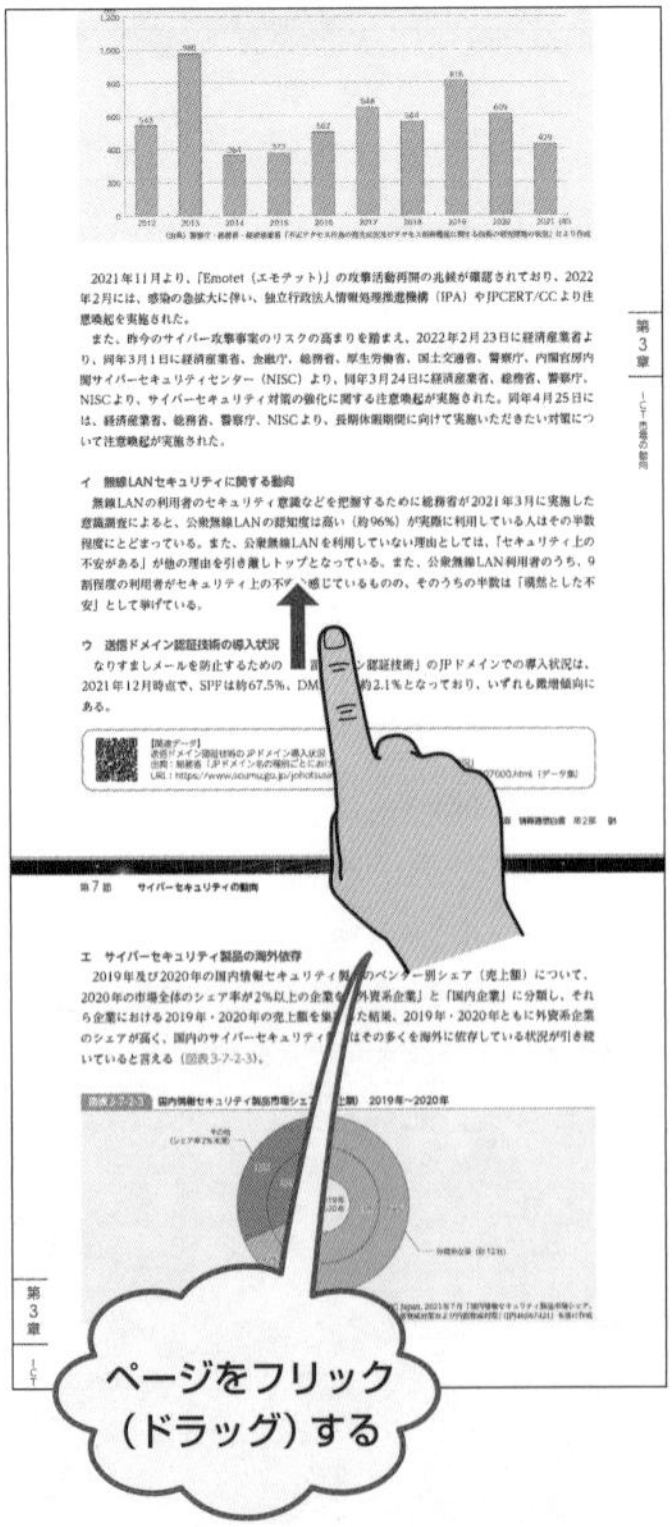

●画面を拡大（縮小）する

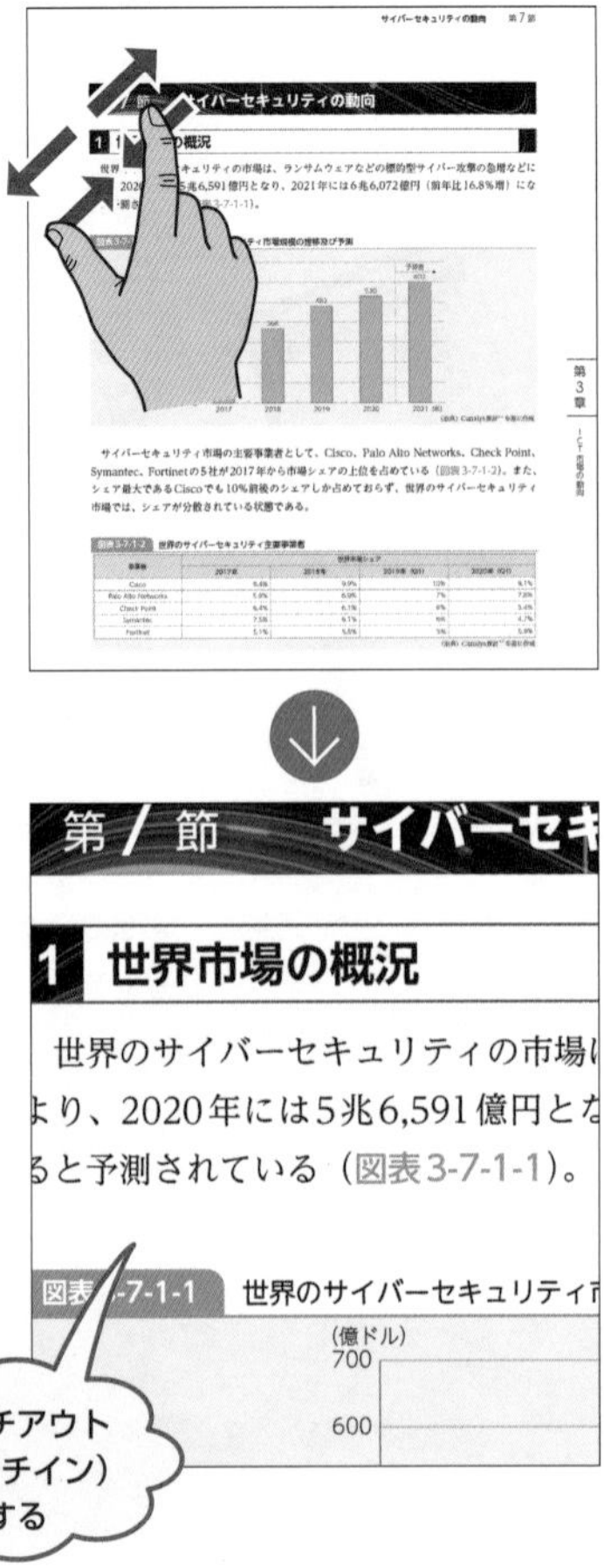

MEMO PDFファイルを開こうとすると、PDFファイルを開くことのできるアプリの一覧が表示されます。

COLUMN ● WebのPDFファイルを開くときには

Webページを閲覧中に、PDFファイルのデジタル文章へのリンクがあったとします。これまでのWebブラウザではファイルへのリンクをクリックしたときには、そのファイルをダウンロードするような仕様になっています。リンクからファイルを直接、実行するのはセキュリティ上の問題が生じる可能性があるためです。

PDFファイルなら絶対に安全だとはいいきれません。PDFファイルには、コンピューターを制御することも可能なJavaScriptを埋め込むこともできます。

JavaScriptが埋め込まれていると、スクリプトの実行許可を尋ねるウィンドウが表示されます。信頼できる作成者によるPDFファイルでない場合は、実行をキャンセルするようにしましょう。

過去には、PDFビューワーの脆弱性が指摘されたこともありました。Acrobat Readerだけではなく、WebブラウザでPDFファイルを閲覧するときにも、最新版を使用するようにしましょう。また将来には、PDFファイルを利用した深刻なサーバー攻撃が起こるかもしれません。

PDFファイルに限ったことではありませんが、インターネットなどから得るデータファイルを開くときには、ウイルスなどのリスクを十分に注意しなければなりません。

P

PDF

02 LINEのトークでPDFファイルを送る

キーワード
LINE

LINEのともだちにＰＤＦ文書を送るには、トークからＰＤＦ文書を添付します。写真や動画をLINEのトークで送るのと同じ操作です。

LINEを開き、ＰＤＦ文書を送るともだちを探して、トークを開きます。メッセージ入力ウィンドウで「＋」をタップすると、コンテンツの種類を選択するパネルが開くので、「ファイル」をタップします。

ファイルを選択するウィンドウが開いたら、ファイルを探します。Ｗｅｂページからダウンロードした ＰＤＦファイルなら、「最近使用したファイル」一覧で見つかるかもしれません。ファイルが探せたら、そのファイルをタップして選択します。送信しますかのメッセージに「はい」をタップします。

MEMO トークの相手は、吹き出しをタップすると、PDF文書が表示されます。

PDFファイルをLINEで送る

1 ファイルを送るともだちのトークを開く。

2 ツールバーの「+」をタップする。

3「ファイル」をタップ

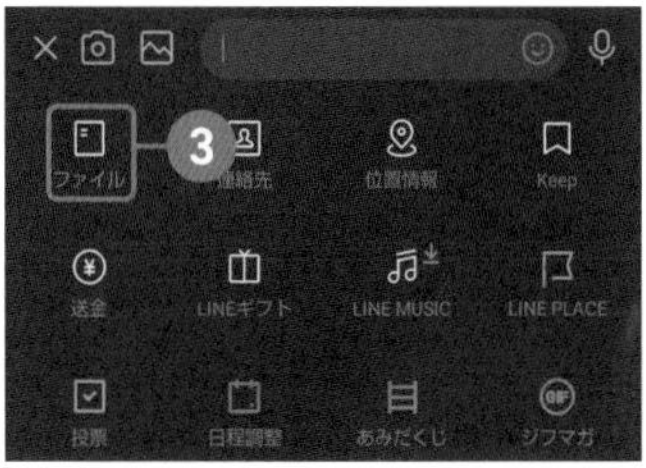

4 送信するファイルを選択する。

5「はい」をタップ。

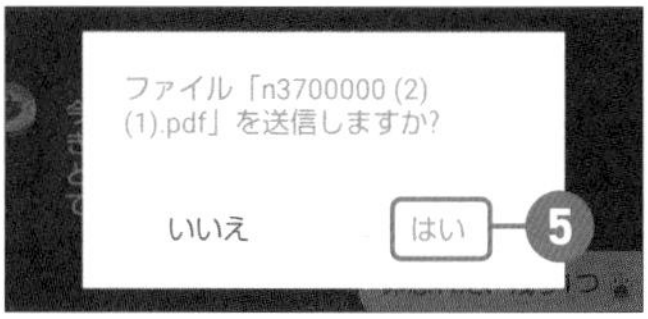

6 メッセージ欄にファイル名が表示された。

MEMO ファイル名をタップすると、PDF文書が表示されます。

PDF

03 スマホでPDFファイルにした領収書を会社で処理する

キーワード
Adobe Scan

「Adobe Scan」は、Adobe製のモバイルデバイス用のスキャナーアプリです。スマホなどのカメラで撮影した写真をＰＤＦファイルに変換します。無料版でも自動切り抜き機能があり、写すだけでＰＤＦファイルになります。

領収書や企画書、名刺などの紙媒体のほか、ホワイトボードやポスターを簡単にＰＤＦファイルにしてくれます。被写体は真正面から撮影する必要はなく、斜めからでも、文字や図形がきれいな長方形に整形されます。縁取りが自動で検出され、そのまましばらく待てば、整形されたＰＤＦファイルになります。自動検出された書類の縁は手動で修正することができます。

Adobeクラウドにアカウントがあれば、作成されたＰＤＦファイルは自動で保存されます。

MEMO
PDFファイルをメールに添付して送信するには、「共有」をタップします。

紙の書類をPDFにする

1 Adobe Scanをインストールする。

2 Adobe Scanから、カメラ機能を起動する。

3 書類を写すと自動で書類の枠が検出される。検出枠を修整して、「PDFを保存」をタップする。

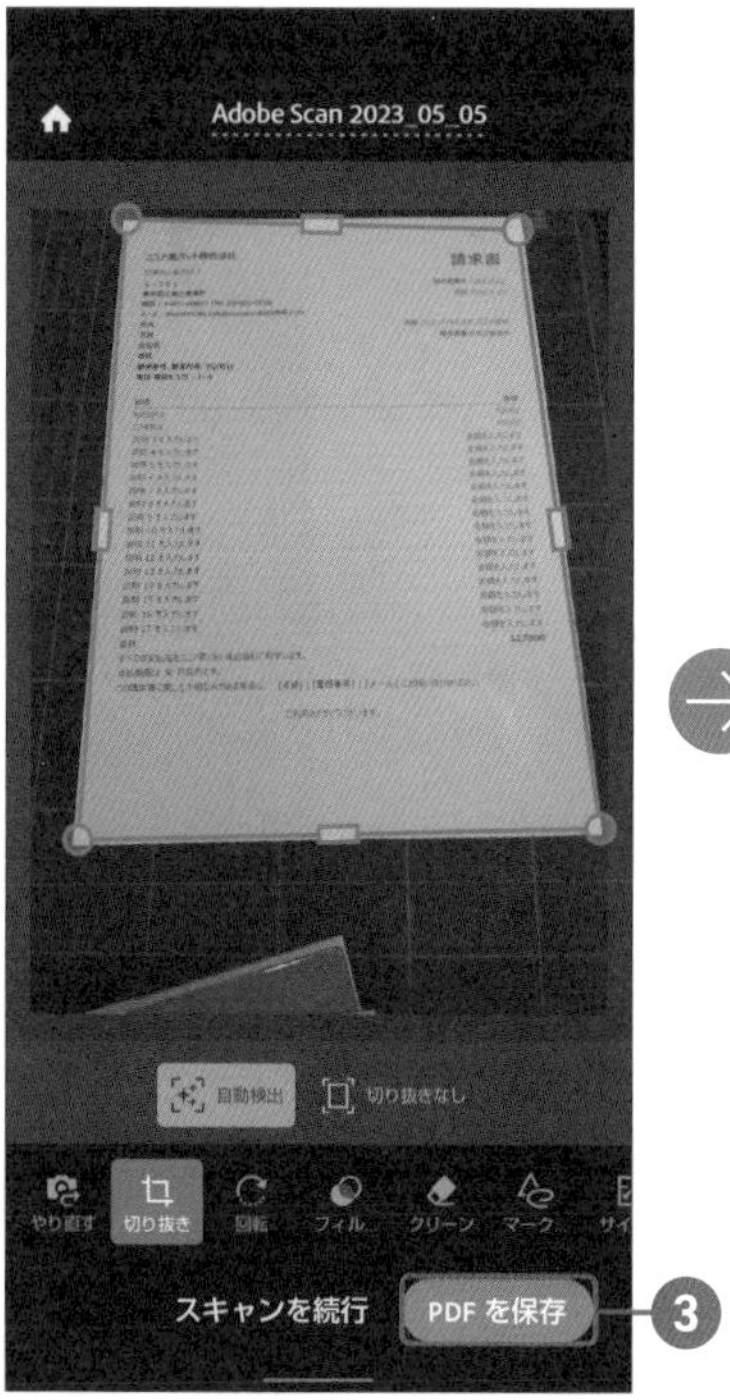

4 PDFファイルが保存された。

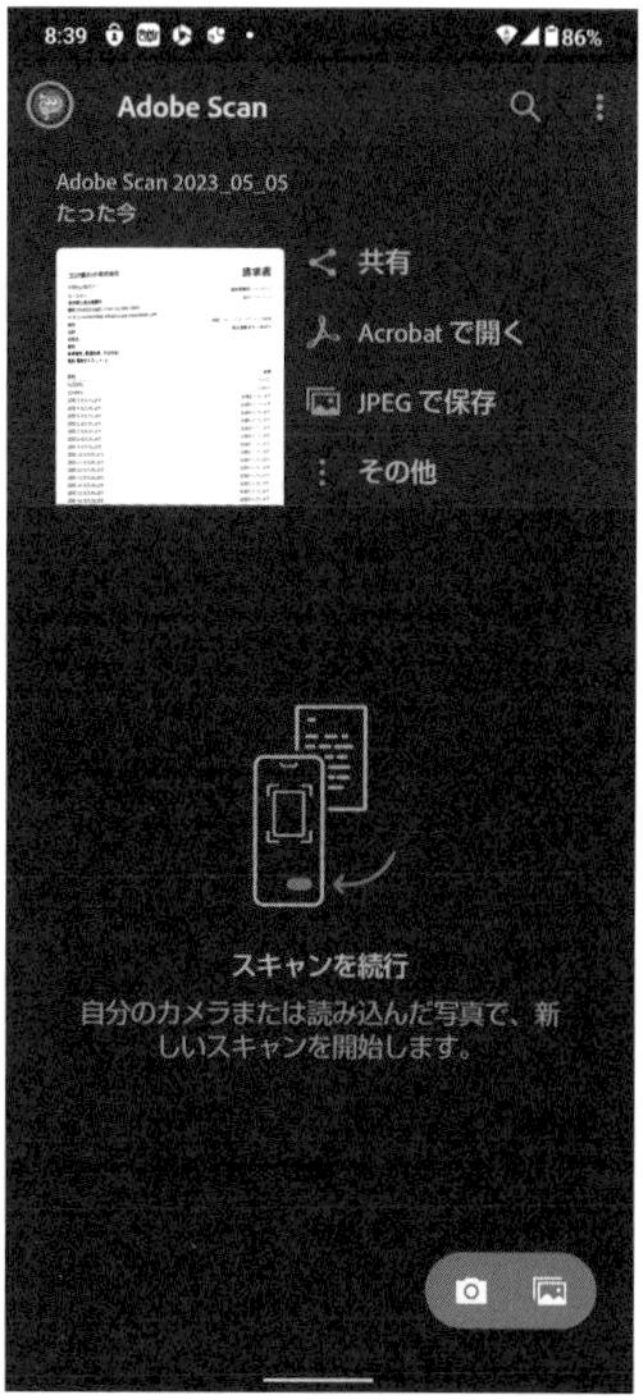

ココア黒バット株式会社

目覚めよ黒バット！

6－201

東京都江東区東陽町

電話 03-000-0000 | FAX 03-000-0000

メール | cocoacrobat.info@cocoacrobat9898.com

発先

名前

会社名

番地

郵便番号、都道府県、市区町村

電話 電話を入力 | メール

請求書

請求書番号 23051012

日付 2023.5.10

内容 プロジェクトまたはサービスの説明

発注書番号 発注書番号

説明	金額
N23293	72000
S34998	45000
説明 3 を入力します	金額を入力します
説明 4 を入力します	金額を入力します
説明 5 を入力します	金額を入力します
説明 6 を入力します	金額を入力します
説明 7 を入力します	金額を入力します
説明 8 を入力します	金額を入力します
説明 9 を入力します	金額を入力します
説明 10 を入力します	金額を入力します
説明 11 を入力します	金額を入力します
説明 12 を入力します	金額を入力します
説明 13 を入力します	金額を入力します
説明 14 を入力します	金額を入力します
説明 15 を入力します	金額を入力します
説明 16 を入力します	金額を入力します
説明 17 を入力します	金額を入力します
合計	**127000**

すべての支払先をココア黒バット株式会社に指定します。

支払期限は 30 日以内です。

この請求書に関して不明な点がある場合は、 [名前] | [電話番号] | [メール] にお問い合わせください

ご利用ありがとうございます。

5 作成されたPDFファイルは、クラウドに保存されます。

COLUMN ● スキャン対象の変更

Adobe Scanでは、紙媒体のビジネス文書のキャプチャがデフォルトに設定（文書）されています。A4サイズの紙以外には、ホワイトボード、書籍、IDカード、名刺があり、それぞれの対象に最適化されてスキャンされPDFデータが作成されます。書籍オプションでは、左右の見開きにした書籍の中央線にカメラを合わせると、ページ順にスキャンします。ホワイトボードオプションは、PCのモニター画面のスキャンにも使えることがあります。

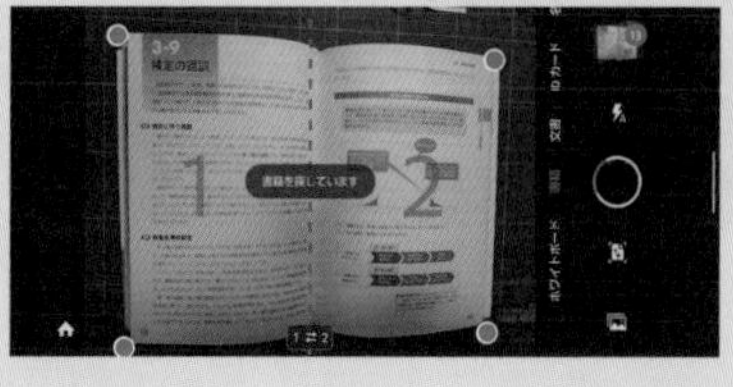

COLUMN ● キャリアシートに挟んでスキャンする

紙媒体をPDF化する場合に使って便利なのが「キャリアシート」です。“履歴書”のこともキャリアシートと呼ぶようですが、ここでは、書類をはさむ透明なクリアシートと似たもので、書類や新聞、写真などを、スキャナーで連続してスキャンするときに使用する補助具です。

シワになったり丸まったりした紙をキャリアシートにはさみます。あるいは、複数の小さな紙片をキャリアシートに整理してはさむこともできます。これらを複合機などにあるスキャナーの連続読み取り用トレイにセットすると、きれいに連続してスキャンできます。

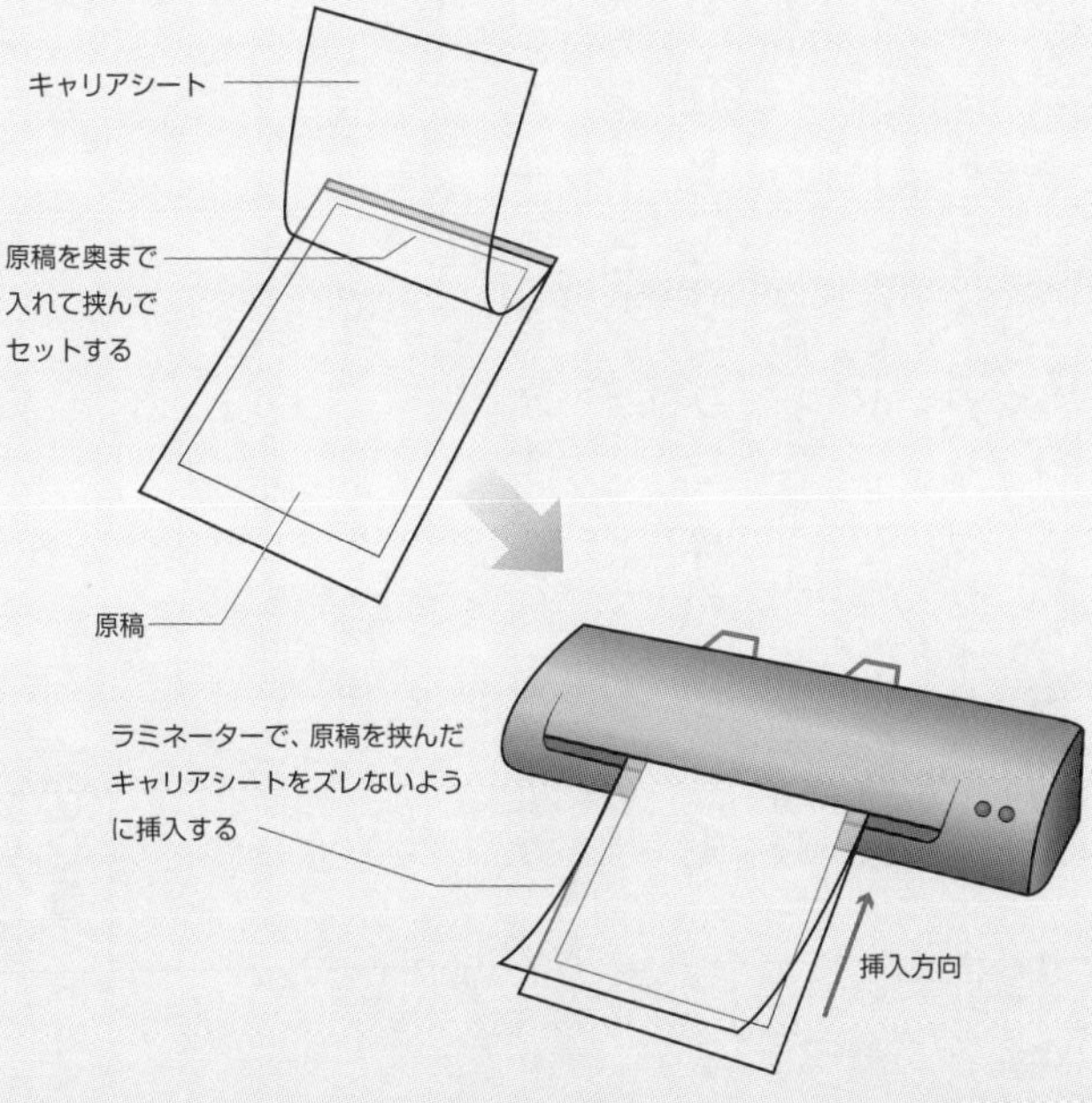
キャリアシート
原稿を奥まで入れて挟んでセットする
原稿
ラミネーターで、原稿を挟んだキャリアシートをズレないように挿入する
挿入方向

04 スマホでスキャンしたＰＤＦをレタッチする

キーワード
Adobe Scan

Adobe Scanは、スマホで撮影したレシートやホワイトボードなどを簡単にＰＤＦファイルにすることができるアプリです。このアプリでは、スキャンに使う写真をレタッチ（編集）することで、ＰＤＦファイルを編集します。

例えば、Adobe ScanでＰＤＦ化したビンのラベルをレタッチするには、次のように作業します。レタッチするＰＤＦファイルを選択したら、ツールバーでレタッチ項目をタップします。「切り抜き」では、ＰＤＦ化したときの写真と枠組みを再設定できます。「フィルター」では、色合やホワイトバランスを修整できます。細かい修正はできませんが、「明るいテキスト」「ホワイトボード」などから、元の写真の状態を選ぶことで最適化されます。「マーク」では、図形を挿入したり、フリーハンドで手書き文字や図形を重ねて描いたりすることもできます。これらのほか、画像の回転、サイズ変更などもできます。

MEMO 有料のプレミアムツールでは、Wordなどに書き出すこともできます。

スキャンした画像をレタッチする

1 レタッチするPDFファイルをタップする。

2 切り取る枠組みを修整して、「切り抜き」をタップする。

3 「変更」をタップする

4 「フィルター」をタップして、色合いなどを選択する。

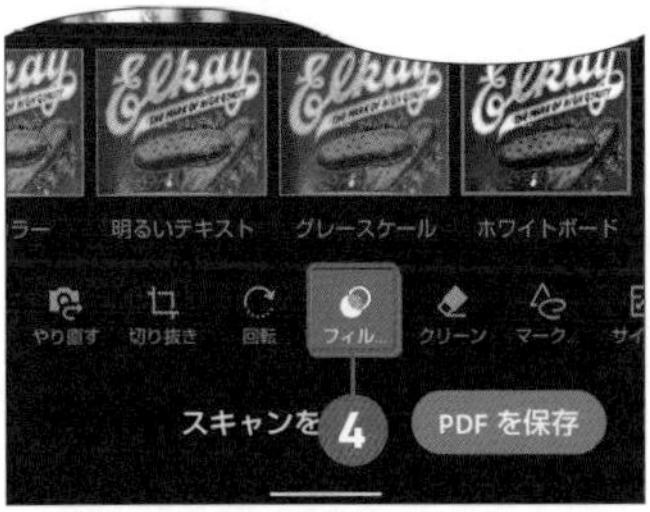

5 「マーク」をタップして、フリーハンドで文字を描くこともできる。

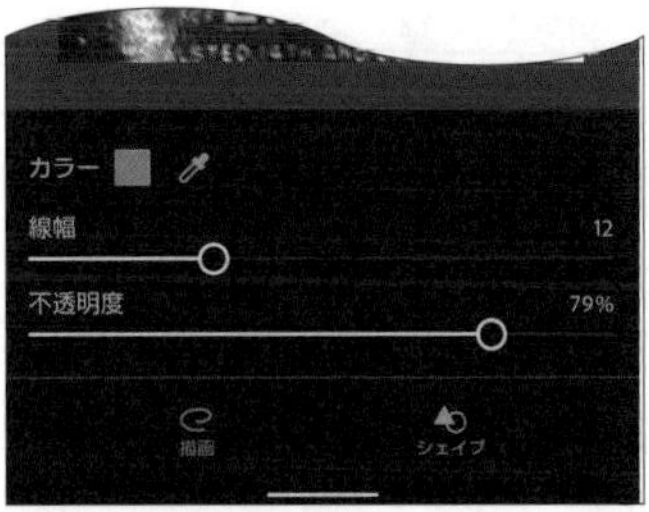

COLUMN ● 無料でおすすめ編集アプリ

PDFビューワーには完全無料のアプリもあるのですが、PDF文書が編集できるアプリとなると完全無料のものはありません。また、編集できると謳っていてっも、実はコメントの入力やハイライトや手書き入力ができても、テキストボックス（フィールド）を任意の場所に挿入できる無料アプリは少ないのが現状です。そんな中、「PDF Editor：PDF Fill & Sigh」（TrustedOffice開発）は、無料版でもテキストボックスが挿入できます。なお、このアプリも使用時には広告が表示されていたり、機能実行時にしばらく広告が表示されたりしますが、他のアプリに比べると比較的そのストレスが少ないように思われます。iPhoneアプリの「PDF Expert」もテキストボックスの挿入が可能（無料版の使用は7日間）。

COLUMN ● KindleでPDF文書を読む

「Kindle」（キンドル）は、アマゾンの電子書籍リーダーまたは、そのサービスです。Androidスマホやタブレットには、最初からインストールされています。Kindleは、専用の電子書籍だけではなく、任意のPDF文書を開くためのPDFビューワーとしても使えます。

コンピューター用のKindleでは、ローカルストレージに保存されたPDFファイルを開くことができます。PCあるいはMac用のKindleをインストールしたら、本を閉じている状態で、「ファイル」メニューから「ローカルPDFをインポートする」を選択し、PDFファイルを選択します。

スマホ用のKindleでは、いったん、Kindle用のAmazonアカウントで利用できるストレージにPDFファイルをアップロードし、それをスマホにダウンロードして読むという手順を踏みます。WebブラウザでAmazonカウントにログインしたら、「Send to Kindle」ページ（https://www.amazon.co.jp/sendtokindle）にアクセスして、PDFファイルをアップロードすると、同じアカウントのスマホのKindleに表示されるようになります。

▼Kindle（PC版）　　▼Kindle（スマホ）

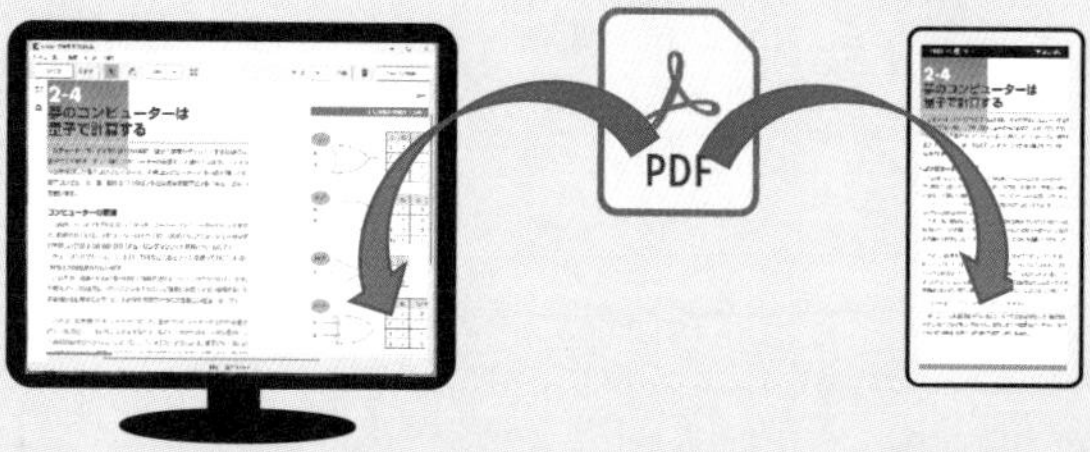

PDF

P

05

スマホでPDF文書を印刷する

キーワード
PDF
ビューワー

スマホでＰＤＦ文書を読むのには、スマホ用のＰＤＦビューワーが必要になります。おすすめはAdobe社のAcrobat Readerアプリです。スマホによっては、初期装備されている場合が多いようです。

どのＰＤＦビューワーでも表示しているＰＤＦ文書をプリンターから印刷することができます。印刷機能は、ＯＳとの連携作業なので、ＯＳによって印刷機能が異なることがあります。また、印刷品質や機能はプリンター本体の性能や、プリンターを制御するためにＯＳにインストールするプリンタードライバーに左右されます。

Acrobat Readerで印刷するＰＤＦ文書を表示したら、メニューで「印刷」をタップします。Ｗｉ－Ｆｉでアクセスできるプリンターを指定し、部数や用紙サイズなどを設定して印刷します。

MEMO
スマホとプリンターをWi-Fi接続する必要があります。

スマホでPDF文書を印刷する

1 印刷するPDF文書を表示し、メニューから「設定」をタップする。

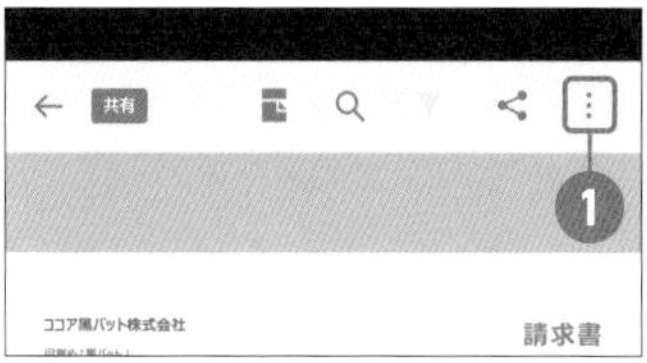

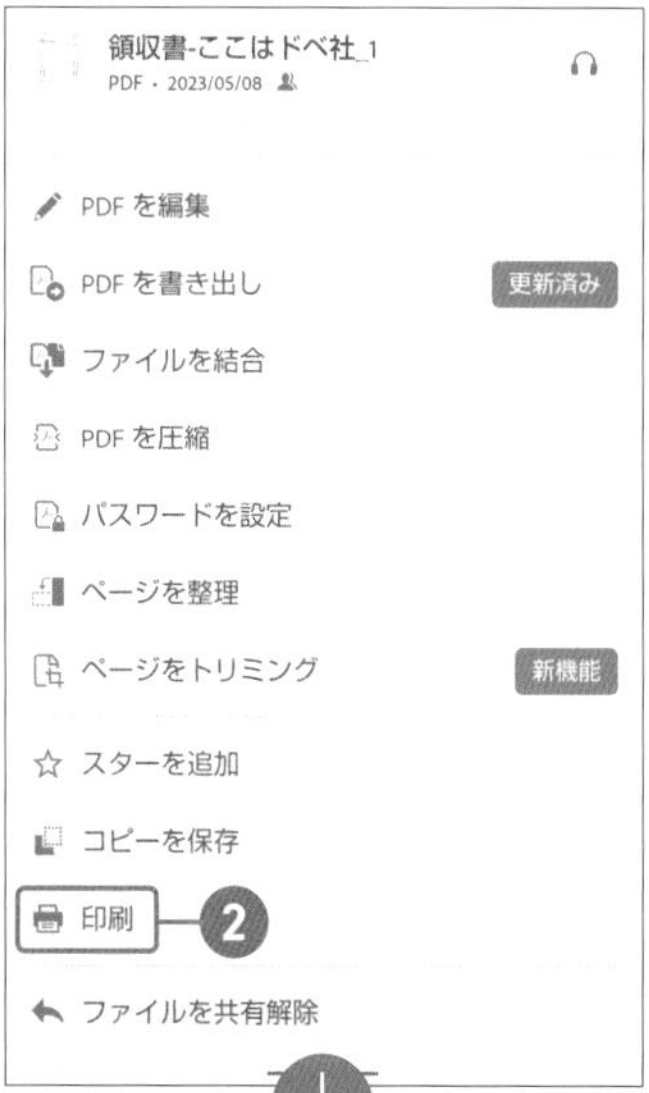

2 印刷するプリンターを選択し、印刷オプションを設定する。

3 印刷ボタンをタップする。

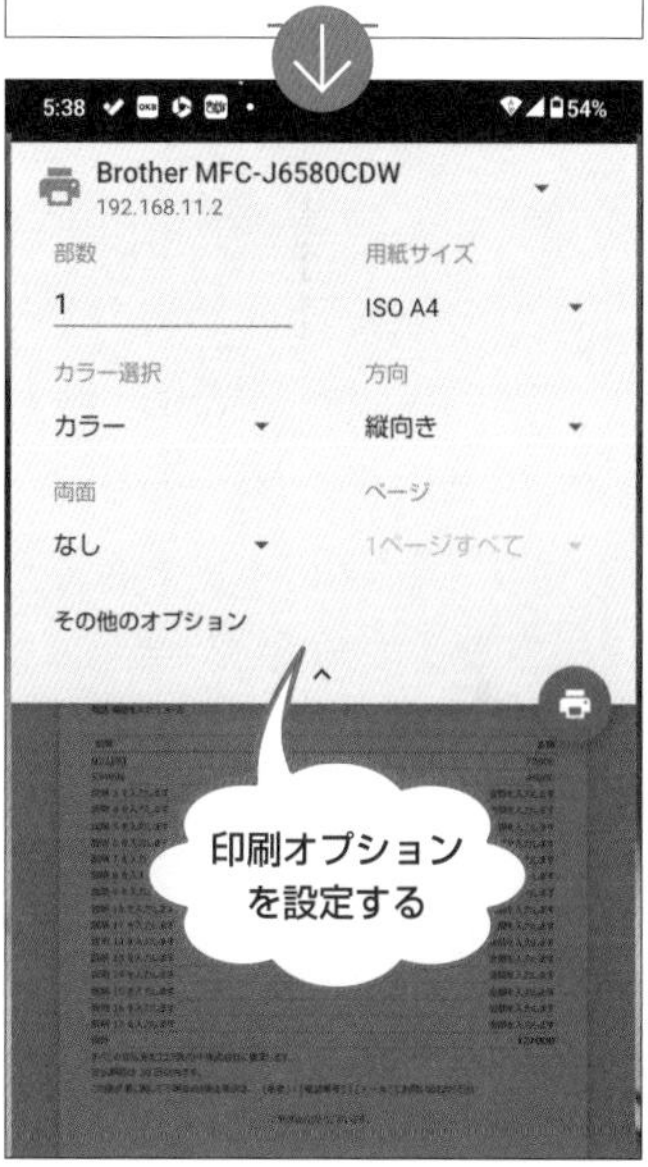

ココア黒バット株式会社

請求書

6-201
東京都江東区東陽町
電話 03-000-0000 | FAX 03-000-0000

請求書番号 21061012
日付 2023.5.10

宛先
名前
会社名
番地
郵便番号、都道府県、市区町村
電話 電話を入力 | メール

内容 プロジェクトまたはサービスの説明
発注書番号 発注書番号

説明	金額
N23293	72000
S34998	45000
説明 3 を入力します	金額を入力します
説明 4 を入力します	金額を入力します
説明 5 を入力します	金額を入力します
説明 6 を入力します	金額を入力します
説明 7 を入力します	金額を入力します
説明 8 を入力します	金額を入力します
説明 9 を入力します	金額を入力します
説明 10 を入力します	金額を入力します
説明 11 を入力します	金額を入力します
説明 12 を入力します	金額を入力します
説明 13 を入力します	金額を入力します
説明 14 を入力します	金額を入力します
説明 15 を入力します	金額を入力します
説明 16 を入力します	金額を入力します
説明 17 を入力します	金額を入力します
合計	127000

すべての支払先をココア黒バット株式会社に指定します。

支払期限は 30 日以内です。

この請求書に関して不明な点がある場合は、[名前] | [電話番号] | [メール] にお問い合わせください

ご利用ありがとうございます。

COLUMN ● スマホからプリントできない!?

スマホのデータをプリンターで印刷するときには、Wi-Fiプリンターを使用するのが一般的です。このプリンターはスマホと同じWi-Fiに接続されている必要があります。スマホのPDFデータがプリンターで印刷できないとき、Wi-Fi関連の接続トラブルである可能性があります。プリンターが接続しているWi-Fiを調べ、それと同じWi-Fiにスマホを接続してください。それでも印刷できないときには、スマホやプリンターのWi-Fiをいったん、オフにしてから再度オンにしてみましょう。プリンターの紙が切れていたり、インクがなかったり、指定した用紙サイズに対応していなかったりする場合もあります。

第4章

Webブラウザでの PDF活用術

PDF

01

PDFファイルを開く既定アプリはWebブラウザが便利

キーワード
Edge

多くのＰＤＦファイルはＷｅｂページにリンクが貼られています。ＨＴＭＬやＣＳＳで表示されるＷｅｂページは、ブラウザの種類やバージョンによってページの見え方が変わってしまうことがあります。Ｗｅｂブラウザのフレキシブルなページ表示機能は大変便利なのですが、紙面を再現するには不都合があります。そこで登場したのが、ＰＤＦというデジタル文書用のフォーマットでした。

Edgeは Microsoft製の、ChromeはGoogle製のＷｅｂブラウザです。これらのＷｅｂブラウザで任意のＷｅｂページを開き、そのＰＤＦファイルのリンクにアクセスしたときに、ファイルをダウンロードすることなく、ウィンドウ内のタブ内でＰＤＦ文書を表示することができます。ＷｅｂページのＰＤＦファイルを頻繁に表示するのなら、ＰＤＦファイル用の既定アプリをＷｅｂブラウザに変更するとよいでしょう。

MEMO
既定アプリの変更は「第1章02」を参照。

PDFファイルの既定アプリをEdgeにする

●既定アプリをEdgeに設定する

1 Windowsの場合、システムパネルのホームから、「アプリ」>「既定のアプリ」を開く。

2 「ファイルの種類またはリンクの種類を入力してください」ボックスに小文字で「.pdf」を入力して、Enter キーを押す。

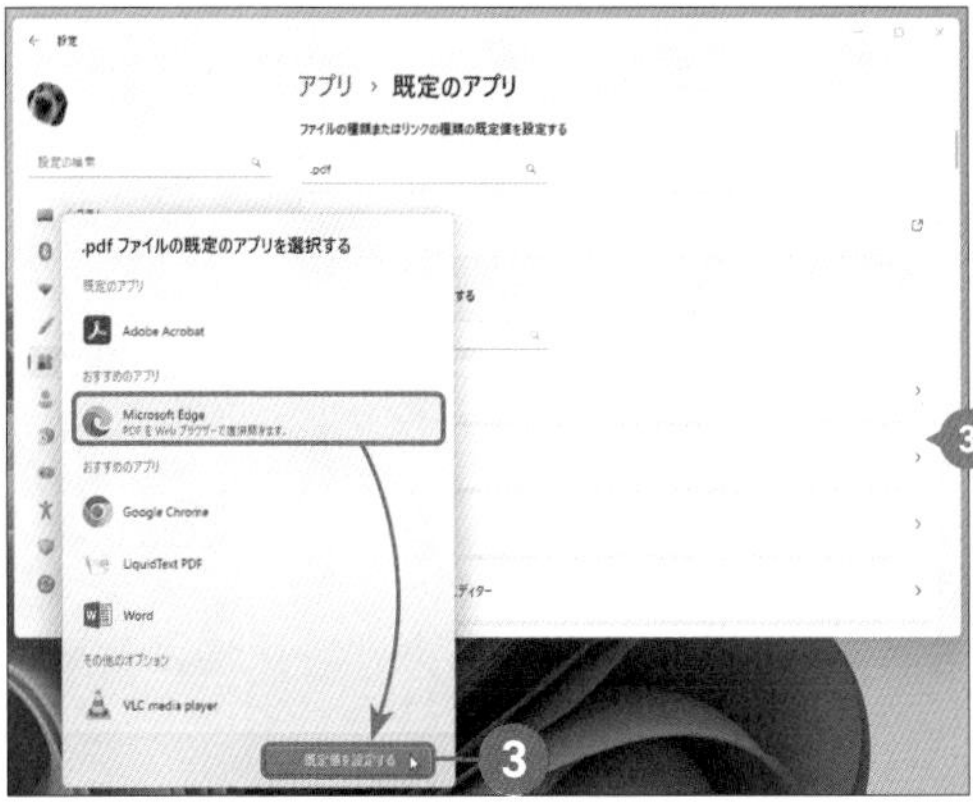

3 「Microsoft Edge」を選択して、「既定値を設定する」ボタンをクリックする。

●EdgeでPDFファイルをダウロードせずに表示する

Edgeの「設定パネル」のホームから「Cookieとサイトのアクセス許可」>「PDFドキュメント」を開き、「常にPDFファイルをダウンロード」をオフにします。

MEMO 本書の説明では、WebブラウザにEdgeを使います。Chromeなども同様の操作です。

02 Webブラウザで PDF文書を読む

キーワード Webブラウザ

EdgeをＰＤＦビューワーとして機能させた場合、初期設定ではＰＤＦファイルをダウンロードすることなく、Edgeウィンドウ内の新しいタブとして表示されます。表示したＰＤＦ文書は、Ｗｅｂページと同じようにEdgeの「お気に入り」に登録することができて、同じMicrosoftアカウントでサインインするデバイス間で共有することも可能です。ダウンロードしないので、コンピューターなどのディスク容量を使いません。

　EdgeでＰＤＦ文書を開くと、ＰＤＦのツールバーが表示されます。ＰＤＦ文書の操作は、このツールバーを使って行います。機能には、「目次」「強調表示」「手書き」「消去」「音声で読み上げる」「検索」「印刷」「上書き保存」「名前を付けて保存」などがあり、ＰＤＦ文書を扱うための基本的な機能はほとんど揃っています。「強調表示」と「手書き」機能を使えば、文書の簡単な校正を行うこともできます。

MEMO　PDFファイルをダウロードしたいときは、Edgeで保存操作をします。

EdgeでPDF文書を読み、PDFファイルで保存する

●EdgeでPDF文書を読む

1 WebページのPDFファイルへのリンクをクリックする。

2 PDF文書が表示される。

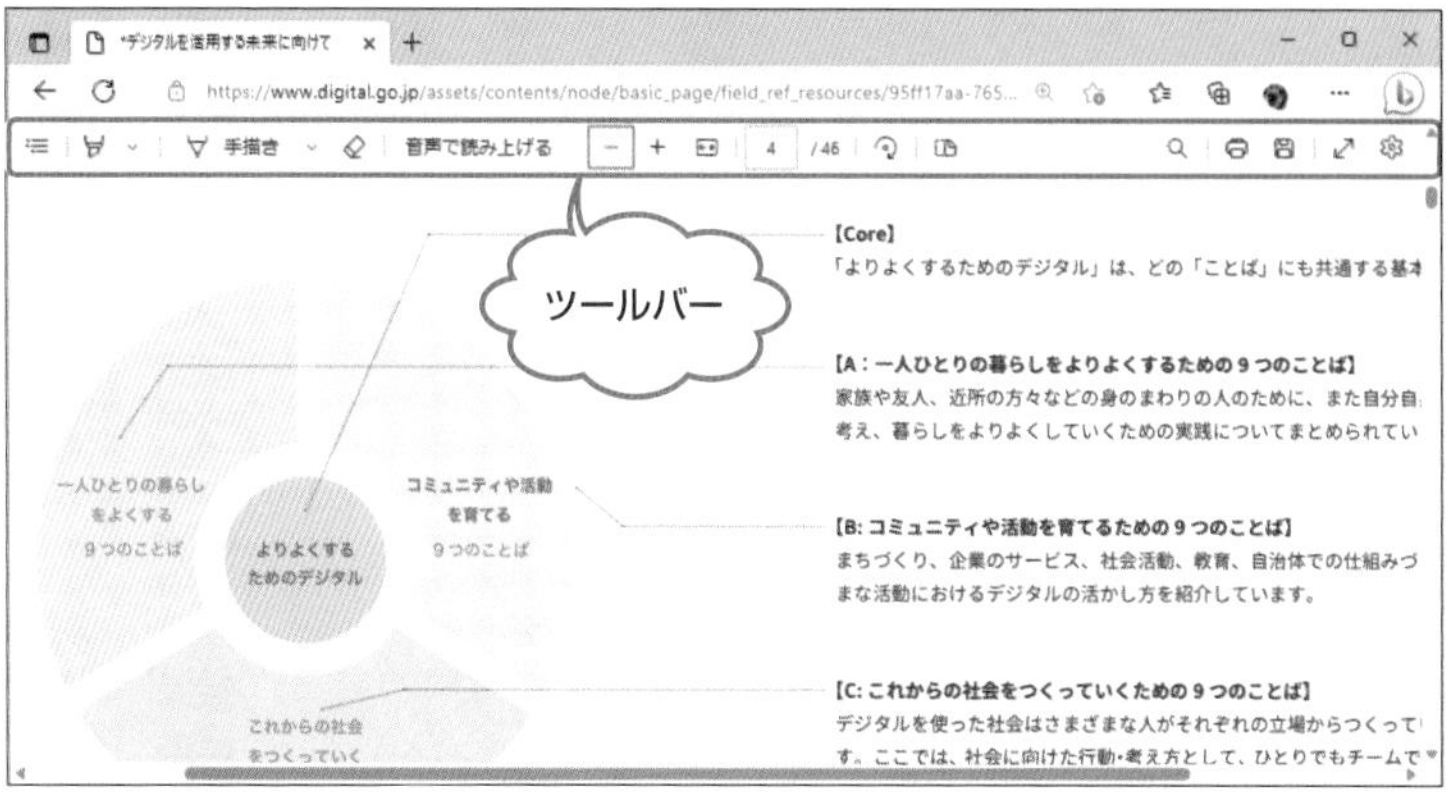

●保存

1 PDFツールバーの「名前を付けて保存」ボタンをクリックする。

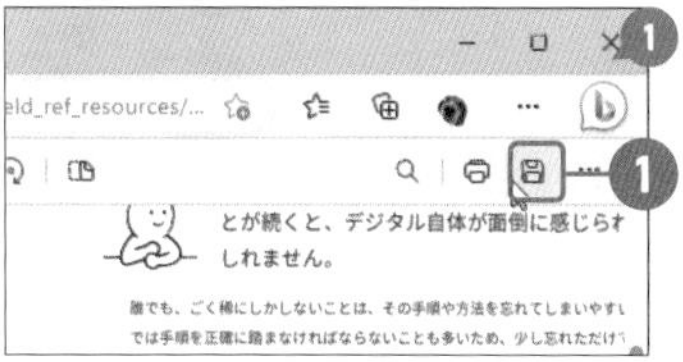

2 保存場所を選択して、「保存」ボタンをクリックする。

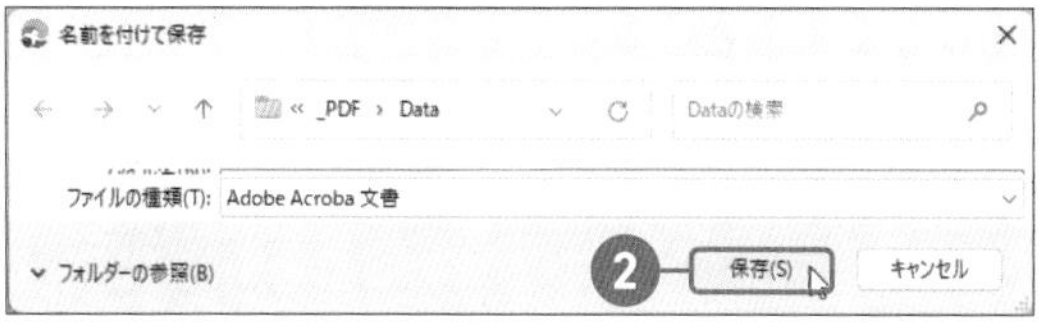

PDF

03 Edgeで開いたPDF文書に手書きメモを書き込む

キーワード
Edge
手書き

Edgeで開いたＰＤＦ文書の操作は、ＰＤＦツールバーで行います。ツールバーに表示されているアイコンのデザインを見ると、機能を想像することができます。

ＰＤＦツールバーの「強調表示」をクリックすると、マウスポインターの形状が変わります。その状態で、ＰＤＦ文書上の任意の行をドラッグすると、その範囲の文字にラインマーカーを引いたようになります。協調表示機能では、複数の行にまたがって丸などの図形を描くこともできます。

ＰＤＦツールバーの「手書き」をクリックすると、マウスポインターの形状がペンに変わります。この状態でドラッグすると、文書の任意の場所に手書きで文字を書くことができます。

ＰＤＦツールバーの消しゴムアイコン（消去）をクリックすると強調表示や手書きで描いた文字や図形を消去できるようになります。

MEMO 強調表示と手書きアイコンの右側の「v」をクリックすると、色を変更できます。

Edgeの手書き関連の機能

●手書きでメモ書きする

1 ツールバーの「強調表示」「手書き」を選択する。

2 文章上でドラッグする。

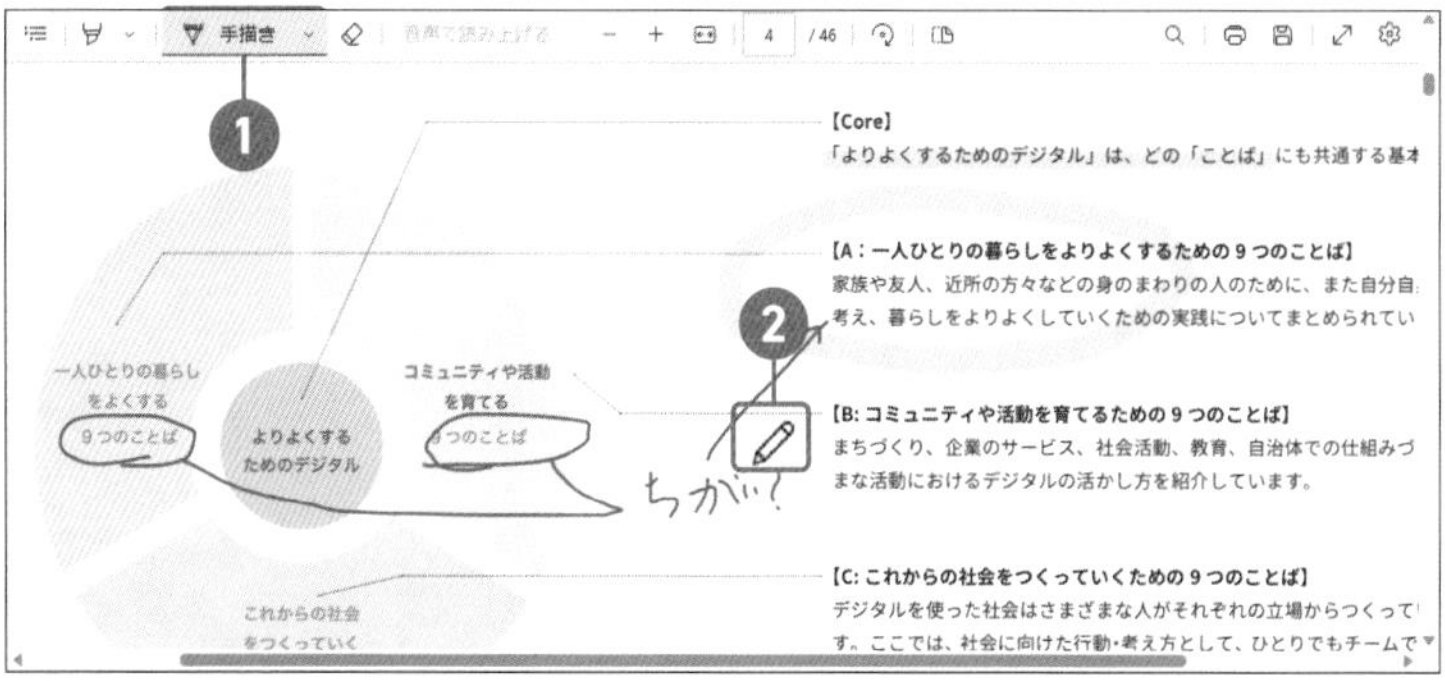

●手書きを消去する

1 ツールバーの「消去」を選択する。

2 文書上で消したい手書きをドラッグする。

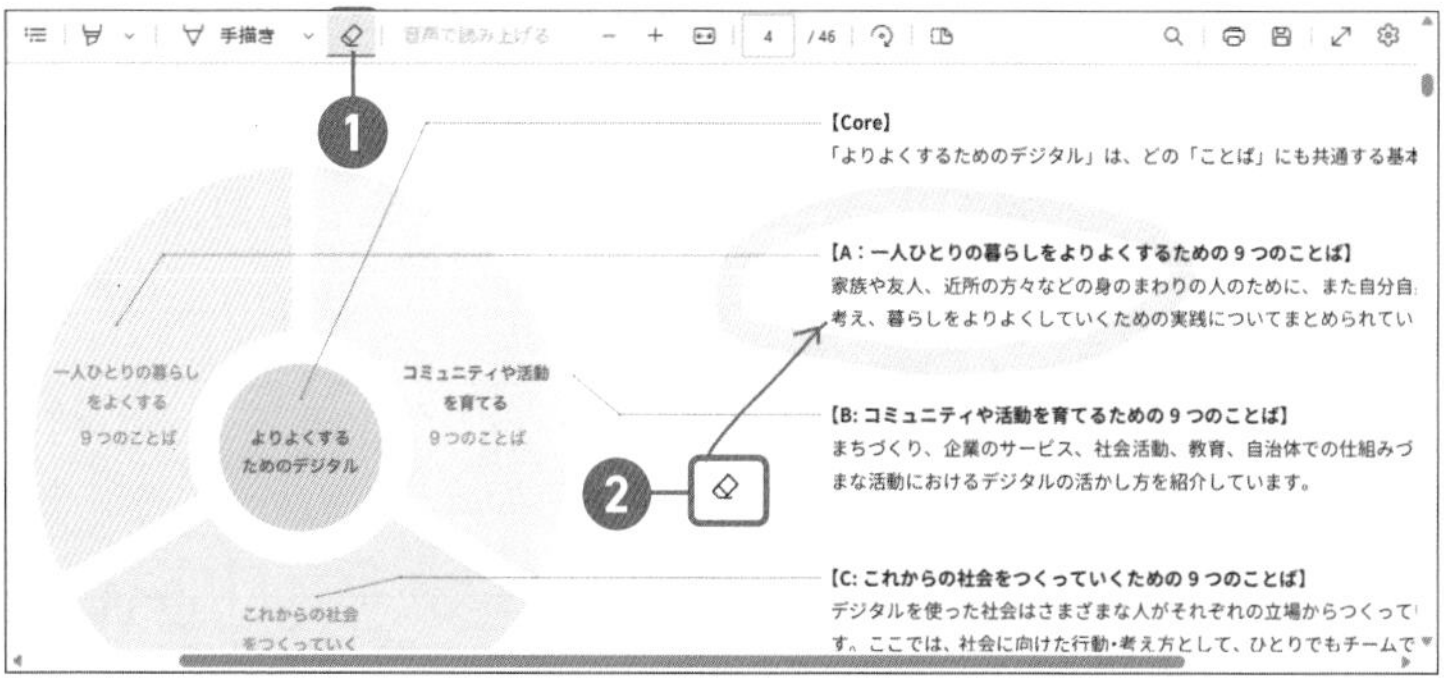

MEMO 手書き関連の機能を解除するには、再度アイコンを選択するか Esc キーを押します。

PDF

04

Adobe Acrobatオンラインサービスにログインする

キーワード
Web
クラウド

Adobe Acrobatオンラインサービスは、Adobe社が運営しているクラウドを使ったインターネットサービスです。Ｗｅｂブラウザとインターネット接続があれば、どこからでも誰でも利用できます。

Adobe Acrobatオンラインサービスで利用できるのは、ＰＤＦからほかのビジネスソフト形式のファイルへの変換とその逆変換、ＰＤＦファイルの編集・結合・分割、ＰＤＦページの回転・並べ替え・抽出・挿入、署名、パスワード保護などです。

Adobe Acrobatオンラインサービスを利用するには、Adobeアカウントが必要です。Adobeアカウントは、新規に作成することもできますが、すでに所有しているGoogleやFacebookなどのアカウントを流用することも可能です。

Adobeアカウントでログインすると、Adobe Acrobatオンラインサービスの他、Adobeの様々なオンラインサービスを受けることができるようになります。

MEMO

サポートされているWebブラウザとしては、Edge、Chrome、Safari、Firefoxなどがあります。

Adobe Acrobatページにログインする

●Adobe Acrobatページにアクセスする

1 Webブラウザで「https://acrobat.adobe.com/jp/ja/」を開く。

2 Googleアカウントなどでログインする。GoogleやFacebook、Appleアカウントでログインできる。

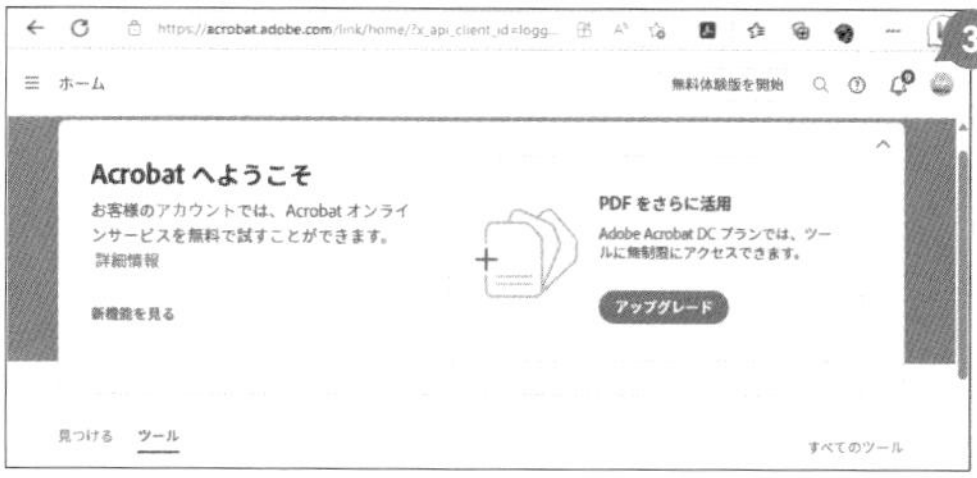

3 ログインできた。

MEMO
Adobeクラウドストレージの利用は無料です。オンラインストレージは2GBあります。

05 Ｗｅｂブラウザの拡張機能とは

キーワード
Ｗｅｂブラウザ
拡張機能

Ｗｅｂブラウザの「拡張機能」とは、Ｗｅｂブラウザに後から追加できる機能です。アドオンと呼ばれることもあります。様々なソフトメーカーがＷｅｂブラウザ用の拡張機能を作成しています。Edge用の拡張機能（アドオン）はMicrosoftの拡張機能専用のサイトからインストールすることができます。

Edgeに拡張機能をインストールするには、Edgeの設定メニュー「…」を開いて、「拡張機能」を選択して開くウィンドウから「Microsoft Edge Add-onsウェブサイトを開く」をクリックします。すると、Edge拡張機能専用のページが開きます。アドオンの検索ボックスに「ＰＤＦ」を入力して、Enterキーを押すと、ＰＤＦに関連した拡張機能が検索されます。「Adobe Acrobat：ＰＤＦの編集、変換、署名ツール」をインストールします。検索された「Adobe Acrobat拡張機能」を選んで、「インストール」ボタンをクリックし、「拡張機能の追加」をクリックします。

MEMO 削除するには、Edgeの設定メニューから「拡張機能」＞「拡張機能の管理」を開きます。

Edgeの拡張機能をインストールする

1 Edgeの設定メニューから「拡張機能」を選択する。

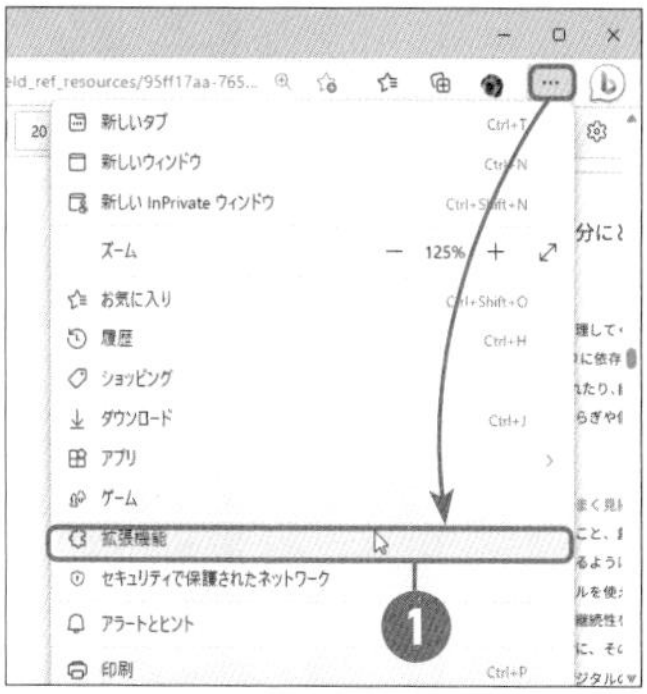

2 「Microsoft Edge Add-onsウェブサイトを開く」をクリックする。

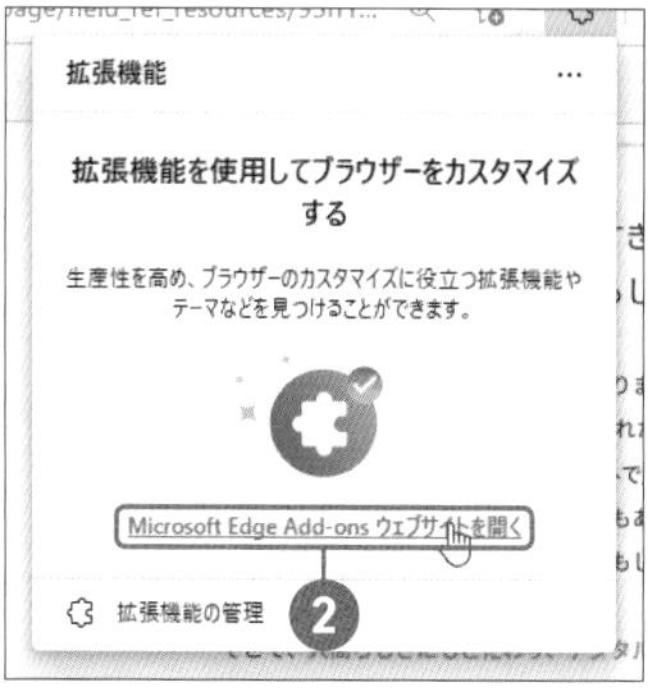

3 拡張機能を選択して、「インストール」ボタンをクリックする。

4 「拡張機能の追加」ボタンをクリックする。

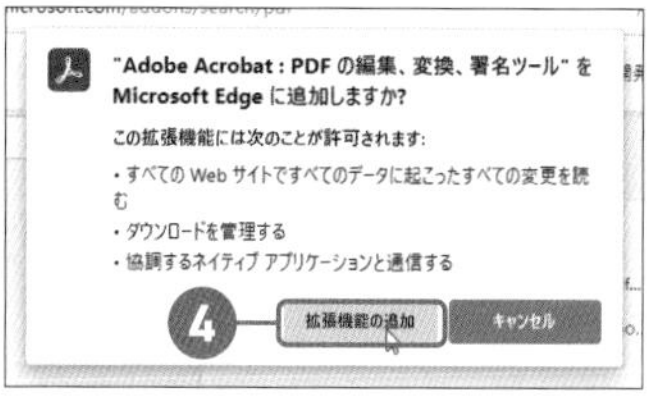

MEMO 拡張機能をオンにするには、Edgeを再起動します。

PDF

06 拡張機能を使ってＰＤＦ文書を移動する

キーワード
Edge
拡張機能

「Adobe Acrobat：ＰＤＦの編集、変換、署名ツール」（以下、「Adobe Acrobat拡張機能」）がインストールされたEdgeは、本場のAcrobat Readerに劣らないＰＤＦ文書の閲覧機能を持ちます。

「Adobe Acrobat拡張機能」がインストールされているEdgeでＰＤＦ文書を開くと、ウィンドウの左右にAdobe Acrobat拡張機能ツールバーが表示されます。左側クイックアクションツールバーの一番上のアイコンは、ＰＤＦ文書内のテキストを選択したり、ＰＤＦ文書ページをドラッグで移動したりできます。

右側のツールバーの上から2つ目のアイコンをクリックすると、「ページ」パネルが表示され、文書のサムネールがページ順に表示されます。さらに、その下の数字ボックスには、現在のページ番号が表示されています。数字を入力してEnterキーを押すと、そのページに素早く移動できます。

MEMO 「Adobe Acrobat拡張機能」のインストール方法は前節を参照。

Adobe Acrobat拡張機能でページを移動する

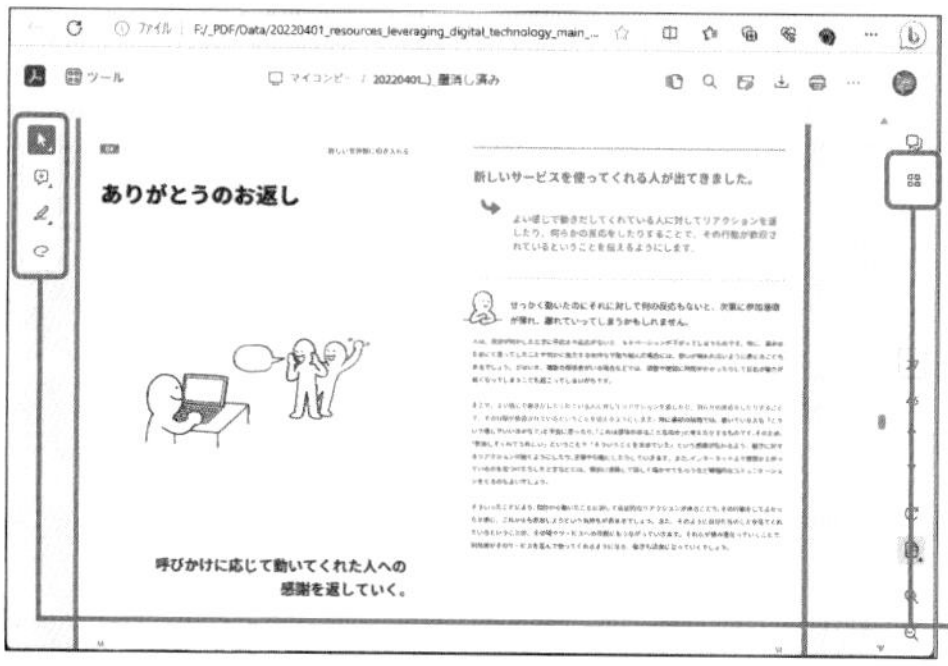
拡張機能ツールバー

1 パンして文書を移動する。

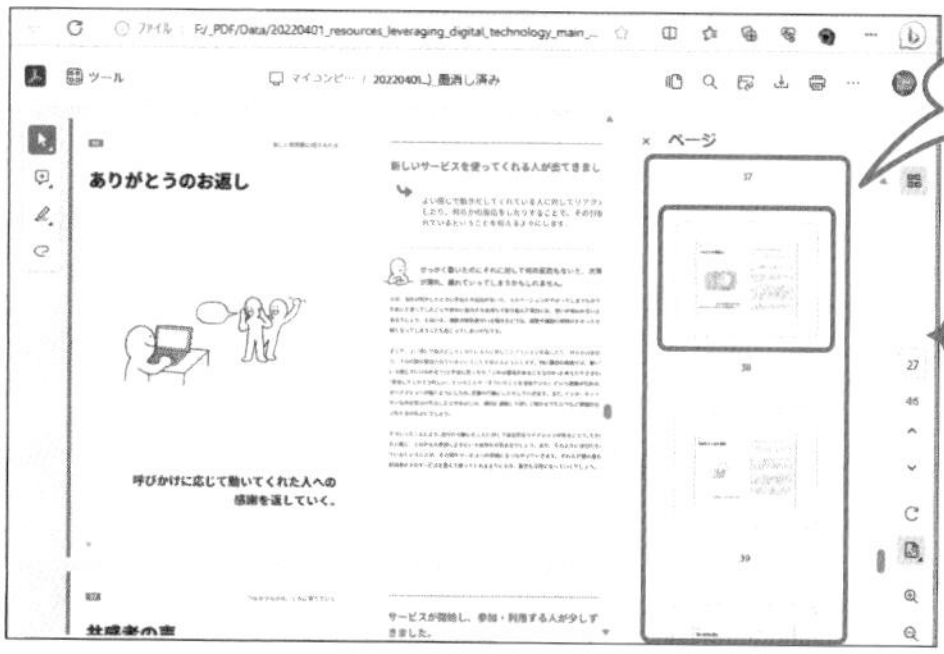
サムネールが表示される

2 ページ機能で指定したページにジャンプする。

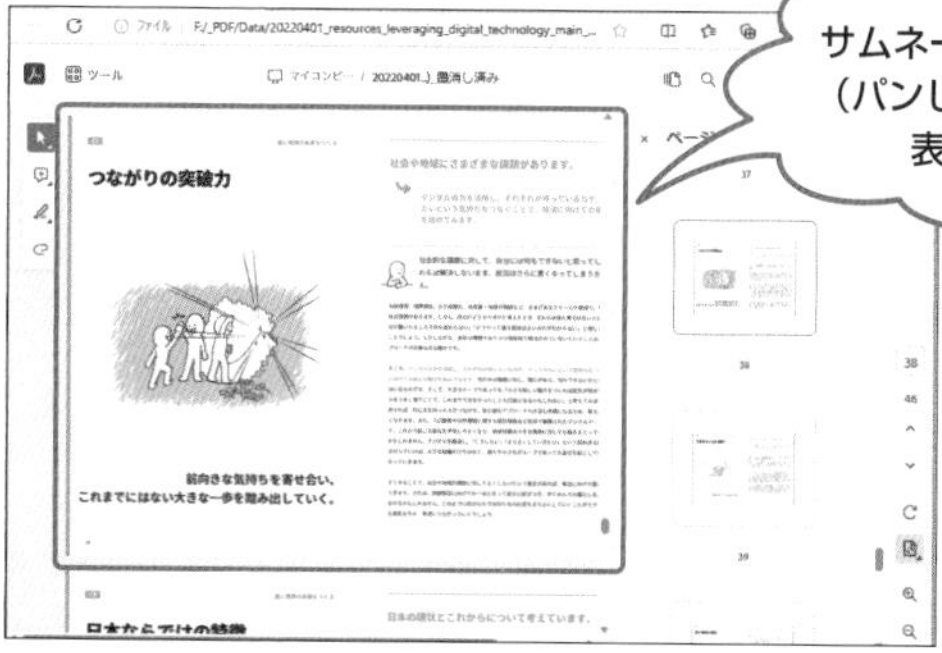
サムネールで表示した（パンした）ページが表示された

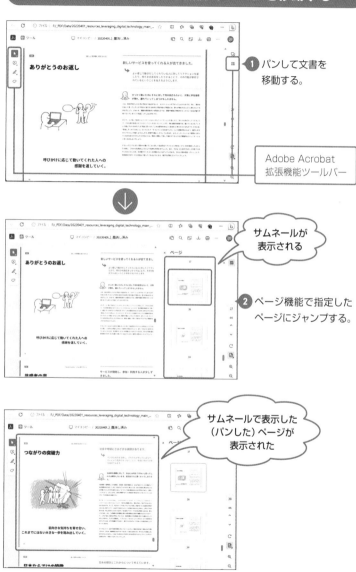

07

拡張機能で複数ページを表示する

キーワード
Edge
拡張機能

Adobe Acrobat拡張機能では、ＰＤＦ文書が見やすくなるように表示を変えることができます。ページの表示スタイルの変更は、Edgeの右端に表示される拡張ツールバーで行います。

通常、ＰＤＦ文書は、「単一ページ表示」になっています。これは、ウィンドウの横幅が長くても、ページを縦に連ねて表示するスタイルです。したがって、上下のスクロールによってページ移動ができます。

単一ページ表示以外の表示スタイルには、「見開きページ表示」があります。見開きページ表示では、２ページずつが横並びで表示されます。このスタイルモードで表示するとき、表紙が設定されている場合（最初のページ番号が「０」の設定）、表紙を別表示として、本文の１ページ目を左側、２ページ目を右側というように、より実際の書籍に近いスタイルで表示させることもできます。

MEMO
Chromeにも Adobe 拡張機能をインストールして、Edgeと同様に使用することができます。

Adobe Acrobat拡張機能のページの表示スタイル

　Edgeウィンドウ内でどのようにPDF文書を表示するか（表示スタイル）は、Adobe Acrobat拡張機能をオンにしたEdgeの右端のツールバーで操作します。

●単一ページ表示

●見開きページ表示

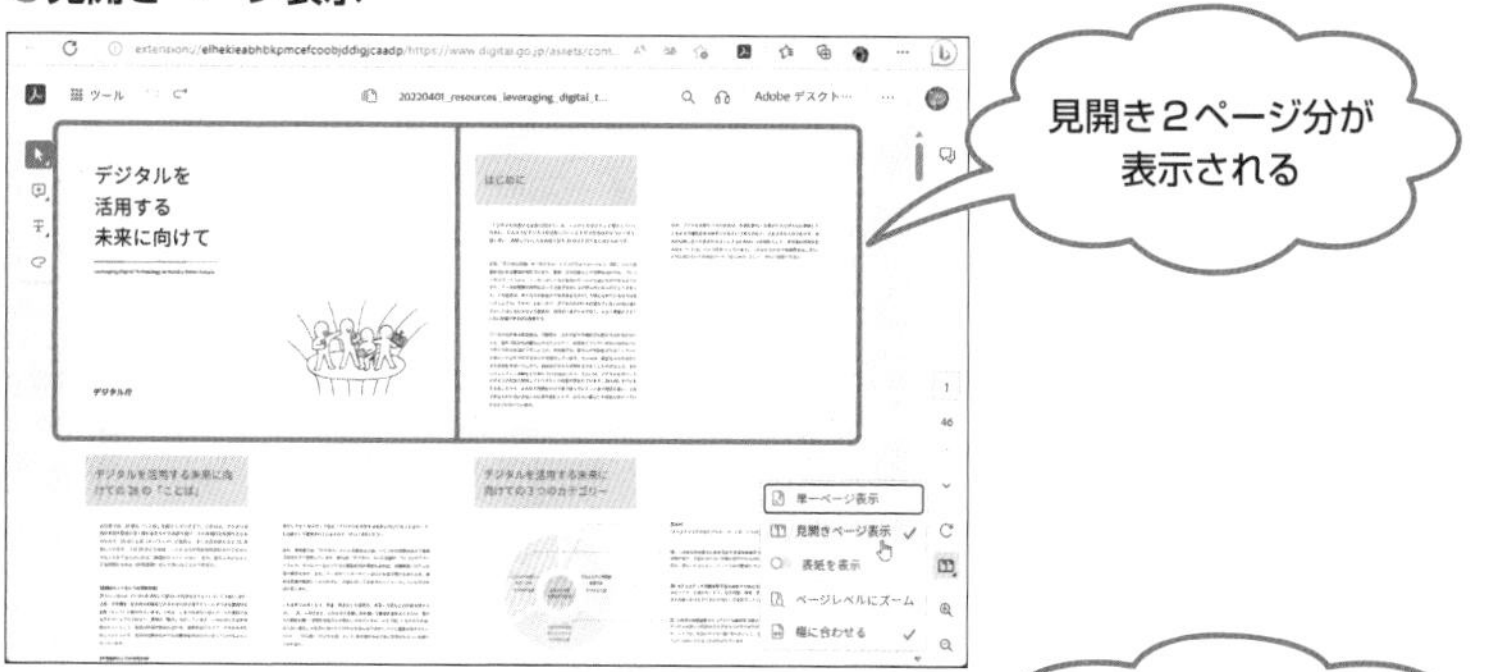

PDF

08 拡張機能でＰＤＦ文書にコメントを追加する

キーワード
Edge
拡張機能

Adobe Acrobat拡張機能をインストールしたEdgeでＰＤＦ文書を表示したとき、任意の場所にコメントを挿入することができます。この機能を利用すると、文書中の任意の文字や画像に注釈を付けることもできます。

このようにして追加したコメントは、ＰＤＦ文書ファイルを誰かと共有するまで、コメントを挿入した本人だけしか見ることができません。したがって文書を共有しないなら、自分だけのためのメモとして使用することができます。

コメントを追加するには、ウィンドウ左側のクイックアクセスツールバーから「コメント」アイコンをクリックします。コメントを挿入する箇所をクリックすると、コメントパネルが開くのでコメントを入力して、「送信」ボタンをクリックします。コメントを挿入したＰＤＦは、Adobeクラウドストレージなどに保存します。

MEMO 執筆時点のバージョンでは、ダウンロードしたPDF文書のコメントは文字化けします。

Adobe Acrobat拡張機能でコメントを追加する

●コメントの挿入

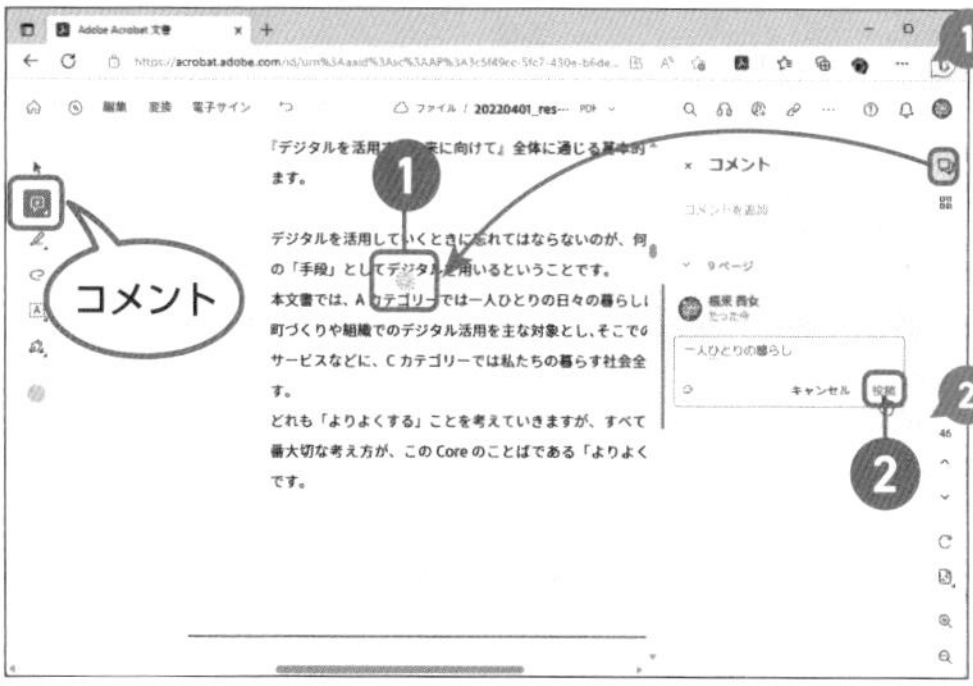
1
コメント
2

1 クイックアクセスツールバーの「コメント」をクリックして、コメントを挿入する場所をクリックする。

2 コメントパネルが開いたら、コメントを入力して「投稿」をクリックする。

●コメントの編集や削除

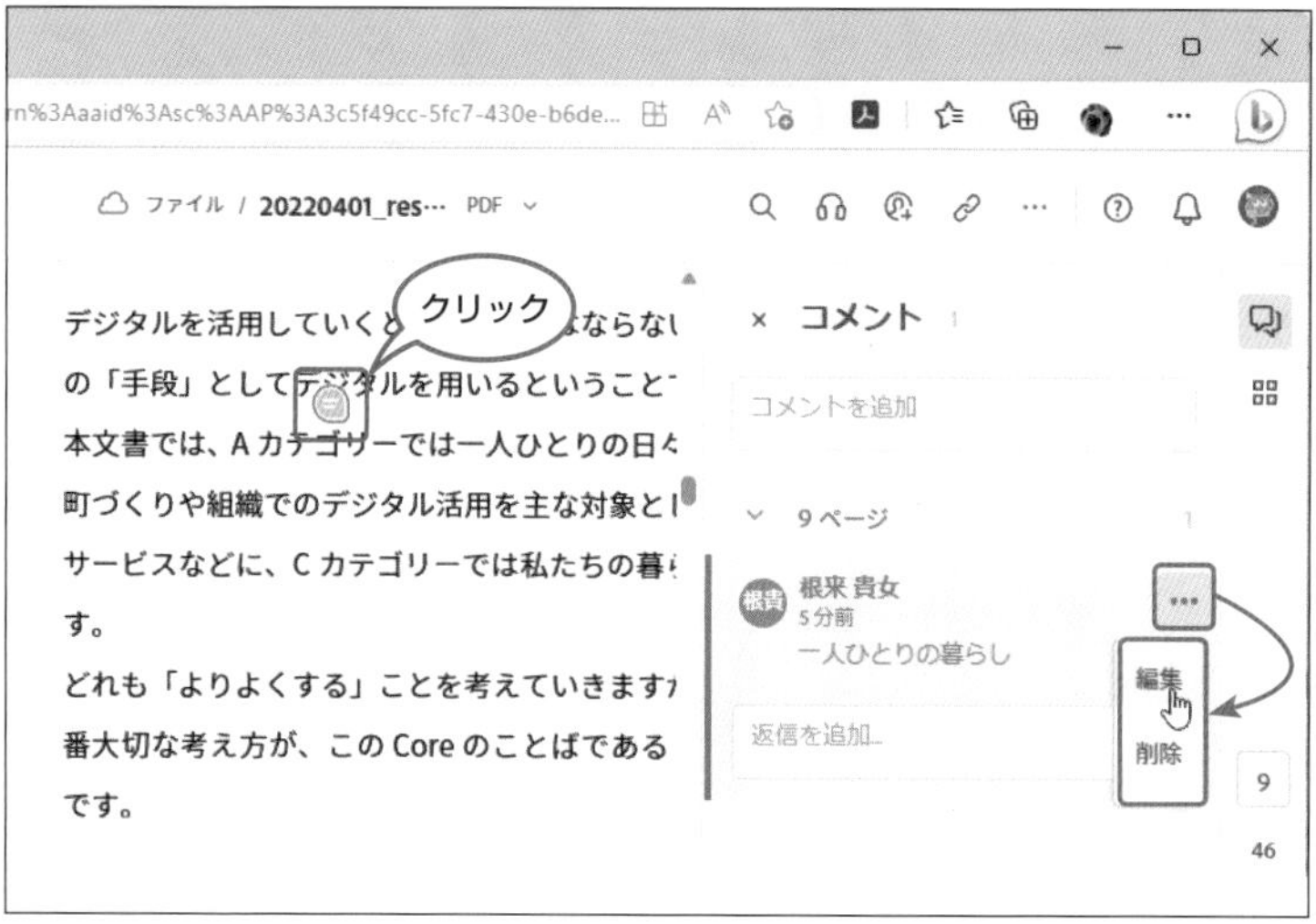
ファイル / 20220401_res··· PDF
クリック
デジタルを活用していくと
の「手段」としてデジタルを用いるということ
本文書では、A カテゴリーでは一人ひとりの日々
町づくりや組織でのデジタル活用を主な対象とし
サービスなどに、C カテゴリーでは私たちの暮
す。
どれも「よりよくする」ことを考えていきます
番大切な考え方が、この Core のことばである
です。
コメント
コメントを追加
9 ページ
根来 貴女
5 分前
一人ひとりの暮らし
返信を追加...
編集
削除

コメントを挿入した場所に表示されるアイコンをクリックすると、コメントの内容が表示されます。その「…」をクリックすると、「編集」や「削除」が選択できます。

PDF

09

拡張機能でPDF文書に取り消し線を引く

キーワード
Edge
拡張機能

Adobe Acrobat拡張機能をインストールしたEdgeでは、テキストに「ハイライト表示」「下線」「取り消し線」の3種類の効果を施すことができます。

ハイライト表示、下線、取り消し線を追加するには、ウィンドウ左側のクイックアクセスツールバーの上から3つめのアイコンをクリックして、線種を選択します。すると、マウスポインターの形状がテキスト選択用に変化するので、テキスト範囲をドラッグして選択します。線の色を変える場合は、線種を選んでから、クイックアクセスツールバーの一番下から色を選んでおきましょう。

線を引く範囲をドラッグで選択し終わると、ハイライト表示や下線、取り消し線が施され、コメントパネルが開き、コメントを記入することもできます。

ハイライト表示や下線、取り消し線を削除する場合は、その部分をクリックするとコメントパネルが開くので、「…」をクリックしてから「削除」を選択します。

MEMO 「…」をクリックしたメニューの「編集」は、コメントテキストの編集です。

Adobe Acrobat拡張機能で文書に取り消し線を引く

●取り消し線（ハイライト表示、下線）を引く

1. クイックアクセスツールバーのをクリックする。
2. 線種を選択する。この後で線の色を選択することもできる。
3. 線を引く範囲をドラッグして選択する。

●取り消し線（ハイライト表示、下線）を削除する

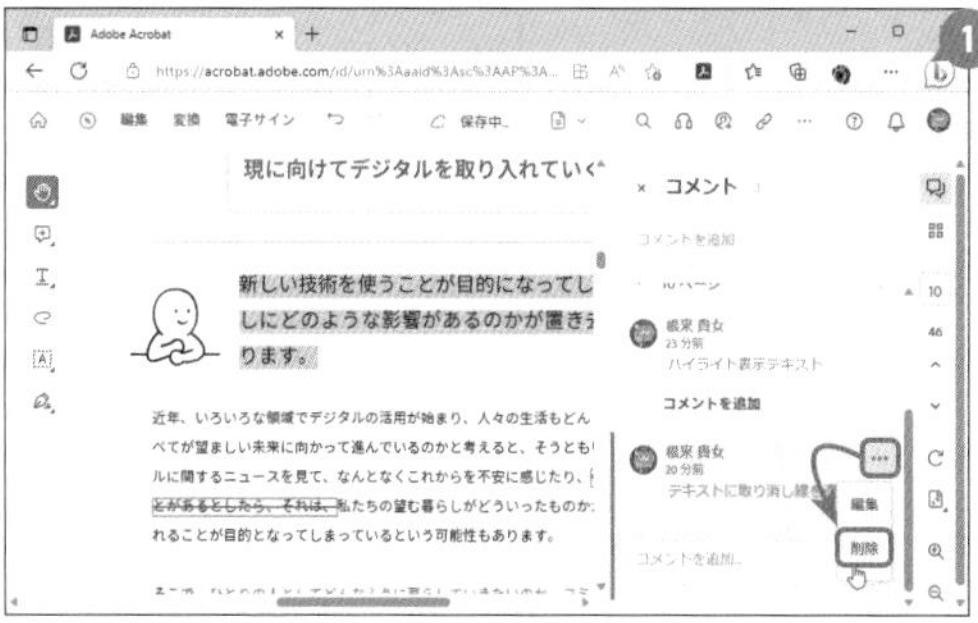

1. コメントパネルの該当するコメントのメニューを開いて、「削除」を選択する。

> **MEMO** 施した線を選択し、もう一度線の上にマウスを載せると表示されるバーを操作して、色の変更や削除ができます。

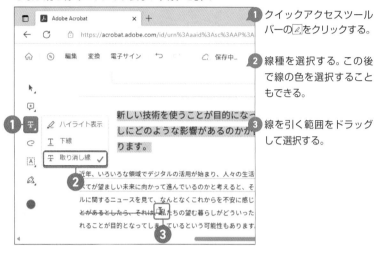

10 拡張機能でPDF文書に手書き文字を加える

Adobe Acrobat拡張機能をインストールしたEdgeでは、ＰＤＦ文書にフリーハンドで文字や図形を描くことができます。線の太さは1～12 ptの12段階から選べ、線色は18色から選択できます。

フリーハンドで文字や図を書くには、ウィンドウ左側のクイックアクセスツールバーの上から4つめのアイコンをクリックします。マウスポインターの形状がペンに変化するので、文章上をドラッグします。ドラッグしながら移動するマウスの軌跡に線が描かれます。この線は、半透明で後ろのテキストが透けて見えます。

線の色を変える場合は、クイックアクセスツールバーの下から2つ目をクリックして選びます。線の太さは、クイックアクセスツールバーの一番下をクリックして開く「線の太さ」ウィンドウでドラッグして指定します。描いた線を消すには、消しゴムアイコンをクリックし、消したい線をクリックします。

キーワード
Edge
拡張機能

MEMO
手書き図形をクリックすると表示されるバーから、色や太さの変更、削除ができます。

Adobe Acrobat拡張機能で文書に手書きする

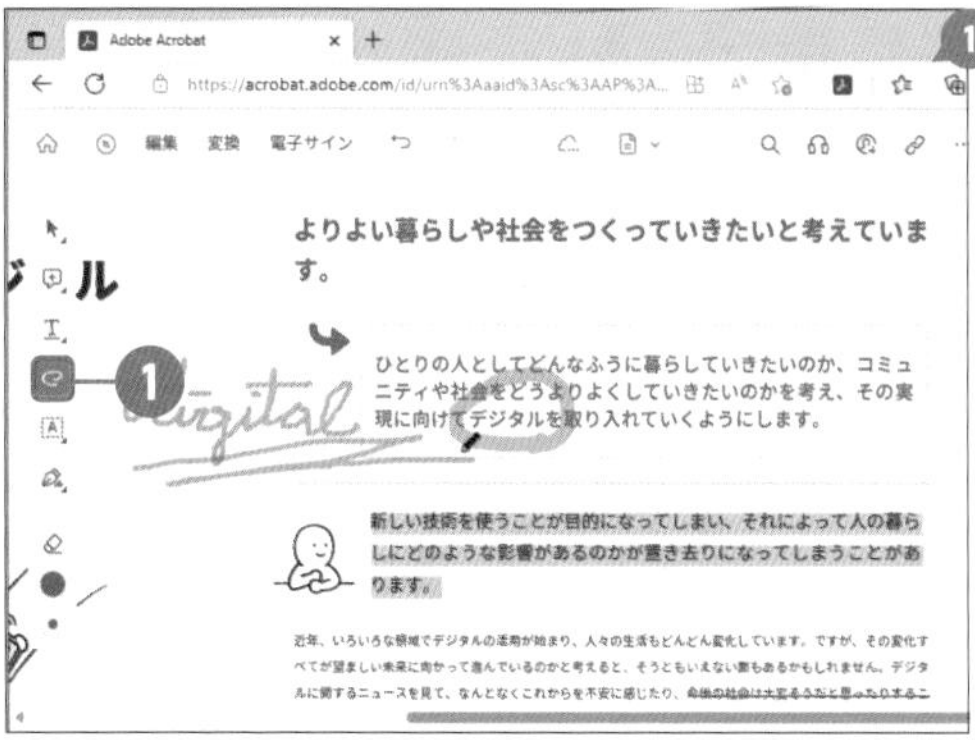
Adobe Acrobat
https://acrobat.adobe.com/id/urn%3Aaaid%3Asc%3AAP%3A...
編集
変換
電子サイン
よりよい暮らしや社会をつくっていきたいと考えています。
ひとりの人としてどんなふうに暮らしていきたいのか、コミュニティや社会をどうよりよくしていきたいのかを考え、その実現に向けてデジタルを取り入れていくようにします。
新しい技術を使うことが目的になってしまい、それによって人の暮らしにどのような影響があるのかが置き去りになってしまうことがあります。
1

1 クイックアクセスツールバーの（フリーハンドアイコン）をクリックし、文書上でドラッグする。

●線色や太さを変える

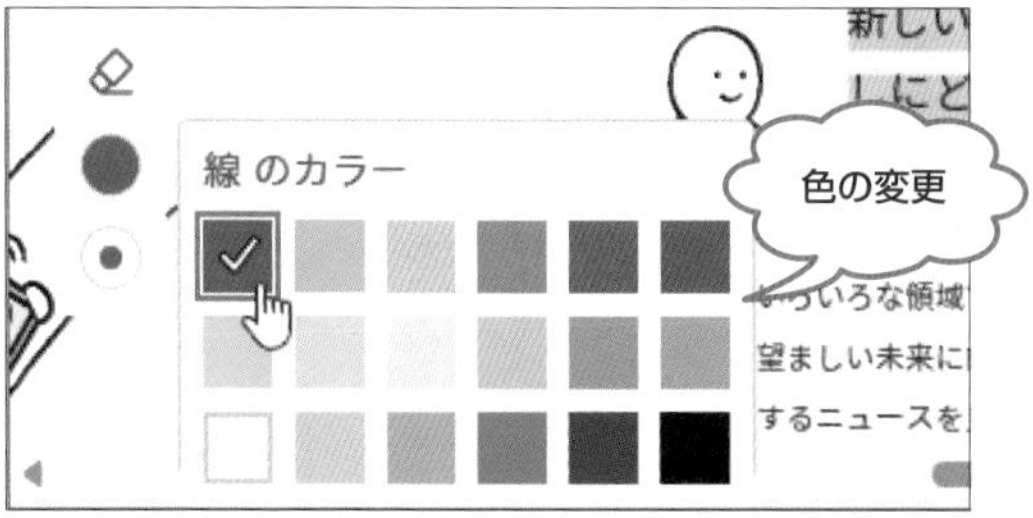
線 のカラー
色の変更

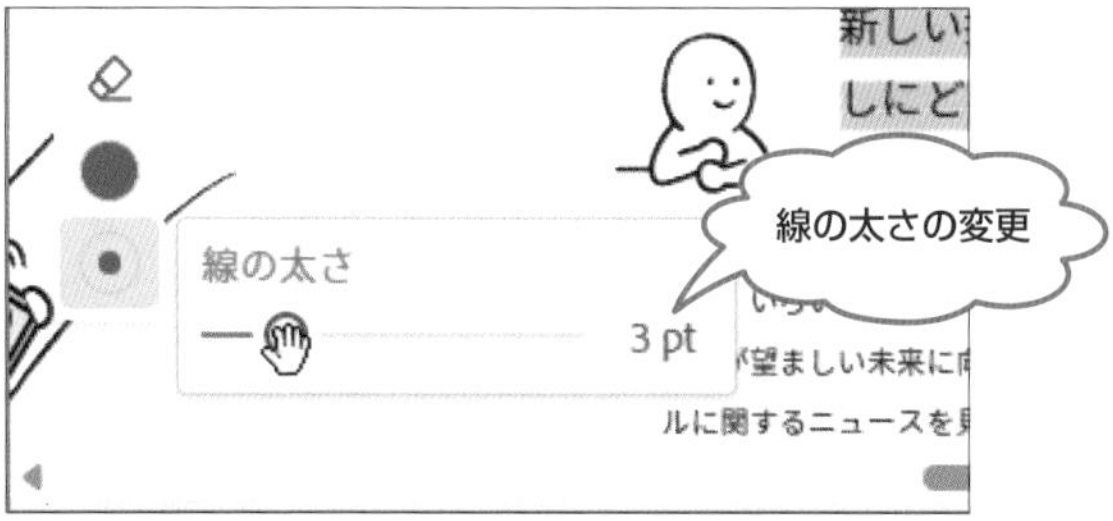
線の太さ
3 pt
線の太さの変更

MEMO フリーハンドツールで描いた文字や図形のハンドルをドラッグして、サイズを変更したり、移動したりできます。

11 拡張機能でテキストボックスに文字を入力する

キーワード
Edge
拡張機能

ＰＤＦで作成されている履歴書などに文字を入力する場合には、Acrobat Standard/Proなどの有料ソフトを使用する、OfficeなどのＰＤＦファイルの読み込みと書き出しのできるソフトを利用する、Office形式の編集ができるオンラインサービスを利用するなどの選択肢があります。

履歴書のように、レイアウトが固まっていて、入力するデータの場所や文字サイズもほぼ決まっているような場合には、ひな型のＰＤＦ文書にテキストボックスを追加して、そこに文字を入力することで作成することができます。

Adobe Acrobat拡張機能をインストールしたEdgeで、ＰＤＦファイルをAdobeクラウドストレージに保存していれば、ＰＤＦ文書にテキストボックスなどのフォームを重ねることができます。これを利用すれば、ＰＤＦ履歴書を作成することができます。

MEMO PDFの履歴書ファイルをEdgeに表示したら、Adobeクラウドストレージに保存して開くようにします。

Adobe Acrobat拡張機能

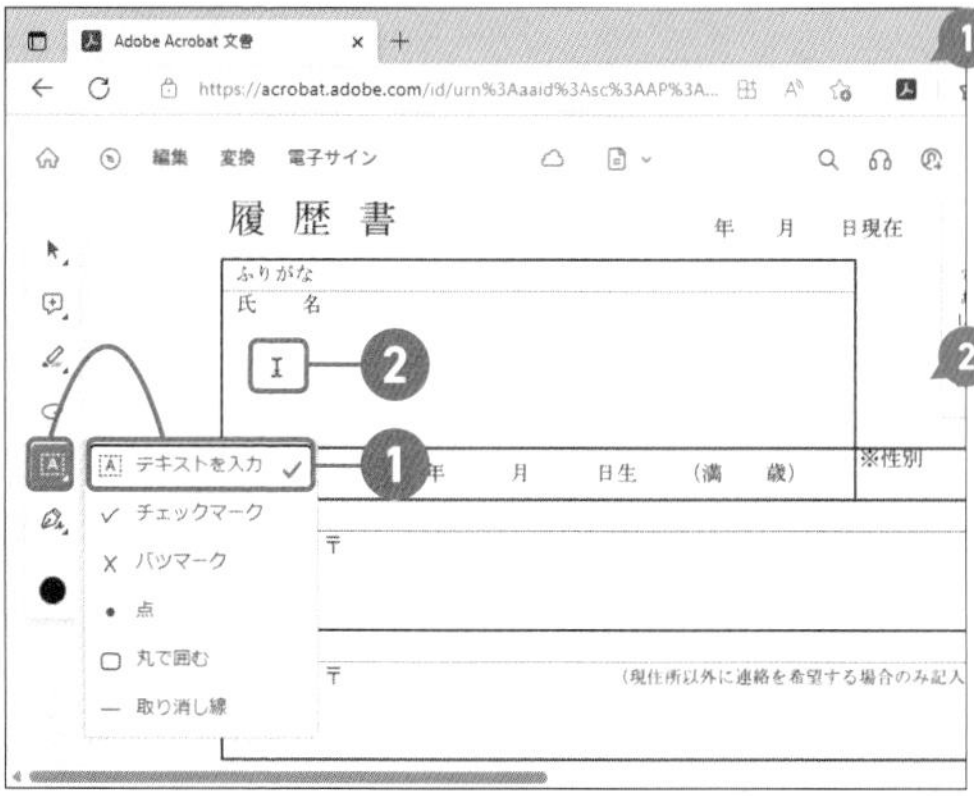

1 クイックアクセスツールバーの[A]をクリックして、「テキストを入力」を選択する。

2 テキストを入力する箇所をクリックする。

3 テキストを入力する。

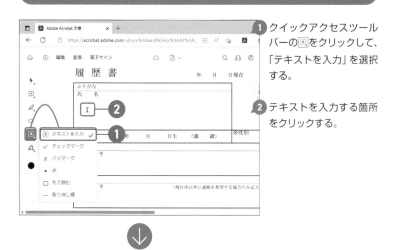

12 Adobe Acrobatオンラインサービスで PDFに変換する

キーワード
オンラインサービス

Adobe Acrobatオンラインサービスは、AdobeのＷｅｂページから利用できるオンラインサービスです。Acrobat機能のいくつかをオンラインで利用できます。

操作は簡単です。Adobe Acrobatオンラインサービスのホームの「ＰＤＦに変換」をクリックしたら開くウィンドウに、変換したいフィィルをドラッグ＆ドロップするだけです。変換が完了すると、Adobeクラウドストレージにファイルが保存されます。

変換できる元ファイル

ツール名	サポートされているファイル形式
PDFに変換	DOC、DOCX、RTF、TXT、XLS、XLSX、PPT、PPTX、BMP、GIF、JPEG、JPG、PNG、PSD、TIF、TIFF、AI、FORM、INDD
WordからPDFに変換	DOC、DOCX、RTF、TXT
ExcelからPDFに変換	XLS、XLSX
PowerPointからPDFに変換	PPT、PPTX
画像からPDFに変換	BMP、JPEG、JPG、PNG、TIF、TIFF

MEMO Acrobatオンラインツールでの変換サイズの制限は100 MBです（変換内容によって異なることがあります）。

Adobe Acrobatオンラインサービスで PDFに変換する

1 Adobe Acrobatオンラインサービスのホームで「PDFに変換」をクリックする。

2 変換元のファイルをドラッグ&ドロップする。

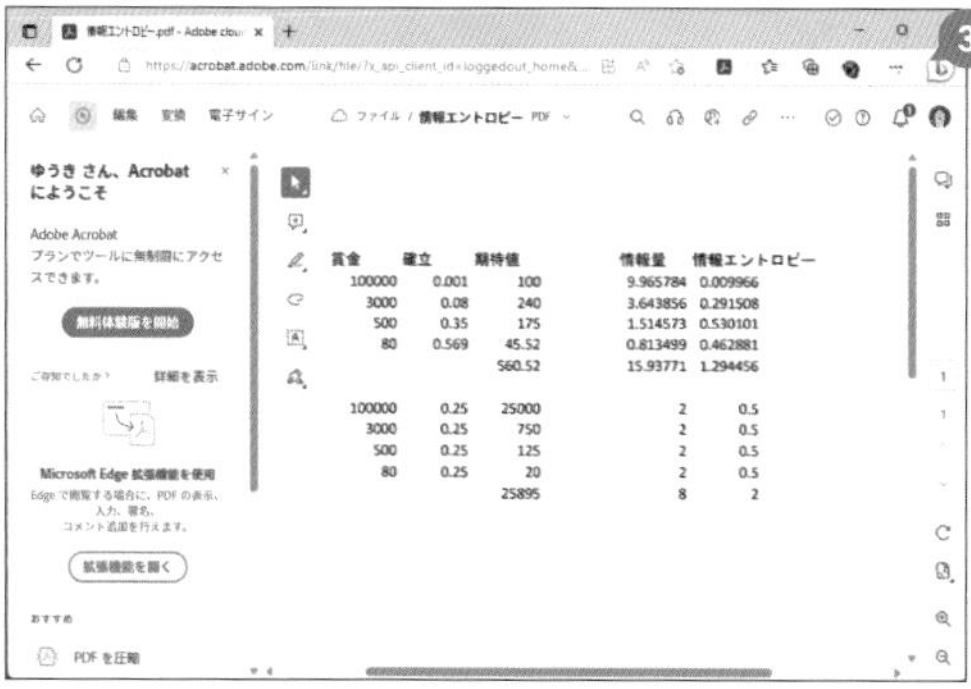

3 しばらく経つとPDFに変換された文書が表示される。

PDF

13 拡張機能でPDF文書内を検索する

キーワード
Edge拡張機能

Adobe Acrobat拡張機能をインストールしたＷｅｂブラウザでは、ＰＤＦ文書内の任意のワードを検索することができます。検索文字は、1文字から数行に及ぶ文字列まで設定でき、半角と全角は異なる文字として扱われます。

ツールボタンから「虫眼鏡」アイコンをクリックすると、検索ボックスが表示されます。検索ワードを入力して、Enterキーを押すと最初に検索された文字列が強調表示されて表示されます。検索された箇所が数字で示されます。検索ボックスの「∧」をクリックすると、次の検索に移動します。検索結果、検索ワードが見つからなかったときは、検索件数が「0」と表示されます。

検索ボックスを閉じるには、検索ボックスの「×」をクリックします。

MEMO 検索ボックスを表示するショートカットキーは、Ctrl + Fキーです。

Adobe Acrobat拡張機能で文書内検索する

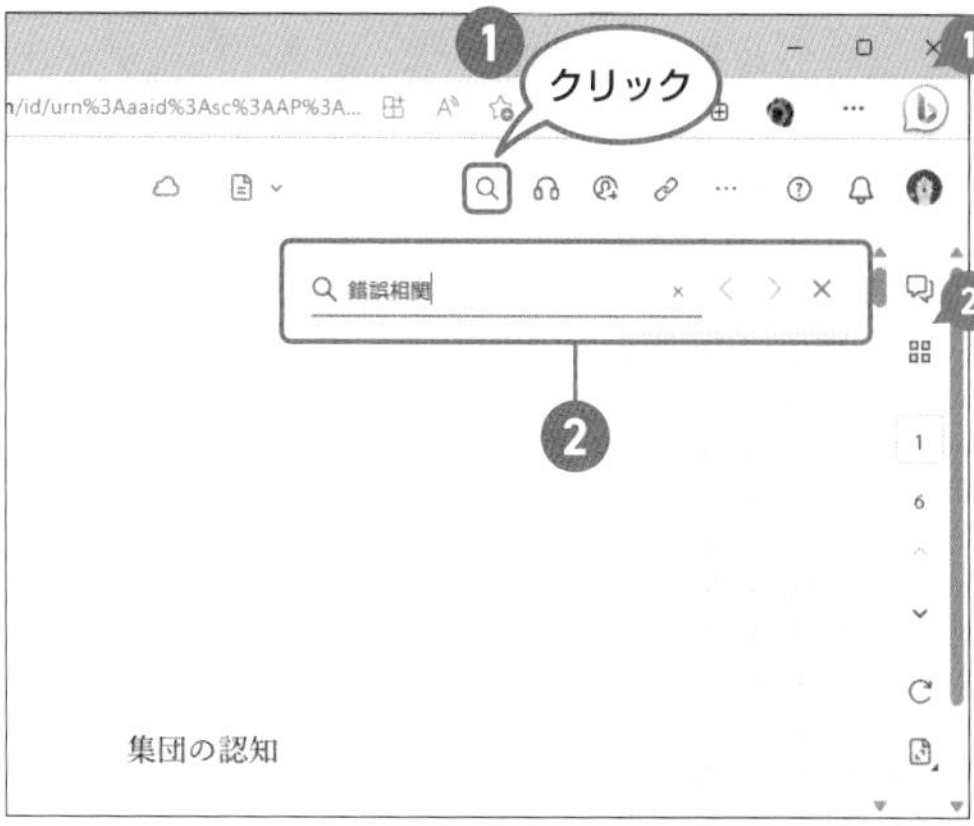

1 拡張機能のツールバーの虫眼鏡アイコンをクリックする。

2 表示されたボックスに検索ワードを入力し、Enterキーを押す。

3 検索結果が表示される。「>」をクリックすると、次の検索箇所が強調表示される。

MEMO 検索機能をオフにするには、検索ボックスの閉じるボタン「×」をクリックします。

14 拡張機能でPDF文書を読み上げる

キーワード
読み上げ

Adobe Acrobat拡張機能をインストールしたＷｅｂブラウザでは、ＰＤＦ文書を声で読み上げることができます。もちろん、ＰＣなどに音声出力装置が備わっている必要があります。読み上げは、通常はＰＤＦ文書の先頭から行われ、ヘッダーやフッターのテキストやページ番号も読み上げます。ＰＤＦ文章の任意の段落やテキストボックスを選択すれば、その箇所から読み上げを始めます。

読み上げは、ツールバーのヘッドフォンのアイコンをクリックすると始まります。音量の大小は、デバイスのボリューム調整機能を使って調整します。

読み上げる音声は、読み上げウィンドウの「音声オプション」で変更することができます。日本語の場合、Ayumi、Haruka、Sayaka（いずれも女声）、Ichiro（男声）から選択することができます。聞き比べて選択するとよいでしょう。

MEMO 音声スピードは、半分の速度の0.5倍から2倍まで選ぶことができます。

PDF文章を読み上げる

1 拡張機能のツールバーのヘッドフォンアイコンをクリックする。

2 文書が読み上げられる。

●声の種類の変更

●声の速度の調整

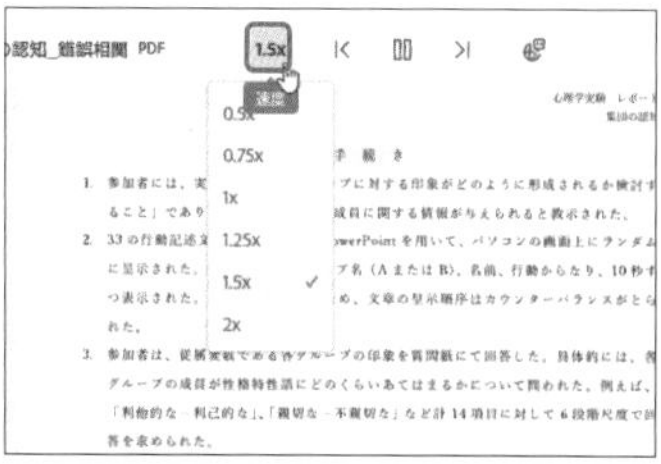

P
PDF

15 Adobeクラウドストレージを利用する

キーワード
クラウド

Adobe Acrobat拡張機能を導入すると、無料バージョンでもAdobeクラウドストレージの2GBが使えるようになります。Adobe Acrobatオンラインサービスで作成したPDFなどのファイルは、このクラウドのストレージに保存できます。さらに、MicrosoftのOneDriveやGoogleドライブも登録しておくことで、Adobe Acrobatオンラインサービスで、これらのクラウドも使えるようになります。

Adobeクラウドストレージなどにファイルをアップロードするには、Adobe Acrobat拡張機能のメインメニュー（☰）から「文書」を選択し、「アップロード」をクリックします。「開く」ウィンドウが表示されたら、アップロードするファイルを選択して「開く」ボタンをクリックします。

クラウド上のファイルを開くには、ファイルメニューを操作して、クラウドやフォルダーを選択し、ファイルを見つけてクリックします。

MEMO
Acrobat StandardおよびAcrobat Proでは100GBのオンラインストレージが利用できます。

Adobe Acrobat 拡張機能

● Adobe クラウドストレージにファイルをアップロードする

1 Adobe Acrobat 拡張機能のメインメニューから「文書」を選択する。

2 「アップロード」ボタンをクリックする。

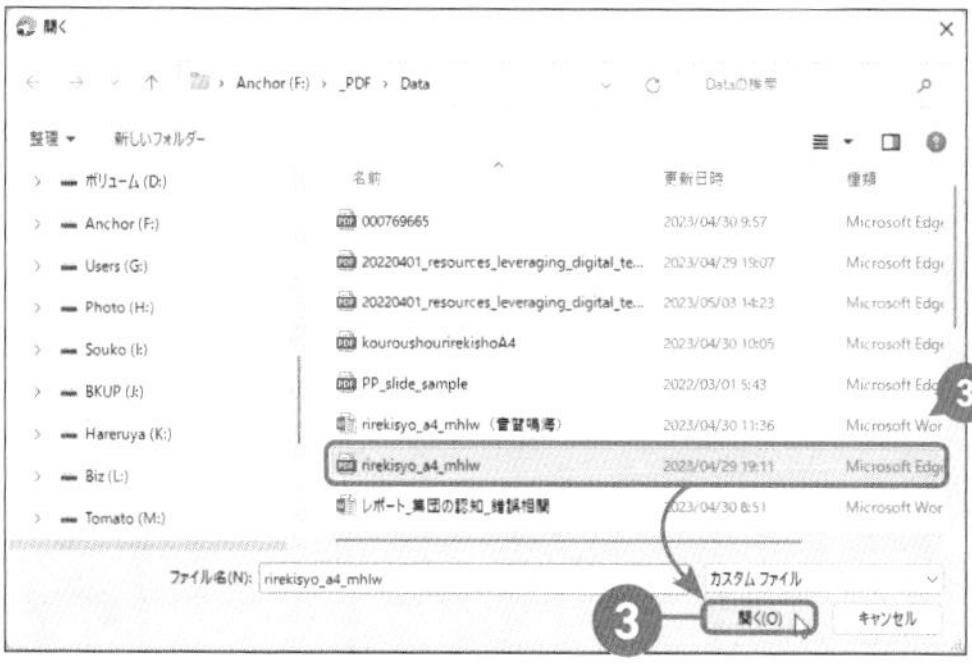

3 アップロードするファイルを選択して、「開く」ボタンをクリックする。

● クラウド上のファイルを開く

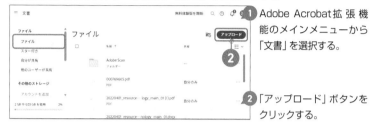

16 PDFファイルをクラウドで利用する

キーワード
OneDrive
Googleドライブ

Adobe Acrobat拡張機能を導入すると、Adobeクラウドストレージの2GBが使えるようになります。Adobe Acrobatオンラインサービスで作成したPDFなどのファイルは、このクラウドのストレージに保存できます。さらに、MicrosoftのOneDriveやGoogleドライブも登録しておくことで、Adobe Acrobatオンラインサービスの作業中に簡単にアクセスできるようになります。

OneDriveやGoogleドライブの追加は、Adobe Acrobat拡張機能のメインメニューから「文書」メニューを開き、「アカウントの追加」を選択します。OneDriveかGoogleドライブを選択して、それぞれのアカウントを入力すると、ポリシーや契約についてのメッセージが表示されます。続行すると、Adobe Acrobatオンラインサービスで追加したストレージが使えるようになります。

MEMO
OneDriveやGoogleドライブ用のアカウントが必要です。

Adobe Acrobat拡張機能でGoogleドライブを追加する

●Googleドライブを追加する

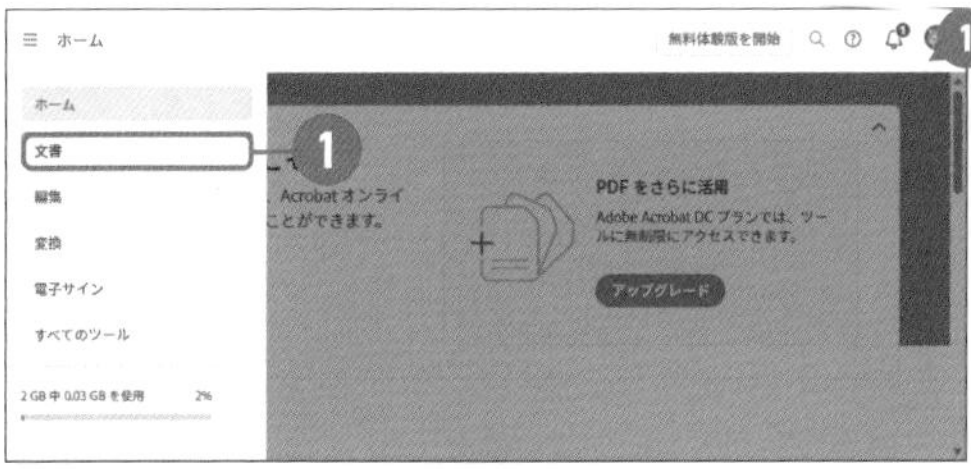

1 Adobe Acrobat拡張機能でログインしたら、メインメニューから「文書」を選択する。

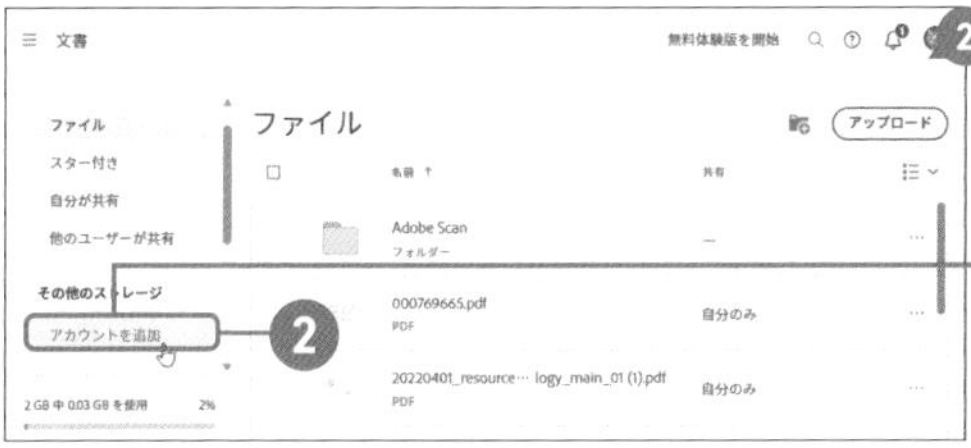

2 文書メニューから「アカウントを追加」を選択する。

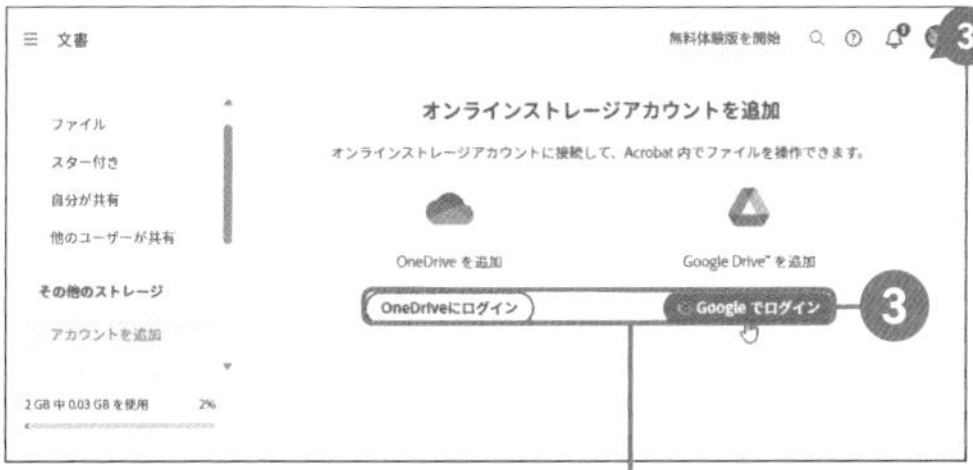

3 オンラインストレージの種類（OneDriveかGoogleドライブ）を選択する。

4 Googleアカウントを指定する。

5 メッセージウィンドウに目を通して、チェックを入れ、「続行」ボタンをクリックすると、ストレージが追加される。

第2部

ビジネス活用編

第1章

ビジネスソフトとPDF

P
PDF

01 OfficeソフトとPDF

キーワード
Office

Microsoft Office（以下「Office」）は、文書作成アプリのWord、表計算アプリのExcel、プレゼンテーションアプリのPowerPointなどのビジネスソフトが揃ったアプリケーションソフトのパッケージです。Officeのデータや設定は、インターネットを介して、複数のＰＣやスマホ、タブレットで共有されます。また、OneDriveに保存したデータはインターネットで共有できます。

OfficeのデータファイルとＰＤＦファイルは、互いに変換が可能です。ＰＤＦファイルで送られてきた書類の一部を修正したいときには、Officeに読み込んで一部を変更し、再びＰＤＦファイルに書き出すこともできます。ＰＤＦファイルを直接、編集するにはAcrobat Pro/Standardなどの専用ソフトが必要ですが、普段、使い慣れたOfficeソフトと互いに変換できることは、全体の作業時間と出来栄えを考慮すれば、充分に高い生産性を保つことができるでしょう。

MEMO Mac OSでは、文書作成ソフトで、ファイル／プリント／PDF／Adobe PDFと操作します。

PDFファイルとOfficeファイル

Word、Excel、PowerPointのデータは、それぞれのソフトでPDFに変換できます。Wordの場合は、PDFをWordドキュメントに変換できます。PDFファイルをExcelとPowerPointで利用するには、別ソフトやオンラインサービスを利用します。

02 OfficeファイルをPDFへ変換する

キーワード
Adobe Online

Word文書をＰＤＦファイルに変換するには、「第1部第2章03　Word文書をＰＤＦ文書に変換する」で説明したように印刷機能を使います。ExcelやPowerPointなどデータを作成するOfficeアプリでも、同じように印刷機能によってＰＤＦファイルに変換できます。

既に作成されている複数のOfficeファイルを、まとめてＰＤＦファイルに変換するには、次のようにインターネットのファイル変換サービスを利用するのが便利です。ＰＤＦファイルへ変換できるインターネットサービスは、いくつかありますが、ここではAdobe Online (https://acrobat.adobe.com/) を使用します。Ｗｅｂブラウザでアドビ Onlineにアクセスしたら、「すべてのツール」から「WordをＰＤＦに」などを選択し、変換するWordドキュメントファイルをまとめてドラッグ&ドロップします。

MEMO　変換後のPDFファイルは、通知パネルからダウンロードすることができます。

Word文書をまとめてPDFファイルに変換する

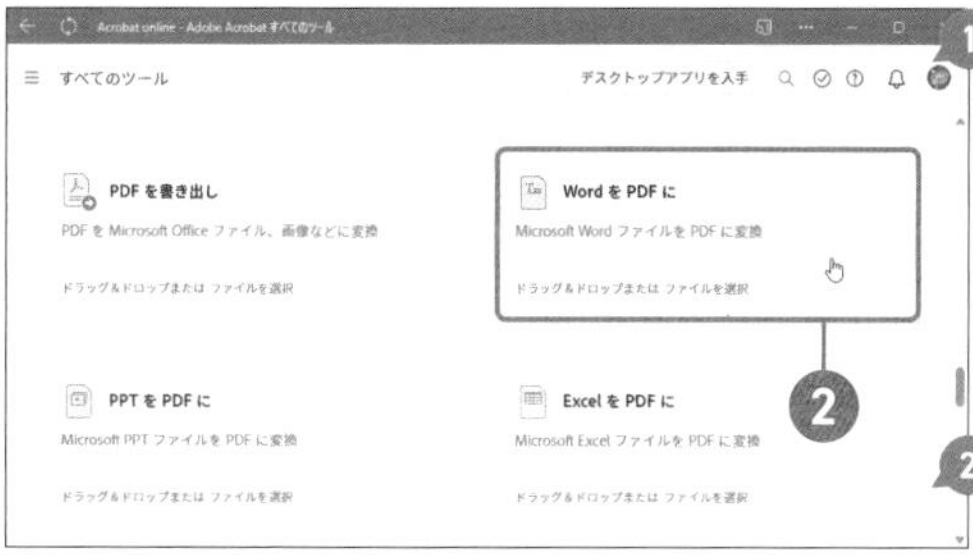

1 「Adobe Online」サイトにアクセスする。

2 「WordをPDFに 」をクリックする。

3 Wordドキュメントファイルをまとめてドラッグ＆ドロップする。

4 変換が終了すると、通知に変換の終了とダウンロードできることが表示されます。

03 WordでＰＤＦの文字を編集する

キーワード
Word

Wordは、ＰＤＦ文書を読み込み、そしてＰＤＦファイルに書き出すことができます。つまり、ＰＤＦファイルの編集ソフトとして利用することができるのです。そして何より、文書作成ソフトとして使い慣れているのがうれしいところでしょう。また、Wordを既に持っているなら、ＰＤＦファイルの編集用に新たなソフトを導入しなくてもよいのもメリットです。

デメリットとしては、ＰＤＦ文書をWordに読み込んだとき、ページの切れ目が一致していないとページレイアウトが正しく再現されません。また、基本的にＰＤＦ文書は、テキストボックスによって作成されているため、Word文書に変換したときにテキストボックスごと画像に変換されることもあります。つまりWordによるＰＤＦ文書の編集は、一般的なフォントを使用した簡単なレイアウトの文書に限った方がよいでしょう。

MEMO テキストが画像に変換された場合は、文字は編集できません。

PDF文書をWordで編集する

PDFファイルをWordで編集するには、次のように作業します。まず、Word文書でPDFファイルを読み込みます。読み込んだ文書は、Wordドキュメントに変換されています。文書を編集します。最後に文書を再びPDFファイルに変換します。

Wordドキュメントに変換

PDF
Wordで編集
Stable Diffusion - Word
●プロンプト
Stable Diffusion Online には、プロンプトページで、プロンプト例とそれで作成された画像例が表示されます。プロンプトの記述例を知りたいときには、参考にしてみるとよいでしょう。
●ローカルへのインストールについて
PC 版などの Stable Diffusion のソースは、Hugging Face（The AI community building the future）などからダウンロードできます。ダウンロード後、ソースから実行ファイルなどを生

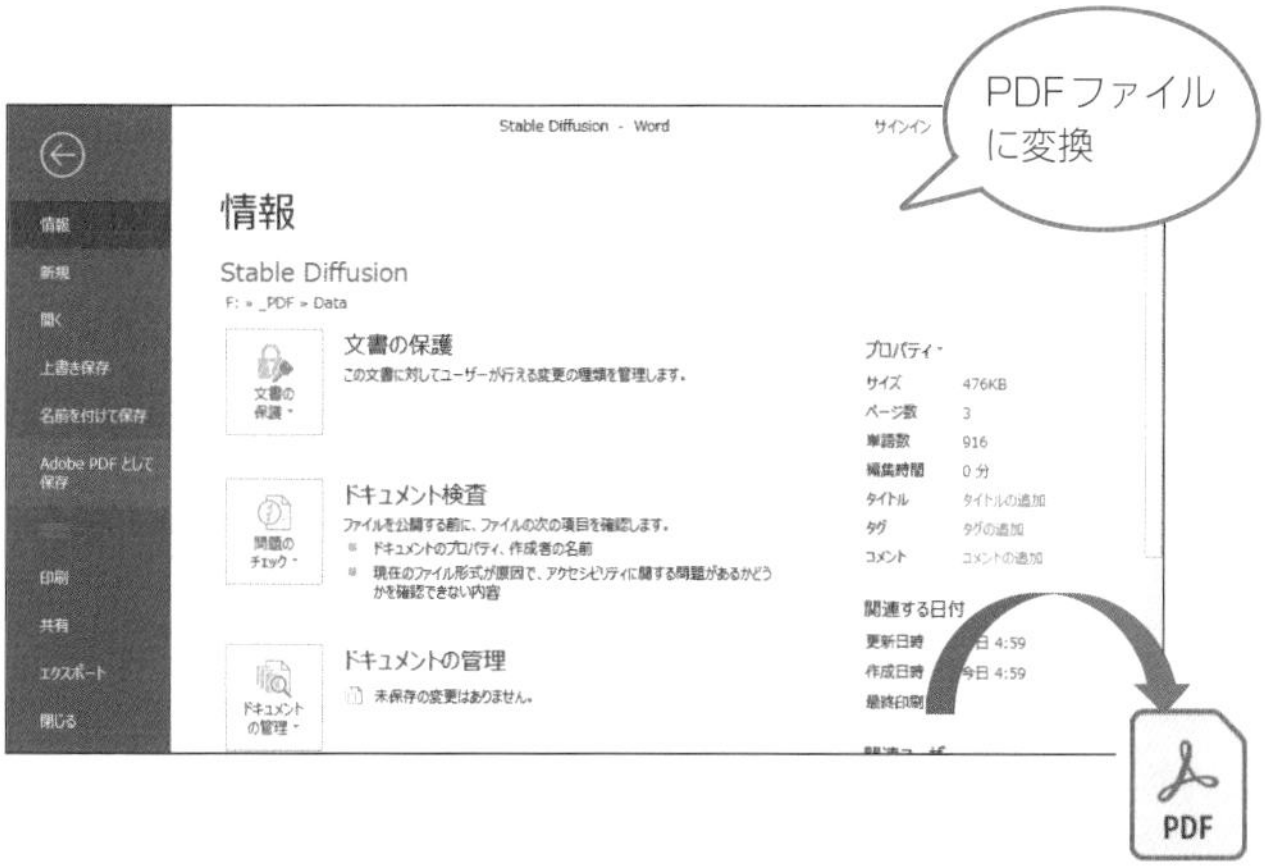
PDFファイルに変換
Stable Diffusion - Word
情報
Stable Diffusion
文書の保護
ドキュメント検査
ドキュメントの管理
PDF

04 Excelで作成した表やグラフをPDFにする

キーワード
Excel
表

Excelには ＰＤＦファイルを吐き出すための機能が初期搭載されています。このため、グラフも、グラフを描く元のデータもまとめてＰＤＦファイルに変換できます。

ただし、ＰＤＦファイルにしたグラフは、図形の集合体となっていて、期待したようなデザインされたグラフにならないこともあります。また、Excelでは、グラフ領域がまとまっていたのに対してＰＤＦに変換されたグラフでは、ラベルなどの数値や文字は異なるテキストボックスとして配列されています。もちろん、いっしょに変換された表のデータと連動はしません。

前記のように、変換されたＰＤＦの表やテーブルは、テキストボックスを表組に並べ、それぞれにデータを挿入して作られています。したがって、Acrobat Pro/Standardなどを使えばＰＤＦファイルのデータ部分の数値は変換できます。

MEMO PDFに変換した表のデータは編集可能です。

ExcelをPDFに変換する

●ExcelのグラフをPDFに変換

グラフの入っているExcelファイルをPDFに変換すると、グラフは図形の集合体として表示されます。

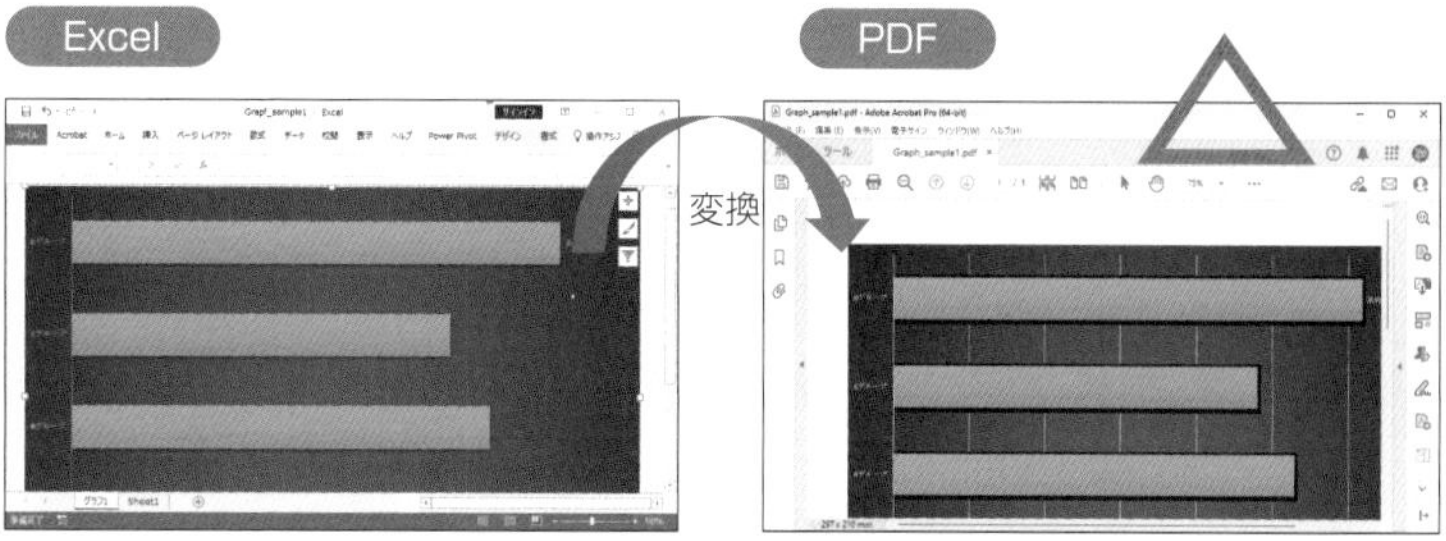

●Excelの表やテーブルをPDFに変換

Excelのシートに入力されている表データやテーブルをPDFに変換すると、レイアウトやデータは非常によく似たレイアウトデザインで変換されます。ただし、PDFでは各データをそれぞれのテキストボックス内のデータとして扱っています。

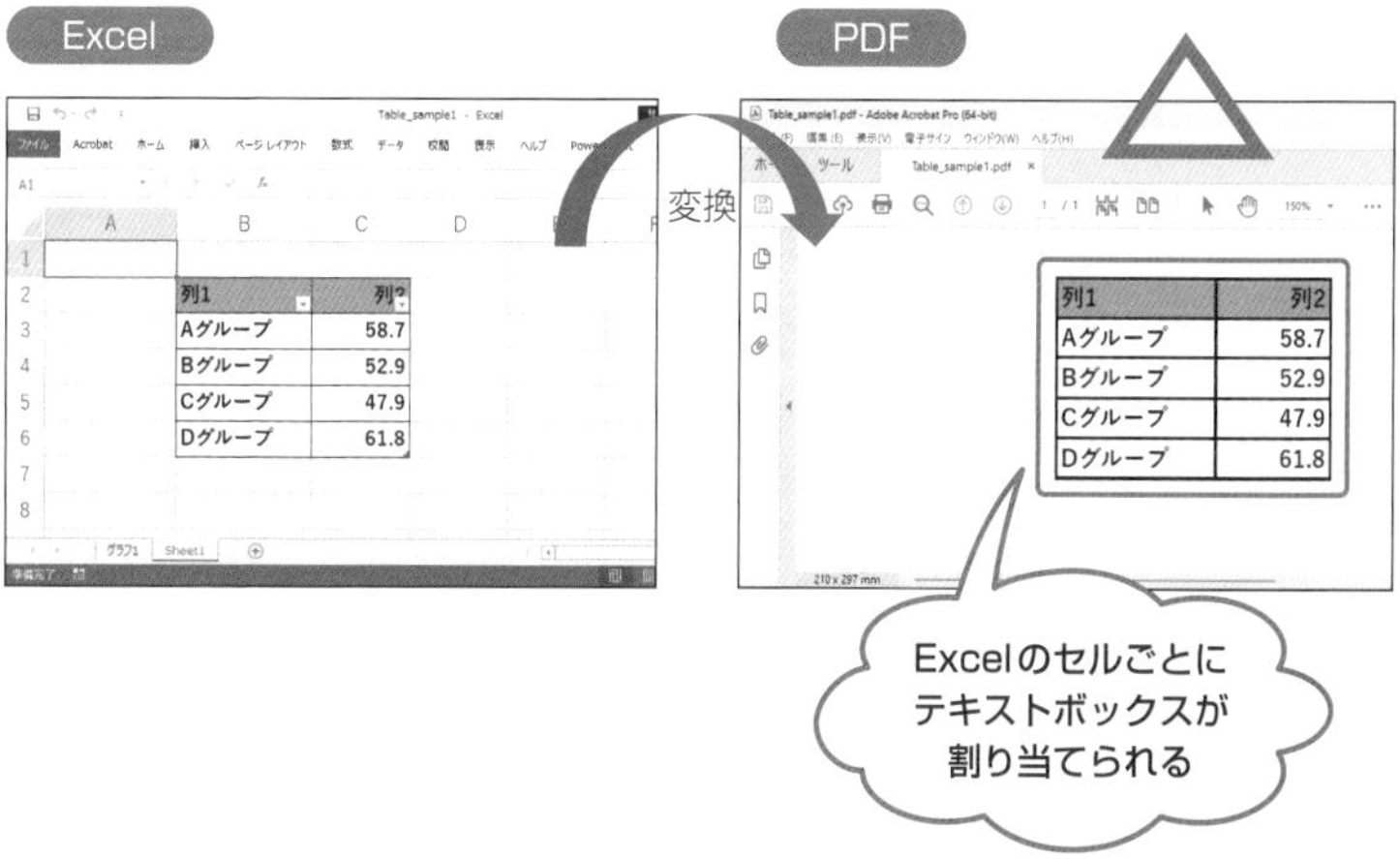

PDF

05

ＰＤＦの表やグラフをExcelに変換する

キーワード
Excel
グラフ

Excelでは簡単にＰＤＦファイルを開くことはできません。ＰＤＦの表をExcelの表に変換するには、Acrobat Pro/Standardなどの有料のソフトを利用するか、Adobe Onlineなどのオンライン変換サービスを利用することになります。これらを利用すると、ＰＤＦ内の表データもExcel用のシートデータに変換されます。

グラフの場合は、その部分を画像にしてExcelに貼り付けることができます。ただし、画像なので簡単にデータを編集することはできません。Acrobat Pro/Standardやオンラインサービスを使っても、ＰＤＦのグラフをExcelのグラフに変換することは難しく、結局は画像に変換されます。このため、実用的なのは、ＰＤＦの表データをExcelのシートデータに変換して、そのデータを使用してExcelでグラフを描くという方法がよいでしょう。

MEMO ヘッダーやフッターがあると、Excelに変換しても、表が編集できないこともあります。

PDFをExcelに変換する

●PDFのグラフをExcelに変換

PDFのグラフをAcrobat ProでExcelに変換すると、グラフはまとめて1つの画像に変換され、軸ラベルだけが文字データとしてセルに収納されました。ただし、データレベルと画像の軸はずれています。

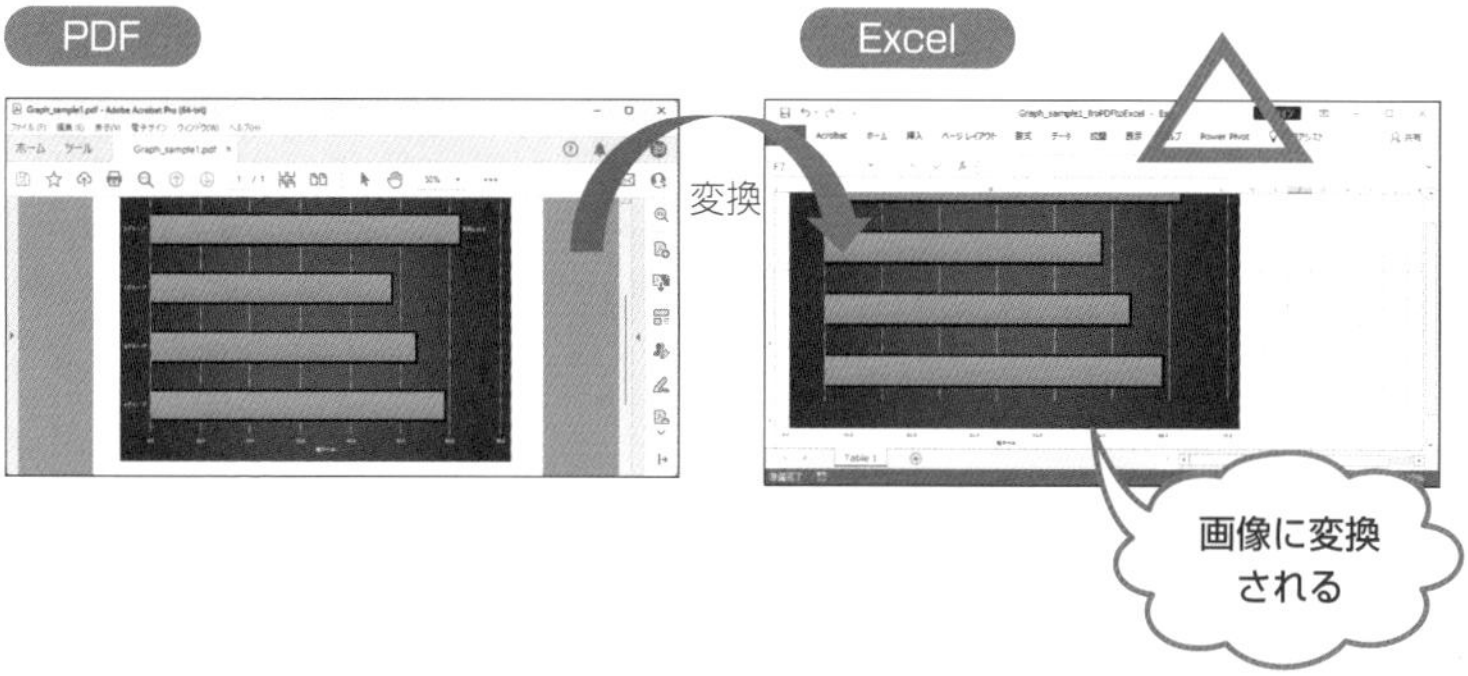

●PDFの表データをExcelシートに変換

PDFの表データは、Excelシートに変換することができます。

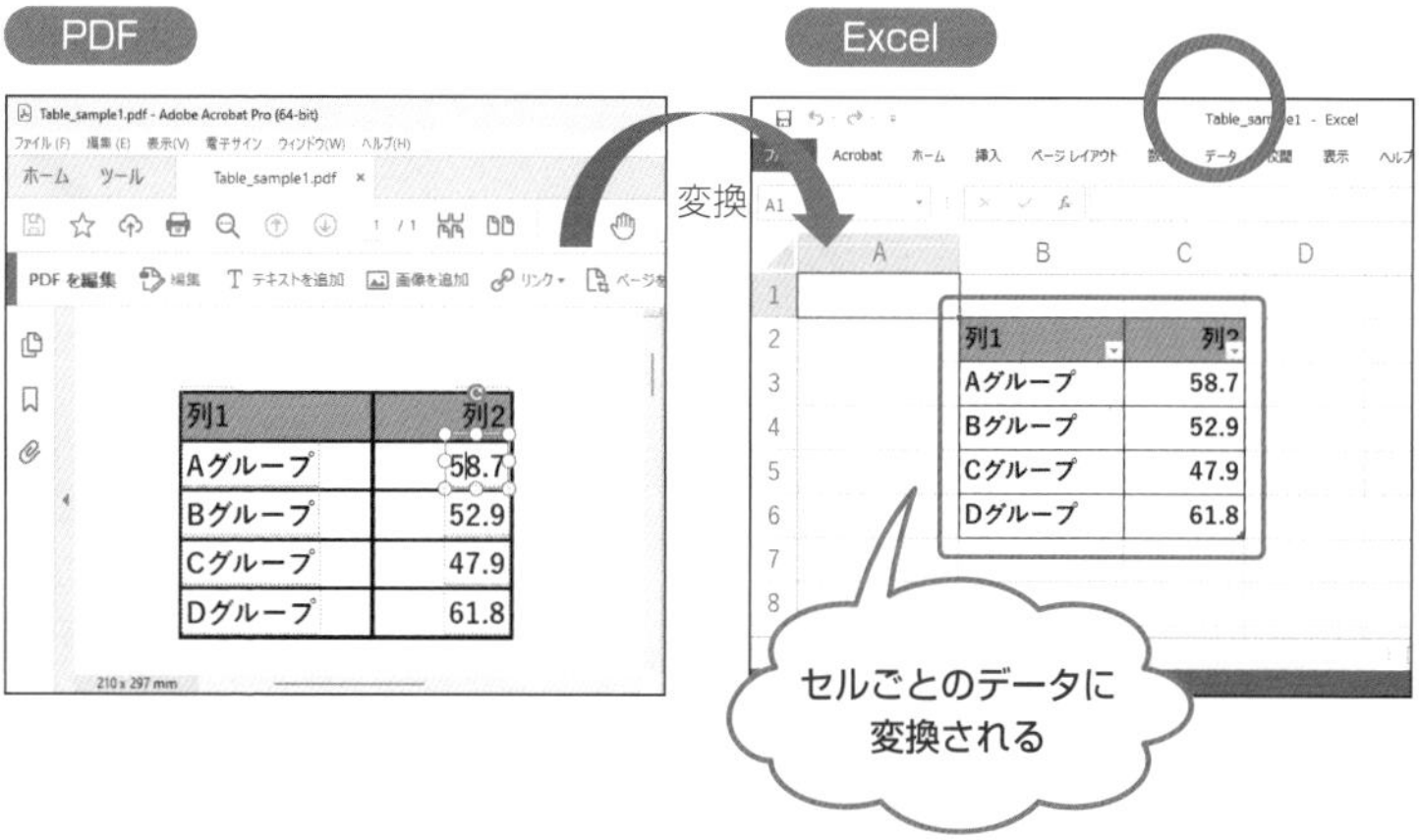

PDF

06 PowerPointのプレゼン資料をPDFにする

キーワード
スライド

PowerPointファイルは、プレゼンテーションの順に作成したスライドがつながっています。このプレゼンテーションファイルをＰＤＦファイルにすると、スライド単位でＰＤＦのページに変換されます。

プレゼンテーションのＰＤＦへの変換は、WordやExcelの場合と同じように、ファイルタブから「名前を付けて保存」を選択し、「ファイルの種類」で「ＰＤＦ」を選択します。保存場所と指定して、ファイル名を入力したら、「保存」ボタンをクリックします。これでＰＤＦファイルに変換されます。「印刷」機能を使ってＰＤＦファイルにすることもできます。その場合は、プリンターの種類を「Adobe PDF」に指定します。

ＰＤＦへ変換するときにＰＤＦオプションを設定することができます。オプションでは、スライドのほか、配布資料やアウトラインを変換することができます。

MEMO　スライドの他、配布資料、ノートもPDFにできます。

PowerPointをPDFに変換する

●プレゼンテーションをPDFに変換する

PowerPointのプレゼンテーションのスライドをPDFファイルに変換するには、2つの方法があります。1つは、「名前を付けて保存」から行う方法です。もう1つは「印刷」から行います。「名前を付けて保存」から行う場合、「オプション」ボタンをクリックすると、PDF変換用の「オプション」ダイアログボックスが開きます。

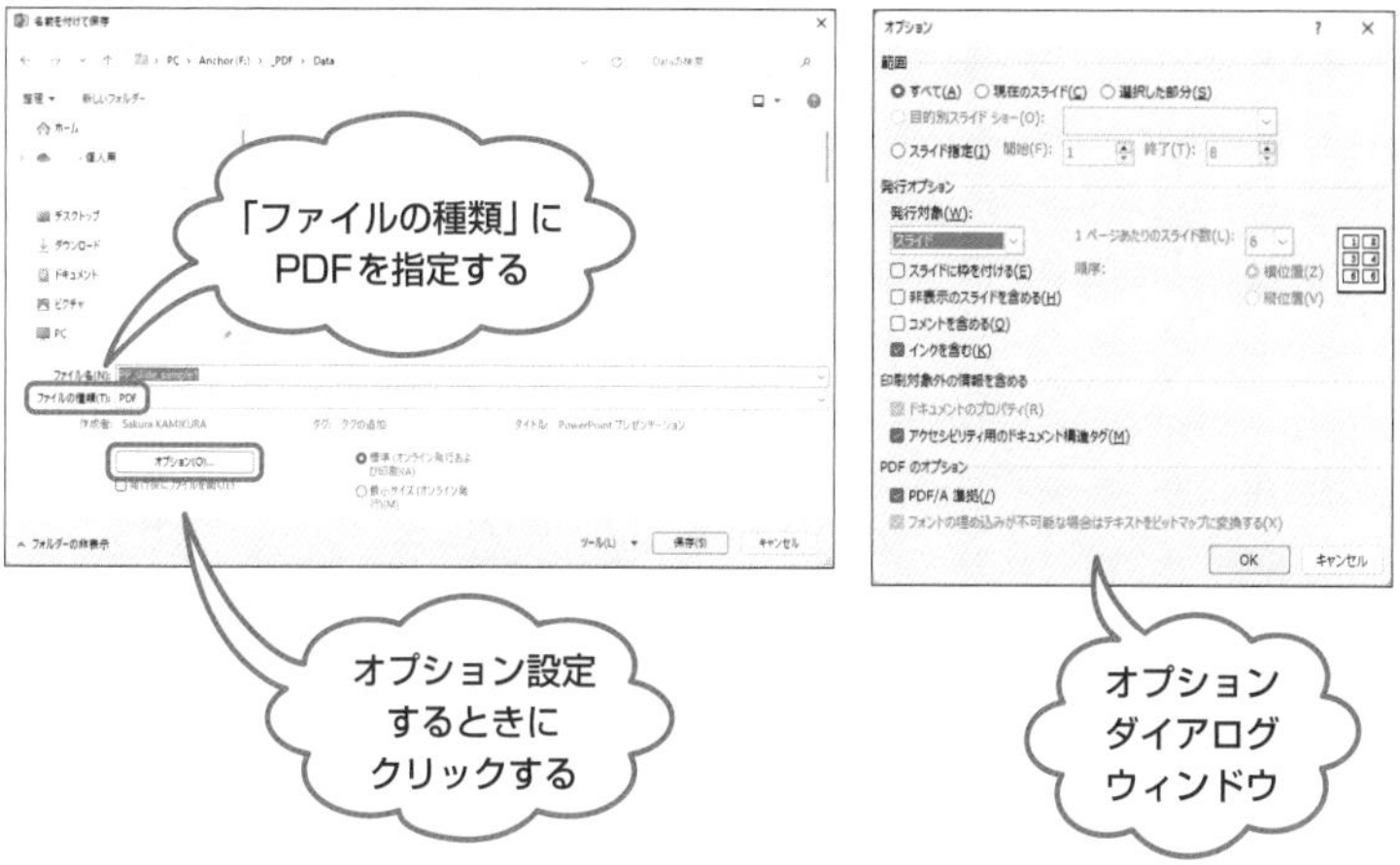

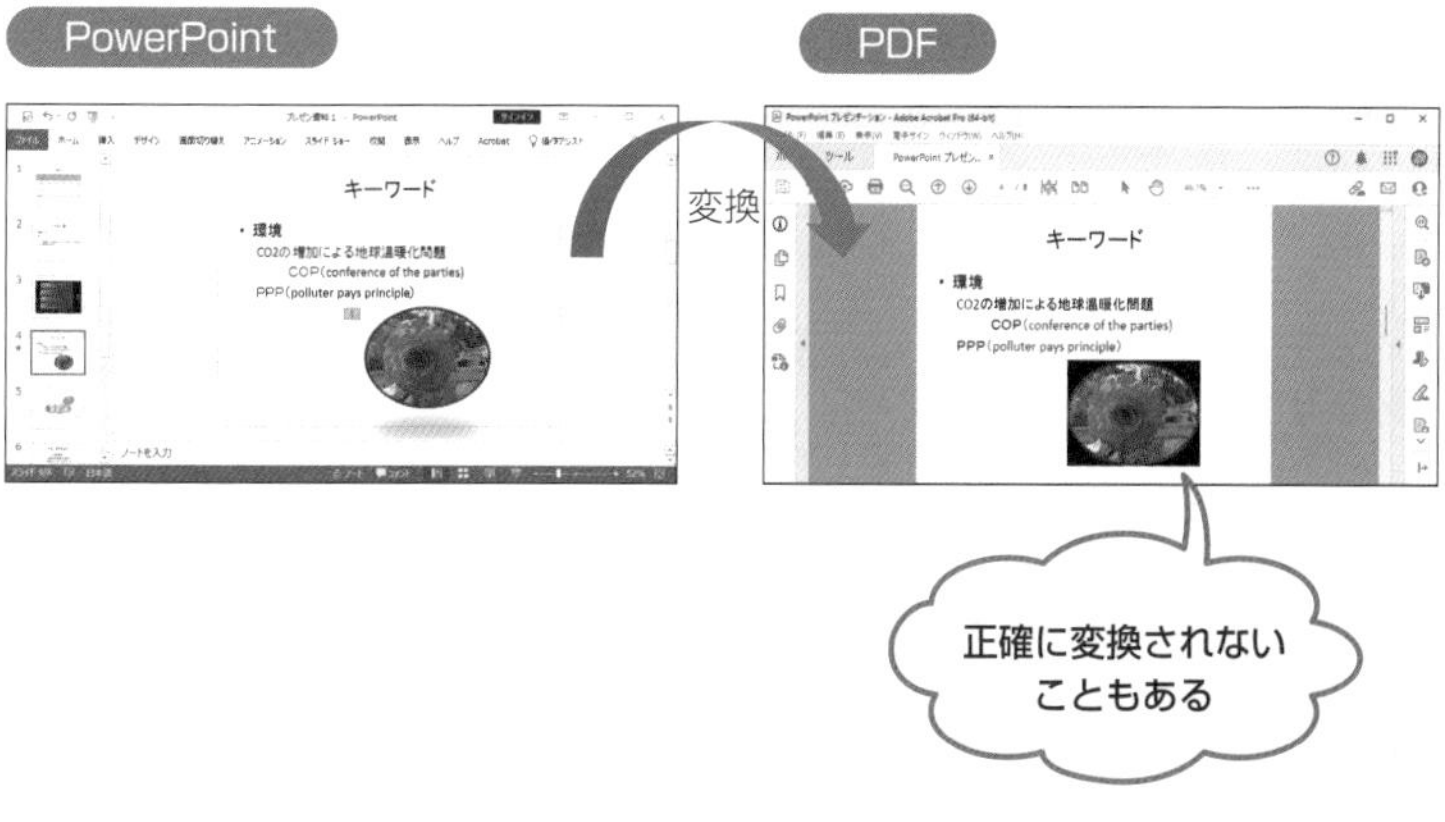

07

メールでPDFを送信する

キーワード
添付
リンク

メールでファイルを送信するときには、メールの「添付」機能を使うことになります。メールに添付するファイルは、一般にどのようなファイルでも添付して送れます。メールソフトを起動して、相手のメールアドレスや件名、本文を入力してメールを作成したら、添付するＰＤＦファイルをドラッグ＆ドロップします。

添付ファイルが制限されるのは、ファイルの中身ではなく、ファイルサイズです。あまりファイルサイズが大きいと、公共のインターネット資源の多くを使うことになります。ファイルを受け取る相手からすると、マナー違反です。ＰＤＦファイルもページ数が多かったり、図や写真が多かったりするとファイルサイズが大きくなります。そのようなときは、ＰＤＦファイルを相手にも共有できるインターネットストレージに置き、それをダウンロードできるリンクをメールで相手に知らせましょう。

MEMO PDFファイルのサイズを圧縮することもできます。

PDFファイルをメールで送る

●PDFファイルをメールに添付する

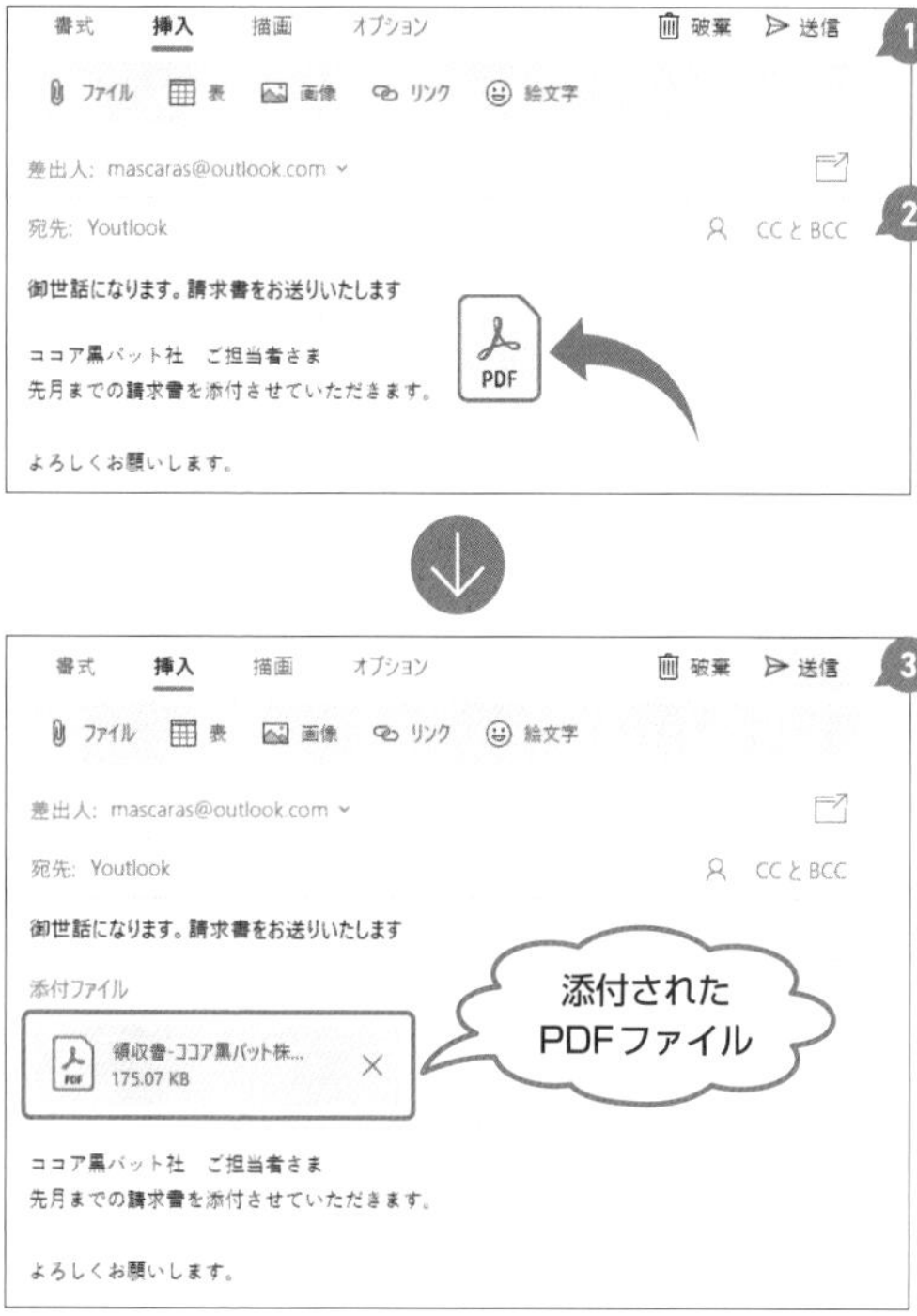

1 メールソフトを起動して、送信メールを作成する。

2 PDFファイルをメールにドラッグ＆ドロップする。

3 PDFファイルの添付されたメールを送信する。

●PDFファイルのリンクをメールに貼り付ける

Adobe Onlineなどに保存されているPDFファイルのリンクをコピーして、メールの本文に貼り付けます。

PDF

08 写真とPDFを変換する

写真をＰＤＦファイルにするには、Officeなどのデータを扱うアプリと同じで、アプリから印刷機能を使って出力先にＰＤＦを指定することで変換ができます。例えば、Windowsでは写真を開くときには「フォト」アプリが既定アプリに設定されていることが多いでしょう。フォトアプリで写真を開き、印刷機能をプリンターの一覧から「Adobe PDF」を指定して「印刷」を実行すると、ＰＤＦファイルとして指定した場所に保存できます。

この逆に、ＰＤＦファイルを写真、つまりＪＰＥＧなどの一般的な画像ファイルへの変換は、Adobe Onlineを利用するのが便利です。ＰＤＦファイルをドラッグ&ドロップするだけで、ページごとの画像ファイルに変換され、ＺＩＰ形式で梱包・圧縮され、ダウンロードできます。変換できる画像は、ＪＰＥＧ、ＰＮＧ、ＴＩＦＦの３形式、画質はそれぞれ５段階（最高画質～最低画質）を指定して変換できます。

キーワード
JPEG

MEMO
JPEG画像に変換した場合、平均的な画質ではPDFファイルよりもファイルサイズが小さくなります。

Adobe OnlineでPDFをJPEGに変換する

Edgeの拡張機能にインストールされたAdobe AcrobatからAdobe Onlineを利用し、PDFをJPEGに変換しています。

1 Adobe Onlineにアクセスする。

2 「PDFを変換」ウィンドウにPDFファイルをドラッグ&ドロップする。

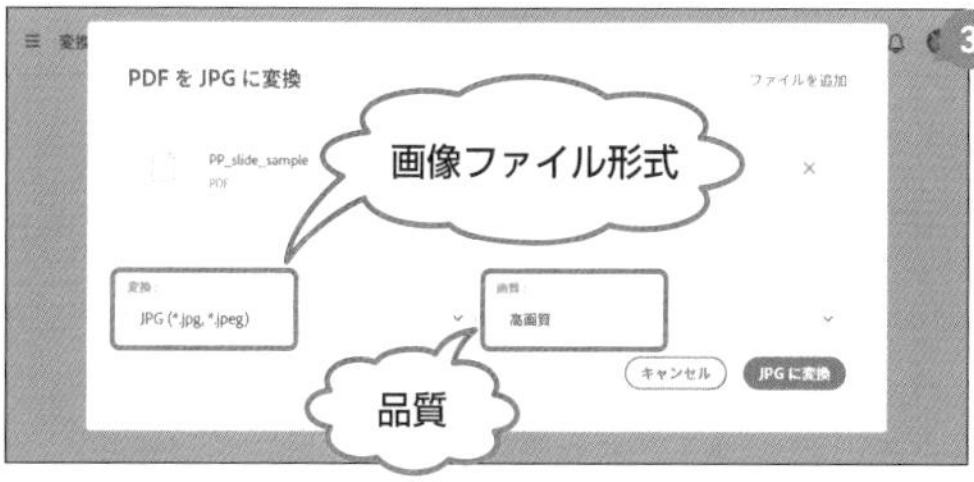

3 画像形式や画質を指定して、「JPEGに変換」ボタンをクリックする。

4 変換が終了したら、「ファイルをダウンロード」ボタンをクリックする。

MEMO　ダウロードしたZIPファイルを展開すると、画像ファイルが取り出せます。

09 名刺をＰＤＦにして管理する

キーワード
Scan

ビジネスマンにとって名刺の管理は仕事の基本。ＤＸ化に伴い、スマートに名刺管理を行いたいものです。スマホにインストールしたAdobe Scanを使えば、名刺の写真を撮るだけで簡単にＰＤＦ化してくれます。

Adobe Scanでは、スマホのカメラ機能を使って名刺を映しだすと（シャッターを押さなくても）、名刺の枠を自動的に検出し、斜めから撮影しても正面から撮影したように修正してＰＤＦに変換します。また、あらかじめ撮影してあった名刺の写真をＰＤＦ化することもできます。こちらの方が、きれいにＰＤＦ化できました。

ＰＤＦ化された名刺データは、Adobeクラウドストレージにアップロードされます。会社に戻ったらAdobeクラウドストレージにアクセスして、「Adobe Scan」フォルダーを開いてＰＤＦ化された名刺を整理することができます。

MEMO 名刺をスキャンするときは、光が均一に当たるように注意しましょう。

Adobe Scanで名刺をPDFにする

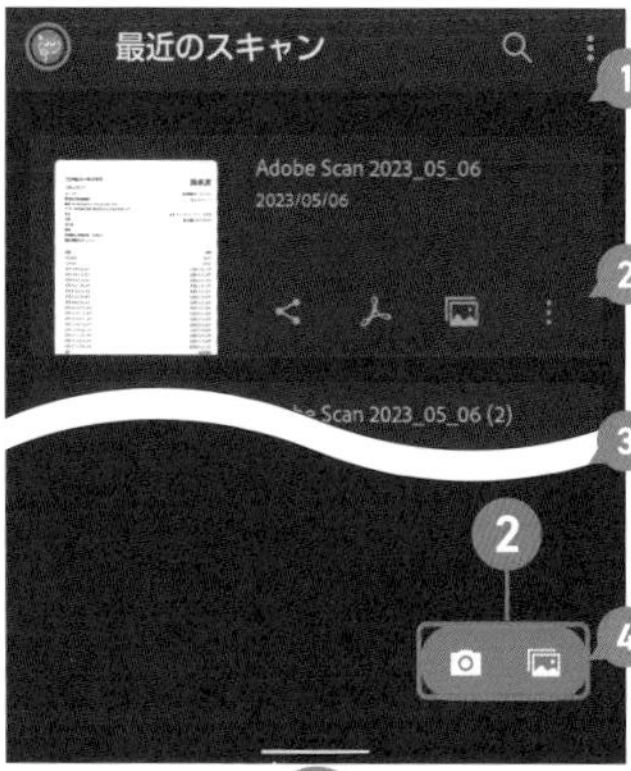

1 Adobe Scanを起動する。

2 カメラやフォトを開く。

3 写真を撮ったり、写真を選択したりする。

4 自動で長方形に修正され、PDF化される。

5「PDFを保存」をタップ。

6 Adobeクラウドストレージにアップロードされた。

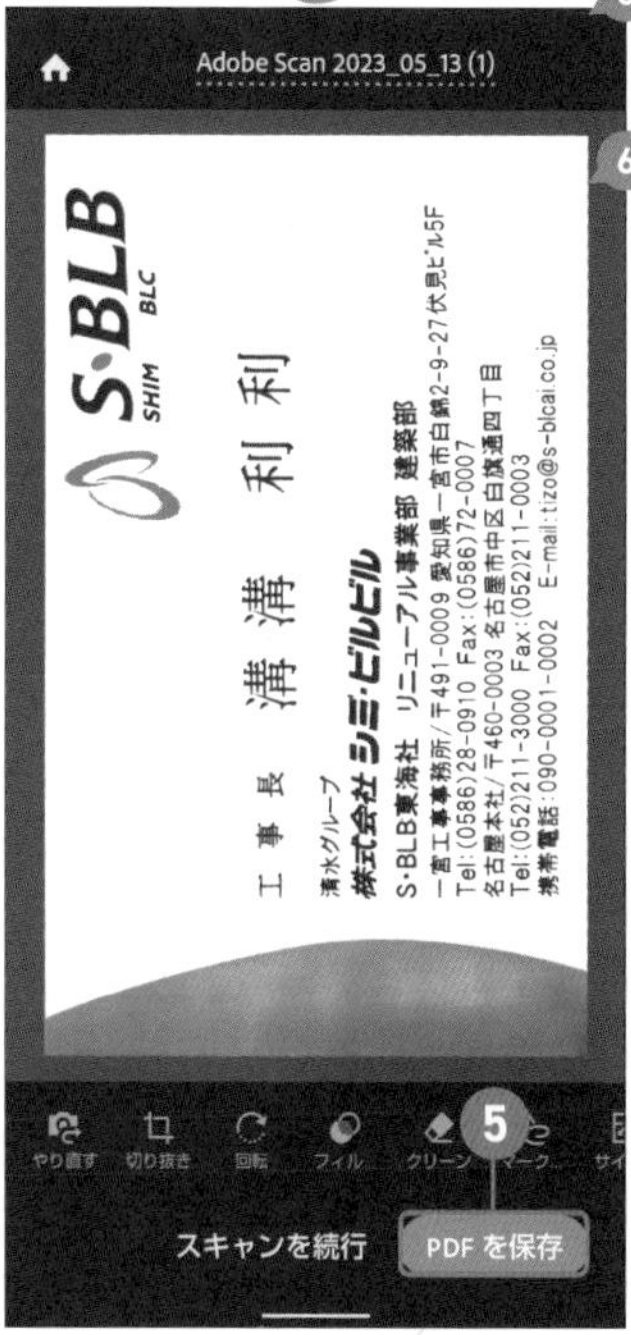

PDF

10 Google MapをPDFにする

キーワード
Chrome

Google Mapは、世界の地図を簡単に知ることができるオンラインサービスです。住所を検索すれば、その付近の地図が表示されます。地図の検索は、会社名やショップ名でもできます。出発地と目的地を入力すると、ルート検索ができます。スマホによる道路のルート検索では、ナビ機能を選択すると、音声によってリアルタイムに経路を示します。ルート検索は道路だけではなく、電車やバスなどの交通機関でも可能です。所要時間や費用を比べることができます。

Google MapをＰＤＦ化するには、Ｗｅｂブラウザの印刷機能でＰＤＦファイルに変換します。ただし、Google MapをＰＤＦファイルにしたものは、Ｗｅｂブラウザで表示していた表示品質が最大限なため、拡大すると表示の粗さがわかります。Google Mapでは拡大しても表示品質は保たれますが、ＰＤＦ化したマップは画像なので仕方がないのです。

MEMO
Google Map以外のWebサービスも、Webブラウザの印刷機能を使えば、PDFに変換できます。

ChromeのGoogleマップをPDFにする

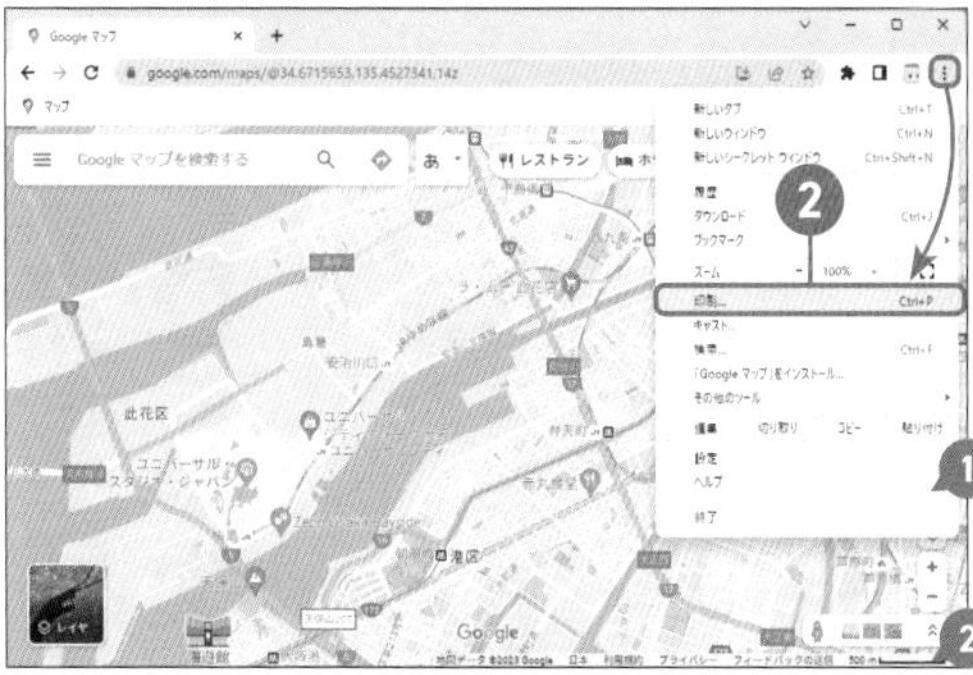

1 Chrome で Google Map を開く。

2 「印刷」機能を実行する。

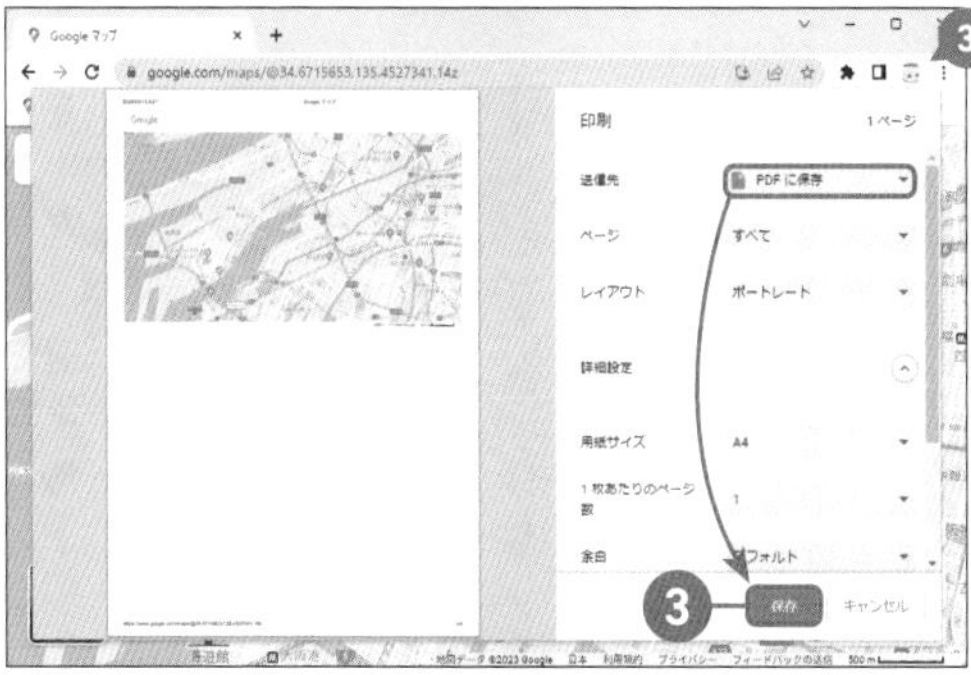

3 「送信先」を「PDFに保存」にして、「保存」ボタンをクリックする。

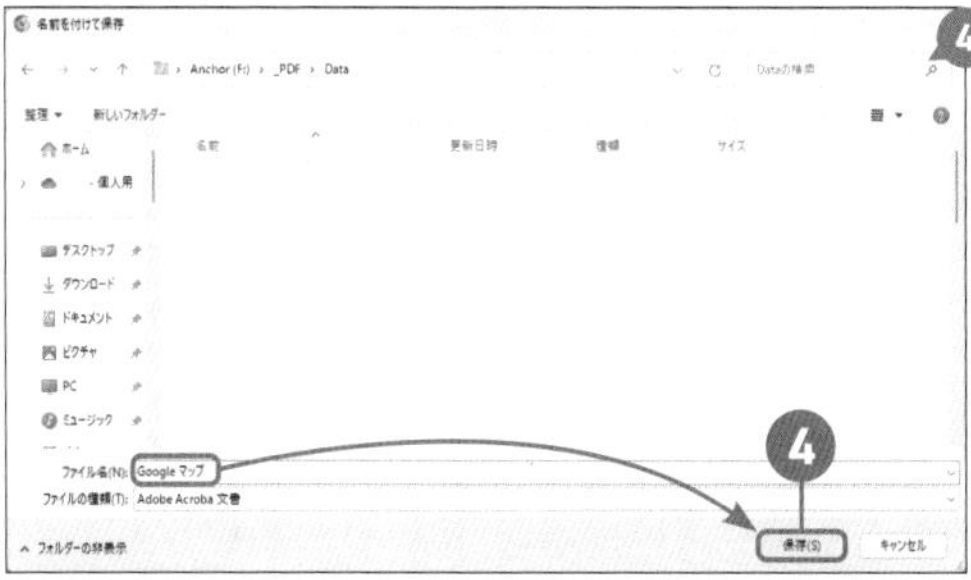

4 ファイル名と保存先を指定して、「保存」ボタンをクリックする。

PDF

11 紙文書をスキャンしてＰＤＦにする

キーワード
スキャン

市販のプリンターには、スキャナー機能を備えているものがあります。ビジネス複合機では、スキャンデータをＰＤＦファイルにして保存し、ＬＡＮで接続しているＰＣからデータを取得できます。

ビジネス複合機では、専用のスキャン用のユーティリティを使うことで比較的簡単に紙媒体の書類や写真などをＰＤＦファイルにすることができます。ここでは、Windowsに標準付属している「Windows FAXとスキャン」を使って、プリンターで写真をスキャンするには次のように操作します。「Windows FAXとスキャン」の「新しいスキャン」をクリックします。接続しているスキャナー機能のあるプリンターを選択し、「ＯＫ」ボタンをクリックします。スキャンのオプションを設定して「スキャン」ボタンをクリックすると、スキャンが実行されます。データがＪＰＥＧなどの画像ファイルになっている場合は、「印刷」機能でＰＤＦ化することができます。

MEMO Macでは、「プリンタとスキャナ」から「スキャナ」を操作します。

プリンターでスキャンしたデータをPDFにする

●Windows FAXとスキャンでスキャンした画像をPDFにする

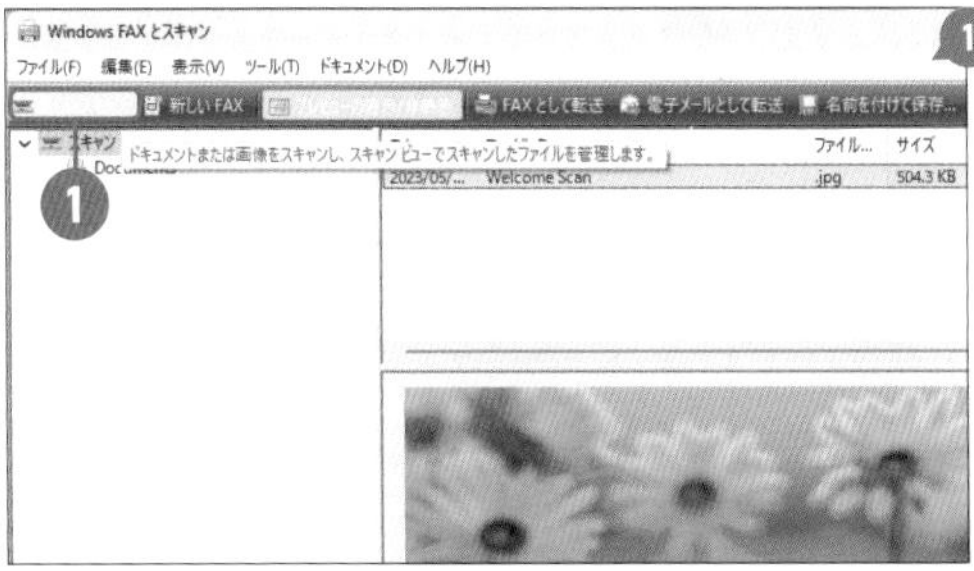

1 「Windows FAXとスキャン」で「新しいスキャン」を実行する。

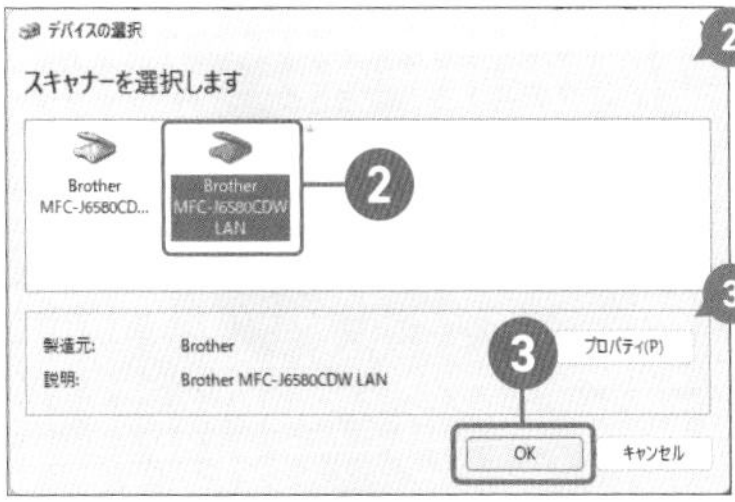

2 スキャナーを選択する。

3 「OK」ボタンをクリックする。

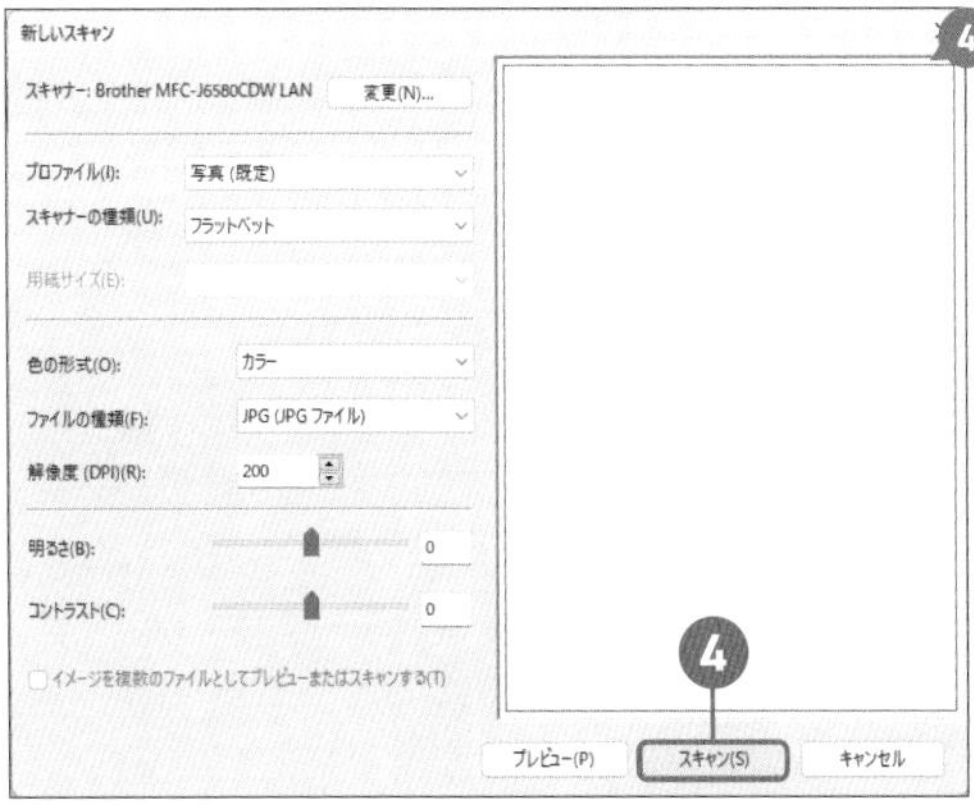

4 オプションを設定して、「スキャン」ボタンをクリックする。

5 画像をPDF化するには、「印刷」ボタンをクリックして、PDFファイルとして出力する。

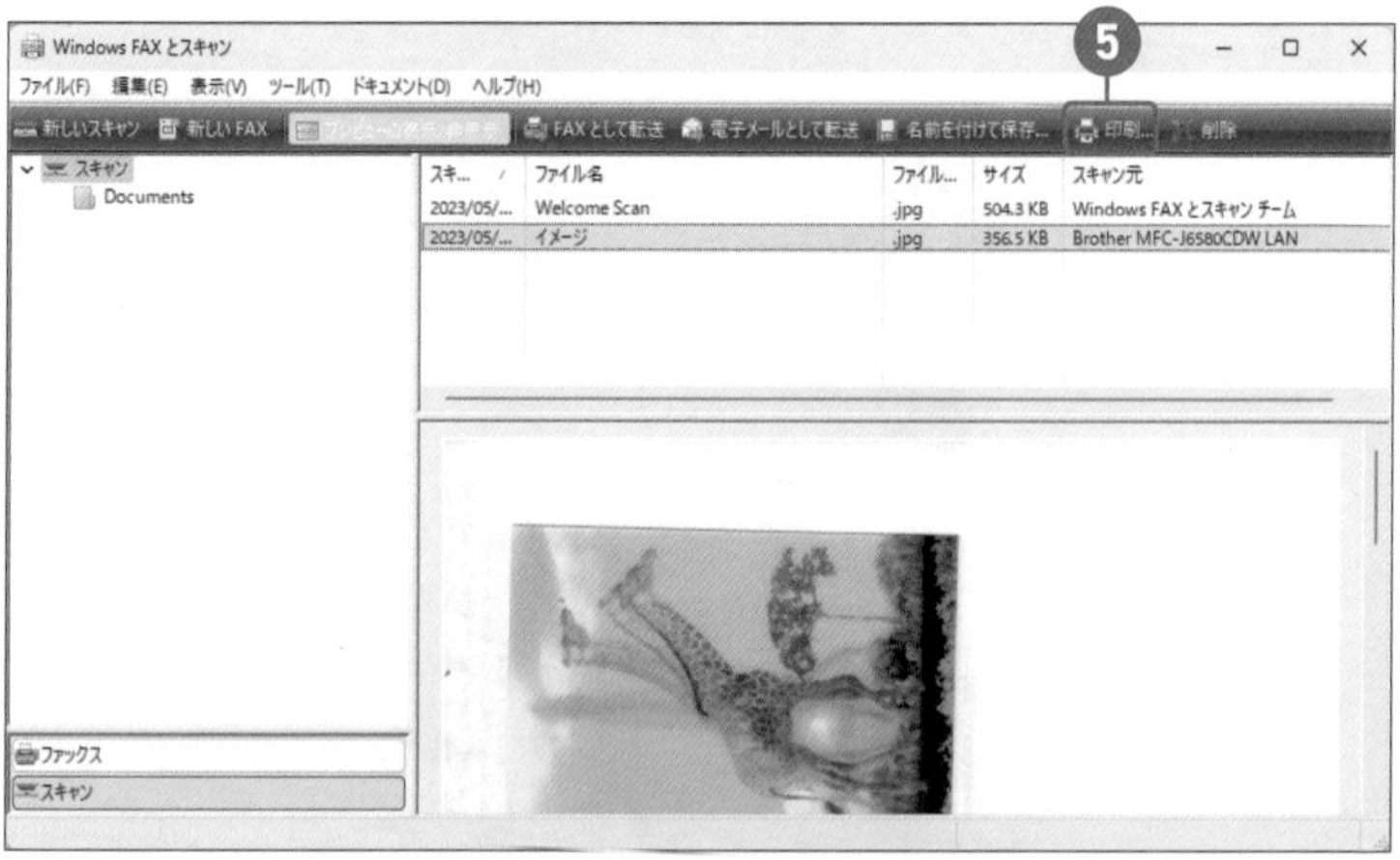

MEMO

Acrobat Pro/Standardでは、「スキャンとOCR」を使用して、接続しているスキャナーを操作することができます。

COLUMN● どうしてPDFにする？ Webページと比べてみる

Webページを閲覧していてときどき目にするのが、のバナーです。PDF形式の文書を読むには、“このアプリをダウンロードしてください”といった指示なのですが、どうしてPDFで見なければならないのでしょう？ Webページではいけないのでしょうか。

Webページの特徴としては、“変幻自在のレイアウト”を挙げることができます。Webページを表示するWebブラウザのウィンドウのサイズや形を変えても、Webページは自動でレイアウトを変えます。Webページの表示に必要なHTMLファイルは1つでも、Webブラウザが表示環境（OSの種類やモニターの解像度、モニターの縦横比など）を察知して、その都度、ページのレイアウトを構成します。

これに比べてPDF文書では、ページレイアウトが崩れません。いつも同じレイアウトで表示されます。レイアウトだけはなく、行間隔や文字間隔、文字の書体などの文書の要素も変化しません。WindowsでもMacでも、AndroidでもUnix系のOSでも、PDF文書なら同じに表示されます。

さらに、PDF文書は印刷されても同じです。ビジネスではペーパレスが推進されていますが、一般には、紙に印刷して読み（見る）場合もまだまだ多いです。このように想定されている文書用のデータ形式として重宝されているのです。

PDF

12 ＰＤＦ文書を開かずに簡単に印刷する

キーワード
印刷

既に印刷したことがあるＰＤＦ文書なら、開いて内容を確認する必要もないでしょう。通常は、ＰＤＦ文書を開いて、開いたＰＤＦビューワーの印刷機能で印刷するため、手間と時間がかかります。次のようにすると、簡単に印刷が終わります。ＰＤＦファイルを右クリックして、「印刷」を選ぶだけです。プリンターが正しく接続されていて動いていれば、それだけでＰＤＦ文書が印刷されます。

注意したいのは、多くのページがあるＰＤＦ文書の印刷です。内容を確認していないので、総ページ数もわかりません。違ったファイルを印刷し始めると、これこそ手間と時間の無駄になります。

印刷オプションを設定しておくには、「デバイスとプリンター」を開き、通常使うプリンターを右クリックして「印刷設定」を選択し、開いたオプションを変更します。

MEMO

Macでは、「プリンタとスキャナ」から「プリントキュー」を開いて、印刷する複数のPDFファイルを設定します。

PDFファイルから印刷する

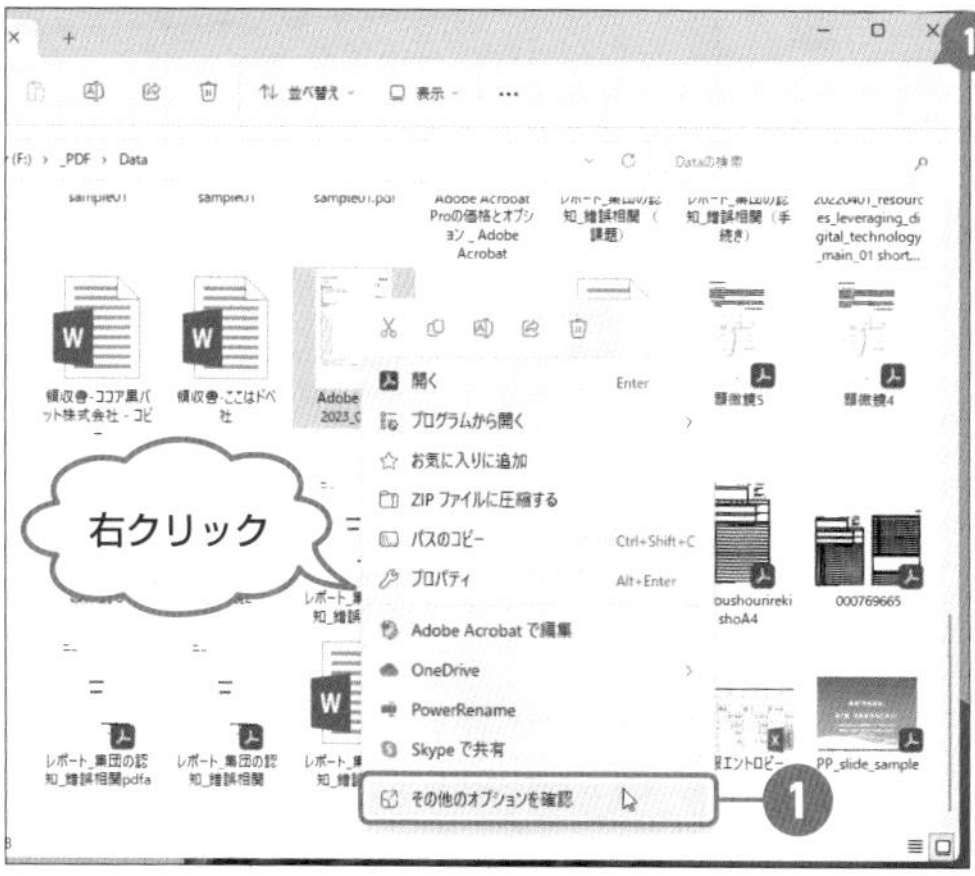

1 「その他のオプションを確認」を選択する。

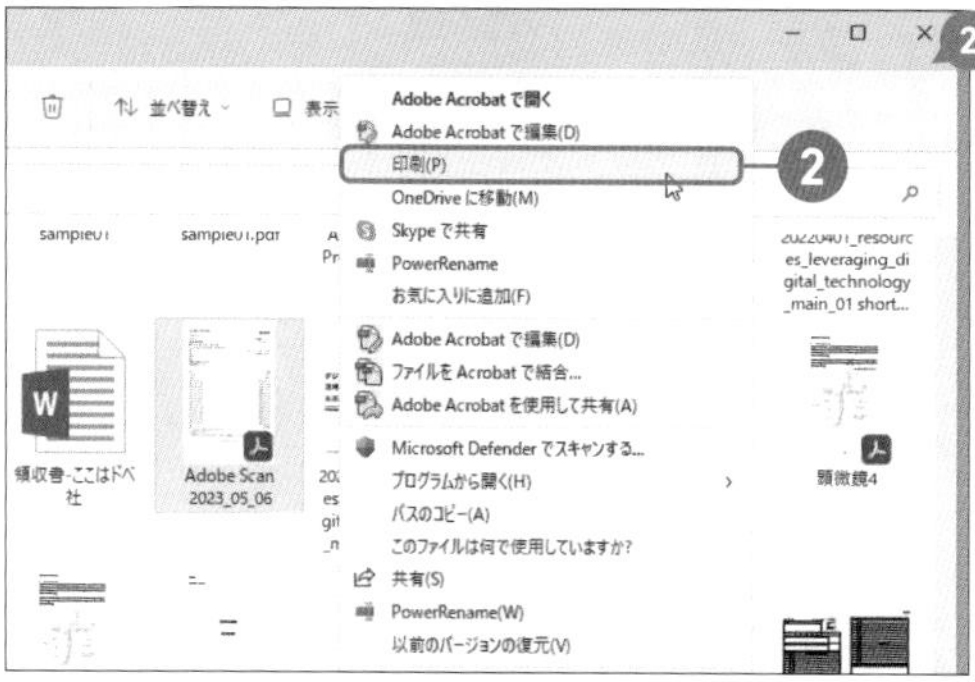

2 「印刷」を選択する。

MEMO 印刷結果が思っていたようにできないことがあります。印刷プレビューで印刷前に確認するようにしましょう。

PDF

13 PDFを印刷して小冊子にする

キーワード
綴じ方
両面印刷

ＰＤＦ文書をＡ４サイズで縦向きページで作成します。このページをＡ３サイズの横向きページに印刷すると、１枚に２ページ分を並べることができます。両面印刷では、１枚に４ページ分が印刷できます。

このように印刷された紙を半分に折って中心線で重ねると小冊子形式になります。問題は、このときの「面付け」です。小冊子にしたとき、ページ順を考えて印刷することになります。通常は印刷機能に「小冊子」オプションがあり、自動的に面付けが正しく実行されます。小冊子を左開きにするか右開きにするかで左右が逆になります。上記のＡ４サイズのＰＤＦ文書をＡ４サイズの用紙に印刷するときには、ＰＤＦ文書が自動でＡ５サイズに縮小されます。

なお、プリンターによっては両面印刷に対応していない場合があります。その場合は、プリンターのマニュアルも参照してください。

MEMO オプション印刷の機能は、プリンター本体の機能と、ドライバーソフトによって左右されます。

PDF文書を印刷して小冊子にする

Acrobatで PDF文書を小冊子に対応した形式で印刷するには、「印刷」オプションを開いて、「ページサイズ処理」欄の「小冊子」ボタンをクリックします。「綴じ方」を「左」（左綴じ）、「右」（右綴じ）を選択します。印刷サイズの設定は「プロパティ」で設定します。

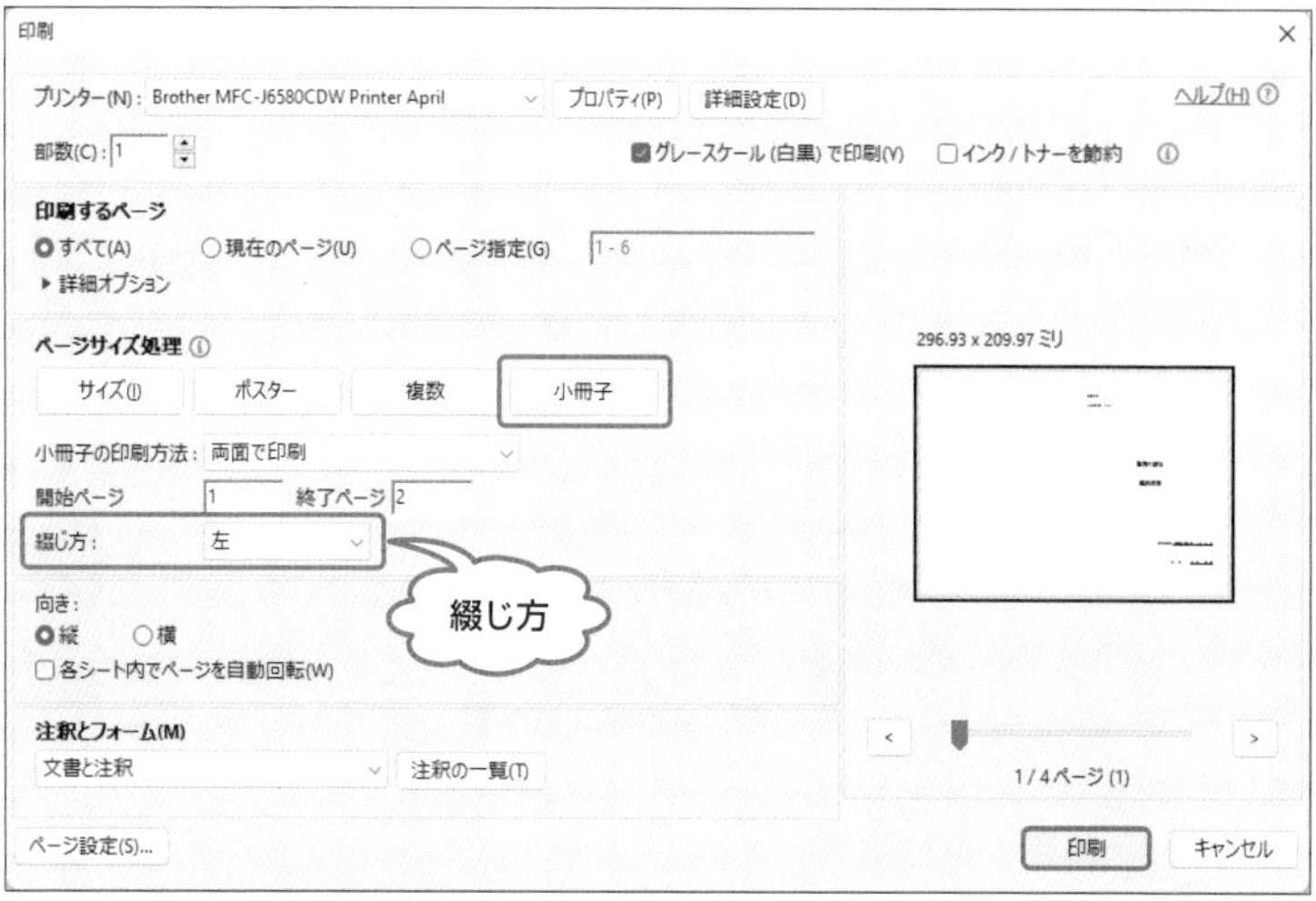

左綴じ（左開き）

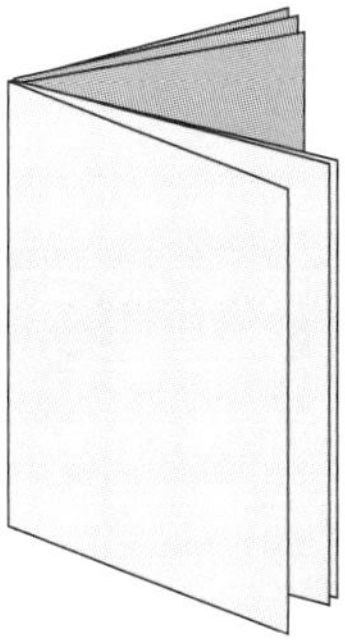

右綴じ（右開き）

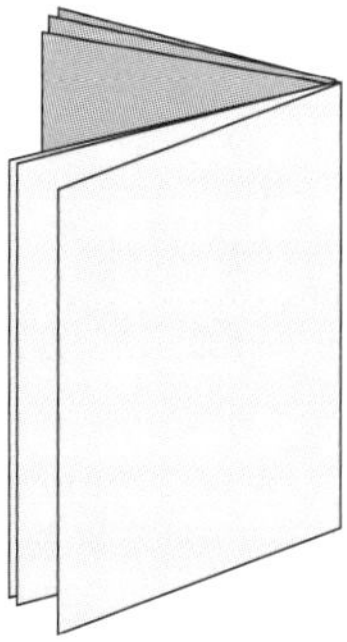

PDF

14 1枚の用紙に複数ページを印刷する

キーワード
ページまとめ
印刷

1枚の紙に複数ページのPDF文書を印刷することができます。印刷する用紙に配置する縦横のページ数を設定すると、自動でPDF文書は縮小されます。Acrobatからは、次のように操作します。印刷機能を起動すると、「印刷」ダイアログボックスが開きます。印刷に使用するプリンターを選択したら、「ページサイズ処理」欄で「複数」ボタンをクリックします。次に、「1ページあたりのページ数」ドロップダウンリストでページ数を指定するか、その左側のボックスに横のページ数と縦のページ数を入力します。印刷の向きなどを設定して、「印刷」ボタンをクリックすると、印刷が開始されます。

1ページに複数のPDFページを配置することもできます。このためには、プリンターを選択するドロップダウンリストで、「Adobe PDF」を選択して、「印刷」ボタンをクリックします。すると、PDFファイルを吐き出すことができます。

MEMO 縮小してもPDF文書なので、PDFビューワーで拡大すればきれいに表示できます。

PDF文書を小冊子として印刷する

Acrobatで PDF文書を小冊子に対応した形式で印刷するには、「印刷」オプションを開いて、「ページサイズ処理」欄の「複数」ボタンをクリックします。1ページあたりにまとめるページ数を指定します。

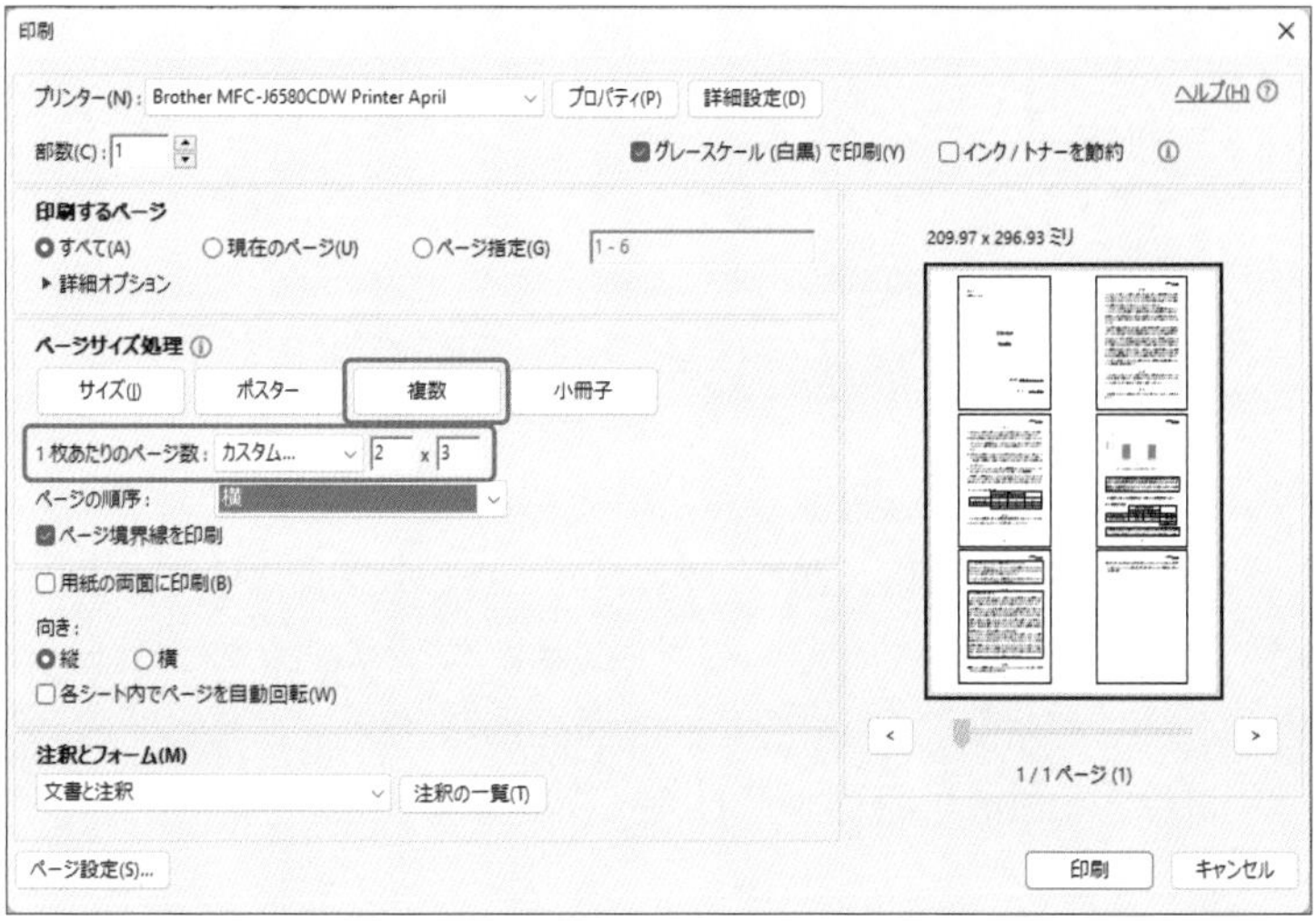

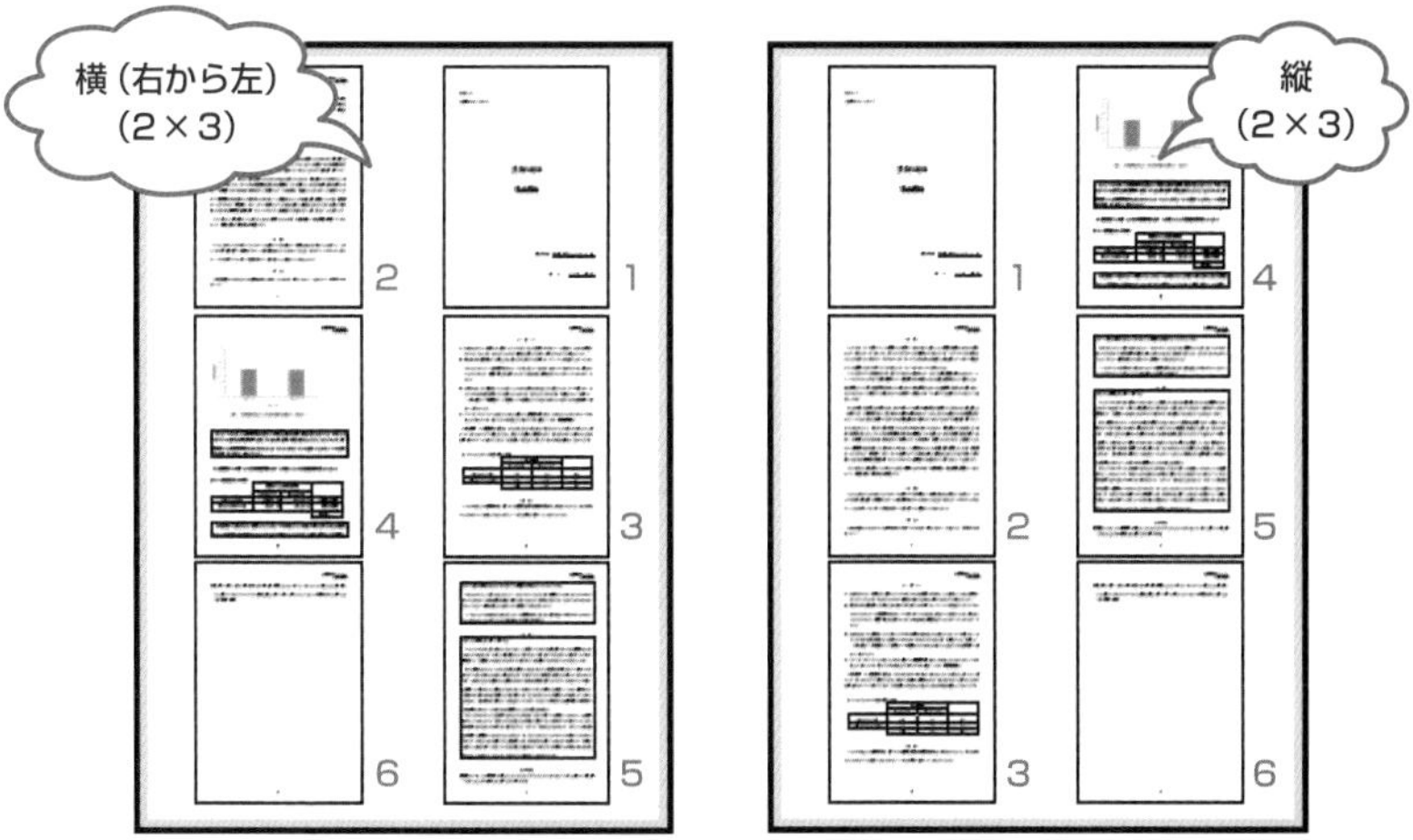

COLUMN ● Foxit PDFという選択

「Foxit」は、PDF関連のアプリを開発・販売している国際的なソフトウェアメーカーです（日本法人は「Foxit Japan」）。PDFを読み取るソフトの中心技術を独自開発していて、そのスピードは本家のAdobe以上と言われ、PDF専用のビューワあるいはエディターとしては、世界で2番目に売れている（同社ホームページによる）とのことです。

Foxit PDF Readerの各OS版は、インターネットから無料でダウンロードできます。なお、PDFの編集もできるFoxit PDF Editor（Widows版）は有料です。

Foxit PDF Readerは、Acrobat Readerと比べても遜色のない豊富な機能があり、操作性もわかりやすく作られています。もちろん、OneDriveやGoogle Driveなどのクラウドへのアクセスも簡単です。ビジネスでPDF化を進めるときには、Adobe製品と並べて検討する価値があると思われます。

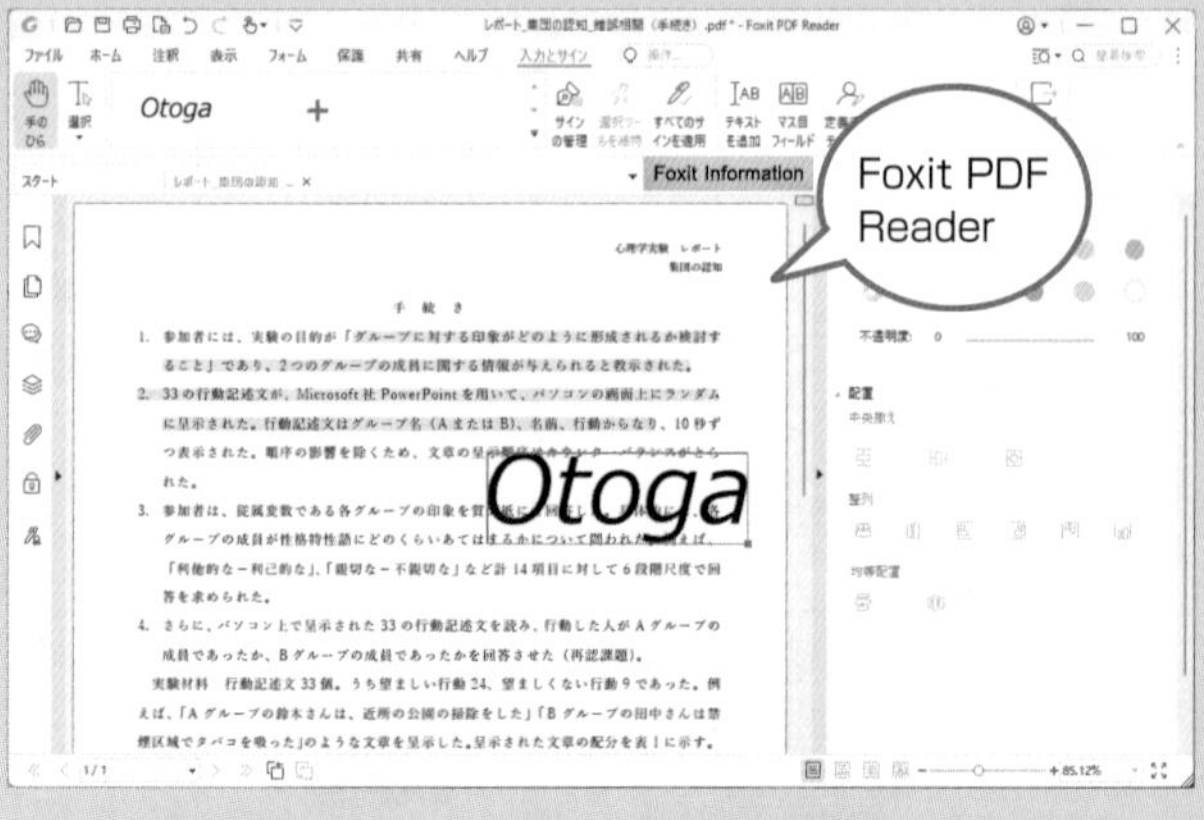

第2章

Acrobat Pro/ Standard

P
PDF

01 Acrobat Pro/Standardとは

キーワード
有料版

「Acrobat Pro」「Acrobat Standard」は、Adobe製のＰＤＦ編集用のソフトです。Acrobatの最大のウリは、ＰＤＦファイルを直接、編集できるということです。現在、様々なソフトで作成されたデータを保存するために、それぞれのファイル形式が存在しています。例えば、ビジネスではWordやExcelなどの形式、写真やイラストのデータ形式などです。これらのデータの多くがＰＤＦファイルに変換できます。

ＰＤＦは元は電子書籍用の書式であるため、比較的Wordなどの文書作成ソフトとの相性が良く、Wordなどでは直接、ＰＤＦファイルを読み込んで編集することができます。しかし、その他にはＰＤＦファイルを直接、編集することのできるソフトは多くはありません。

そこで、ＰＤＦファイルの様々なデータ、数値や文字などをちょっと手直ししたいときに役立つのが、Acrobat Pro/Standardということになります。

MEMO Acrobat Pro/Standardは、サブスクリプションで1か月または1年単位で使用します。

Acrobat ProとAcrobat Standardの比較

必要用件
・Windows 11、Windows 10(64ビット版(1809以降))、Windows Server 2016(64ビット)、Windows Server 2019(64ビット)、CPU：IntelまたはAMD(1.5GHz以上)、RAM：2 GB以上、ディスクの空容量：4.5 GB以上 ・macOS v13/12/11/10.15以降、CPU：Intel、M1 Apple Silicon、RAM：2GB以上、ディスクの空容量：2.75GB以上

機能	Acrobat Pro	Acrobat Standard
PDFのテキストや画像の編集、ページの並べ替え、削除	●	●
PDFの文書と画像を直接編集、ページ内の段落も自動的に調整可能	●	●
複数の文書を1つのPDFに結合、整理	●	●
PDFをWord、Excel、PowerPoint形式に変換	●	●
WebページをリンクがついたインタラクティブなPDFに変換	●	●
PDFフォームの作成、記入と署名、送信	●	●
ブックマーク、見出し、連番、透かしを追加	●	●
文書に名を追加、署名を依頼、処理状況をリアルタイムでトラック	●	●
Google Drive、OneDriveアクセスし、編集、保存	●	●
タブレットやスマートフォンで、テキストや画像を追加、編集	●	●
PDFのリンクを共有して、閲覧、レビュー、署名を依頼	●	●
他人が情報をコピーしたり書き換えたりできないようにPDFを保護	●	●
PDFをパスワードで保護	●	●
スキャンした文書を編集および検索可能なPDFに変換	●	
PDF内の表示されている機密情報を墨消し	●	
2つのバージョンのPDFを比較し、すべての差分を確認	●	
PDF内のオブジェクトの距離、面積、周長を計測	●	
契約書にロゴを追加してブランディング	●	
既存のPDFフォームをアップロードしてWebフォームを即座に作成	●	
JavaScriptを使用したインタラクティブなPDFフォームを作成	●	
PDFのファイルサイズを縮小する自動最適化と詳細な設定オプション	●	

P
PDF

02 ファイルストレージを追加する

キーワード
オンラインストレージ

Adobe Pro/Standardをインストールすると、これらとは別にBox、Dropbox、SharePointサイトも利用できるようになります。

Adobe Pro/Standardの標準のファイルの保存場所は、Adobeクラウドストレージです。ホームメニューの「Adobeクラウドストレージ」から「自分のファイル」を選択すると、自動的に保存されたＰＤＦファイルなどを確認することができます。その下の「スキャン」には、Adobe Scanアプリなどを使って保存したＰＤＦファイルやＪＰＥＧファイルが保存されます。

Dropboxなど新しくファイルストレージを追加するには、ホームメニューの「他のストレージ」の「ファイルストレージを追加」をクリックします。追加するストレージの種類を選択し、それぞれのアカウントを入力します。この段階で新規にアカウントを作成することもできます。

MEMO Acrobat Readerで利用できるクラウドには、OneDriveやGoogleドライブもあります。

Dropboxをファイルストレージに追加する

1 ホームメニューから「ファイルストレージを追加」をクリックする。

2 Dropboxの「追加」ボタンをクリックする。

3 Dropboxのアカウントを入力して、「ログイン」ボタンをクリックする。

4 Dropboxへのアクセスを許可するため、「許可」ボタンをクリックする。

03 PDF内のテキストを直接編集する

キーワード
テキストボックス

ＰＤＦ文書は、テキストボックスの集合体です。文字単位のテキストボックスの場合もあれば、十行以上のまとまった段落の場合もあります。既存のＰＤＦ文書を編集するときは、ＰＤＦファイル編集用のソフトが認識したテキストボックス単位での編集が可能です。

Adobe Pro/Standardでは、ＰＤＦ文書を直接、編集できます。編集するＰＤＦ文書を開いて、「ＰＤＦを編集」を選択すると、ＰＤＦ文書にテキストボックスが表示されます。編集したいテキストのあるテキストボックスを選んで、テキストを追加したり、削除したりします。

テキストボックス内の任意のテキストを範囲選択すると、テキストの追加や削除、変更が直接できます。また、編集パネルによって、テキストの文字色や文字飾り（ボールド、イタリック、下線、上付き、下付き）などの変更ができます。

MEMO 編集パネルでは、行間や段落の後の間隔、文字の水平比率、文字の間隔を数値で設定することができます。

PDF文書を直接編集する

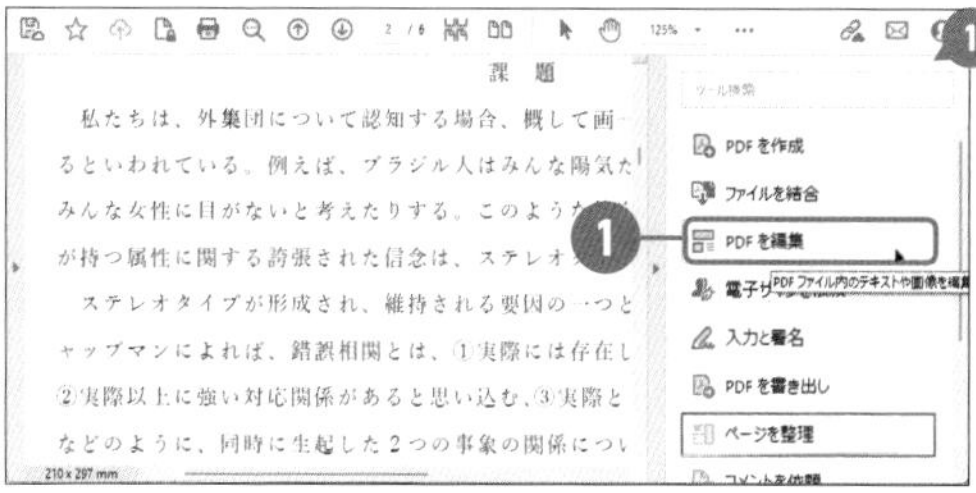

1 「PDFを編集」をクリックする。

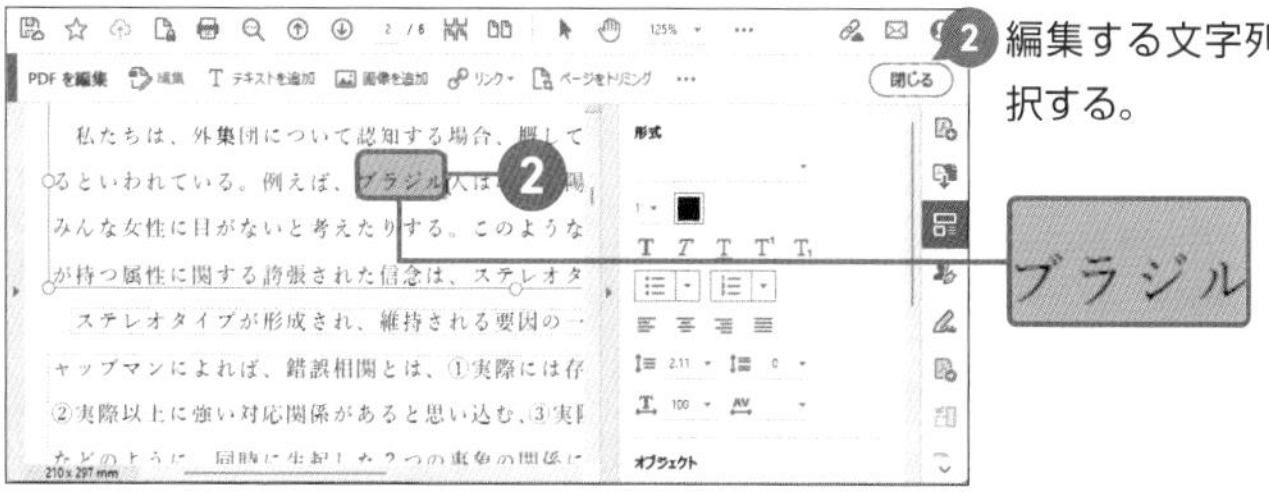

2 編集する文字列を範囲選択する。

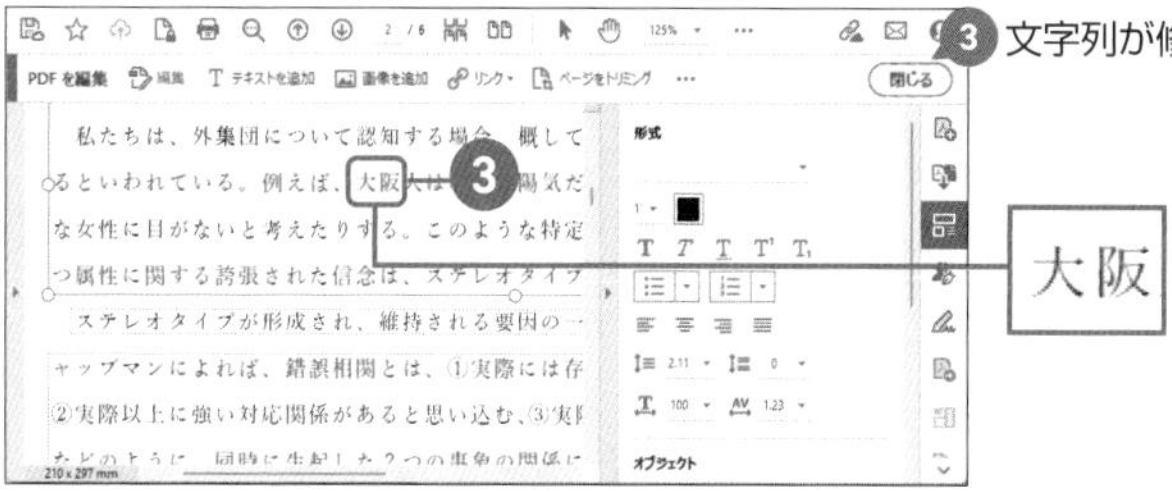

3 文字列が修整された。

MEMO 編集が終了したら、「PDFを編集」ツールバー右端の「閉じる」をクリックします。

04 PDF文書にパスワードを設定する

キーワード セキュリティ

PDF文書はパスワードによって守ることができます。パスワードを入力しなければ、PDF文書の内容が見られないようにするには、「セキュリティ設定」ツールバーから「パスワードを使用して保護」を選択したときに表示されるウィンドウで、「閲覧」オプションを選択します。同ウィンドウで「編集」オプションを選択した場合は、PDF文書を開くことはできますが、内容を編集することはできません。このオプションでは、内容の編集だけではなく、ファイルのコピーや印刷するときにパスワードの入力が要求されます。パスワードは、6文字以上が推奨されています。「セキュリティ設定」ツールバーで「詳細オプション」を選択して、「パスワードによる暗号化」を選択した場合には、より詳細にパスワードによるセキュリティを設定することもできます。

MEMO 署名済み、証明済みの文書にはパスワードを設定することはできません。

PDF文書の変更をパスワードで保護する

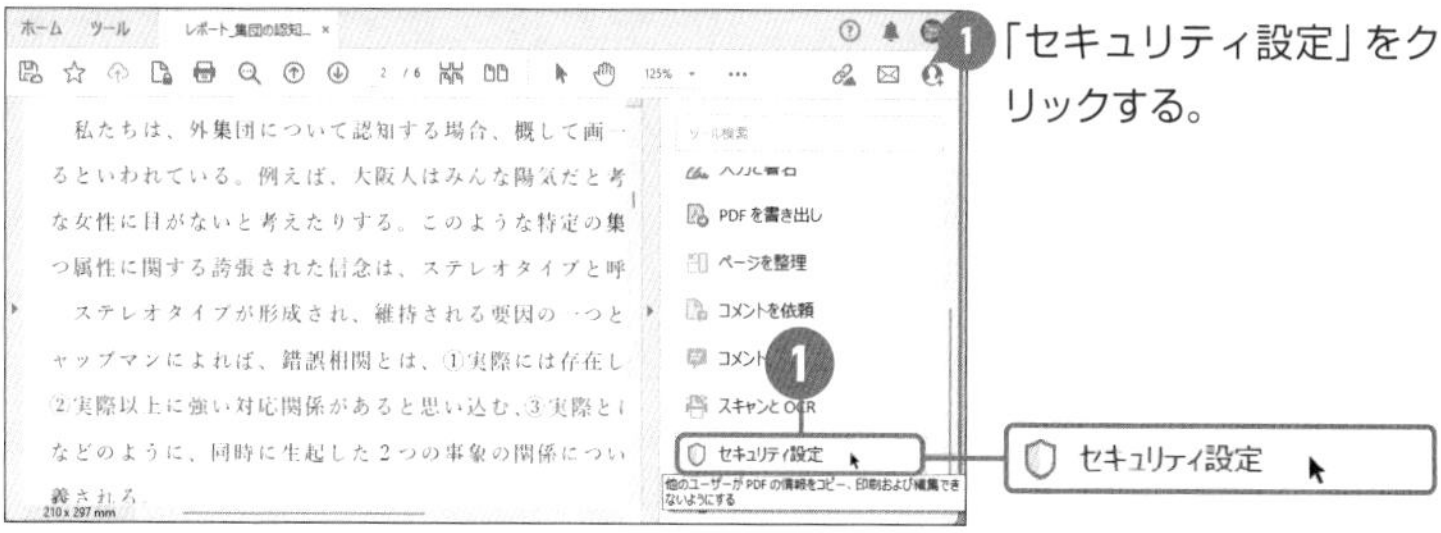

1 「セキュリティ設定」をクリックする。

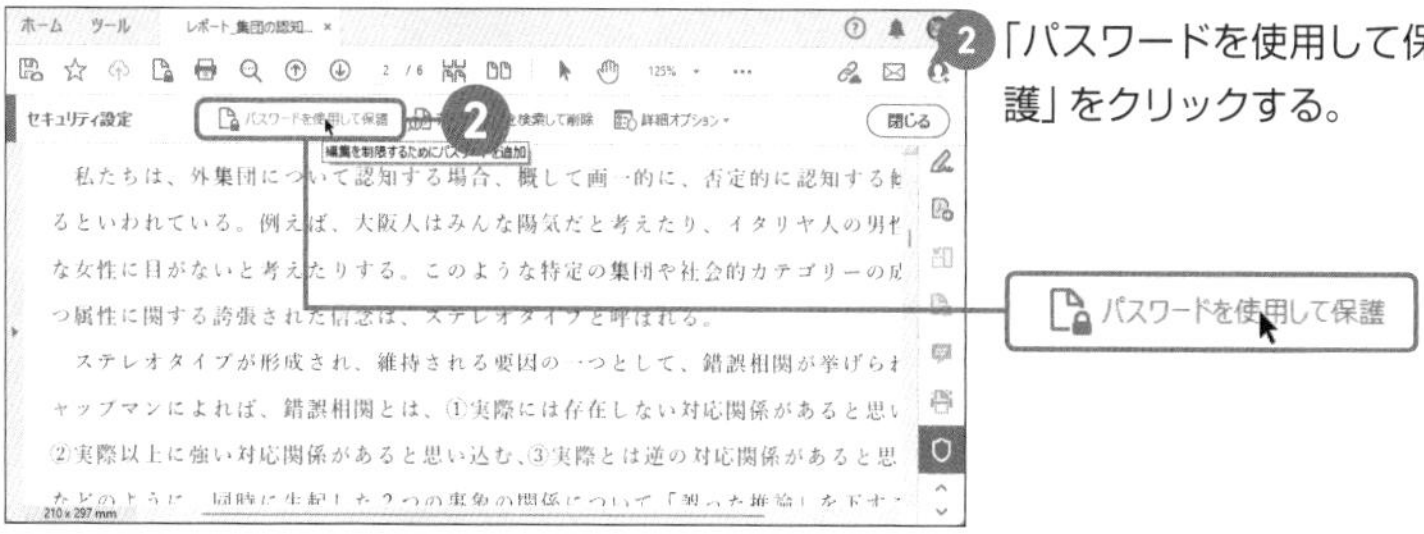

2 「パスワードを使用して保護」をクリックする。

3 閲覧時もするか、編集時だけにするかを選択する。パスワードを入力して「適用」ボタンをクリックする。

MEMO パスワードのオフは、ツールバーから「詳細オプション」>「この文書からセキュリティ設定を削除」を選択します。

PDF

05

非表示情報を削除する

キーワード
不要情報

ＰＤＦファイルにしたビジネス文書メールで送信するときに注意しなければならないのは、社外に漏らしてはいけない情報が入っていないかどうかでしょう。ＰＤＦ文書を読み返したり、検索したりすれば確認できるでしょうか。実はビジネスソフトで作成したデータファイルには、表面には表れない隠れた情報が含まれていることがあります。例えば、作者の名前や部署、アカウントなどです。これらの情報はファイルのプロパティとして文面とは別に保存されます。ＰＤＦファイルでは、これらの情報を「非表示情報」といっています。

ＰＤＦファイルの非表示情報を具体的に挙げると、メタデータ、注釈、添付ファイル、非表示データ、フォームフィールド、非表示レイヤー、しおり、アクションおよびJavaScriptなどです。これらの非表示情報を検索して、すべてを自動で削除したり、選択的に削除したりする機能が「非表示情報の削除」です。

MEMO
Adobeアカウントの変更などは、Adobe Accountページ（https://account.adobe.com/）にアクセスします。

非表示情報を削除する

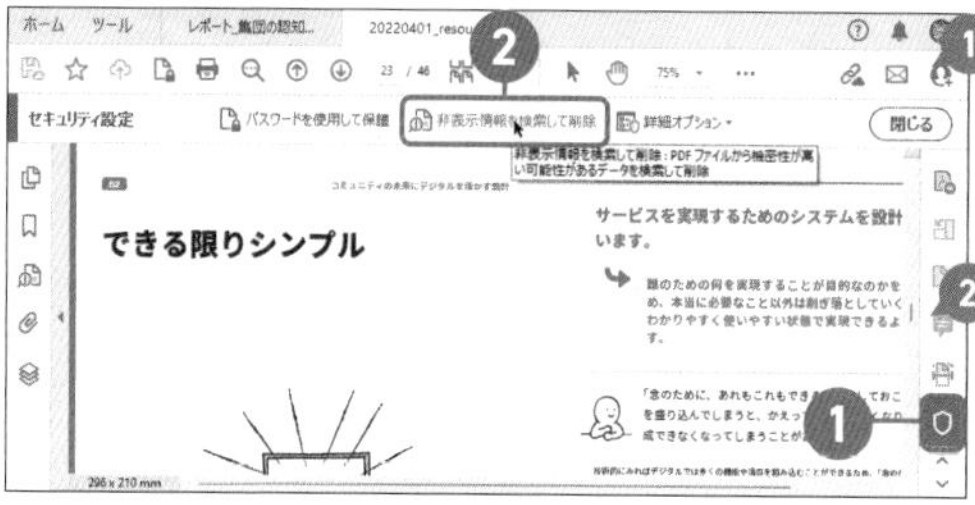

1「セキュリティ設定」をクリックする。

2「非表示情報を検索して削除」をクリックする。

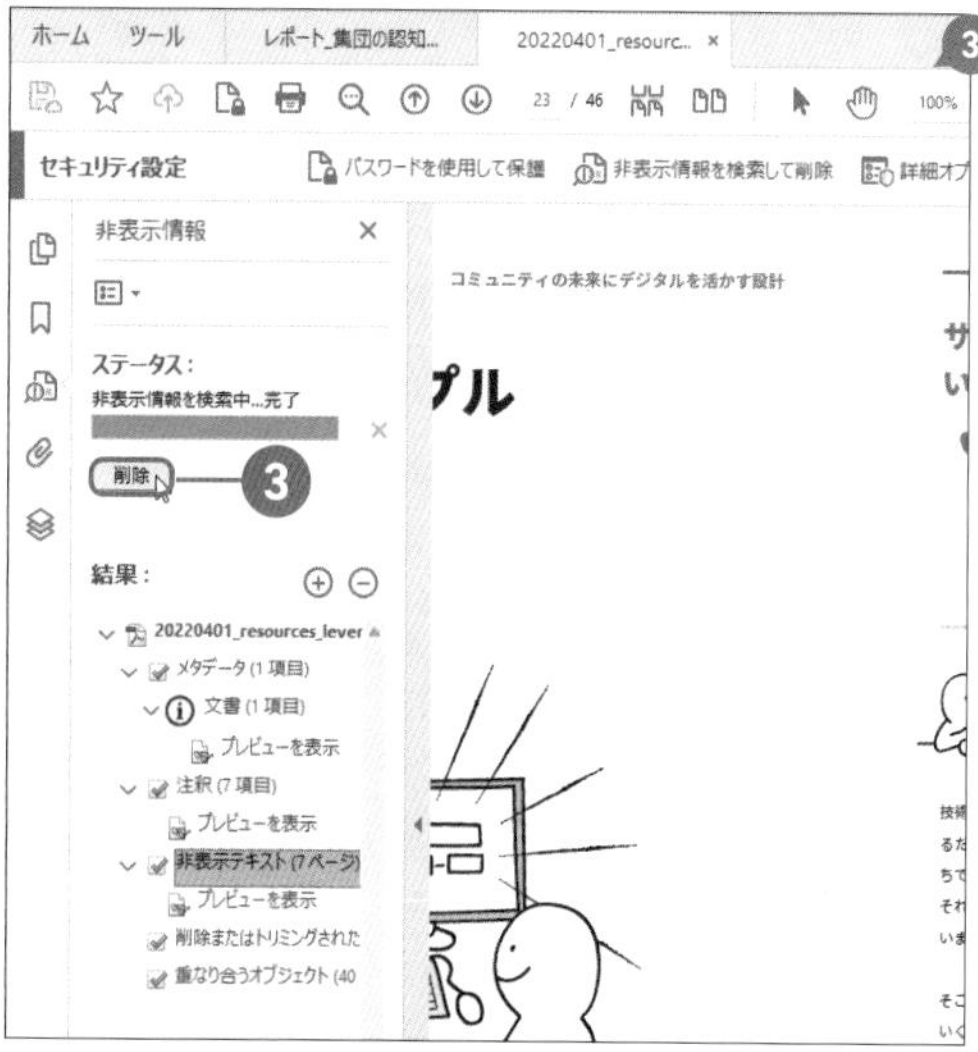

3「削除」ボタンをクリックする。

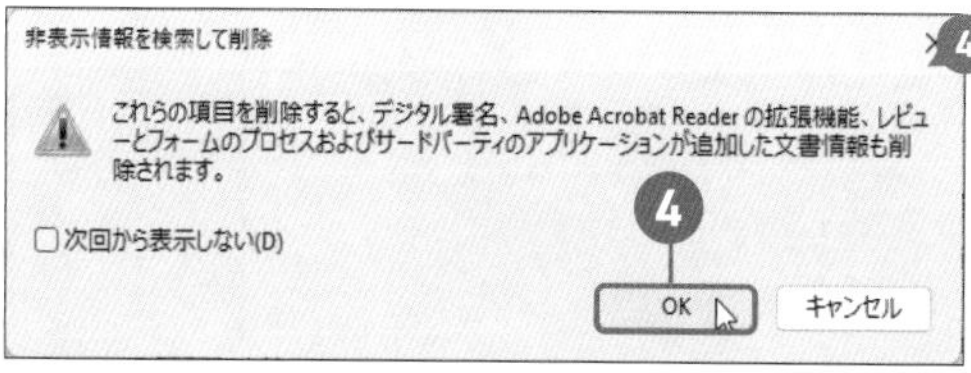

4「OK」ボタンをクリックする。

PDF

06 機密情報を墨消しする

キーワード
墨消し

「墨消し」とは、ＰＤＦ文書中から特定の語句や情報を検索して、その箇所だけを黒塗りにする機能です。個人情報や機密情報が載っている文書を公表する場合などに使用します。

墨消し機能を実行すると、指定した情報が文書ファイルから完全に削除されます。削除された情報があった部分は黒色の長方形（墨）になります。「墨消しツールのプロパティ」では、墨の代わりに任意の文字列を挿入したり、空白にしたりすることもできます。墨消しには、任意のページ全体を真っ黒にする機能もあります。

墨消しをＰＤＦファイルに対して実行するには、「墨消し」ツールで「適用」ボタンをクリックするか、保存するときに機能を適用します。適用せずに文書を閉じると、機能は無効になります。

MEMO 墨消し機能は、Acrobat Proだけの機能です。

任意の語句を墨消しする

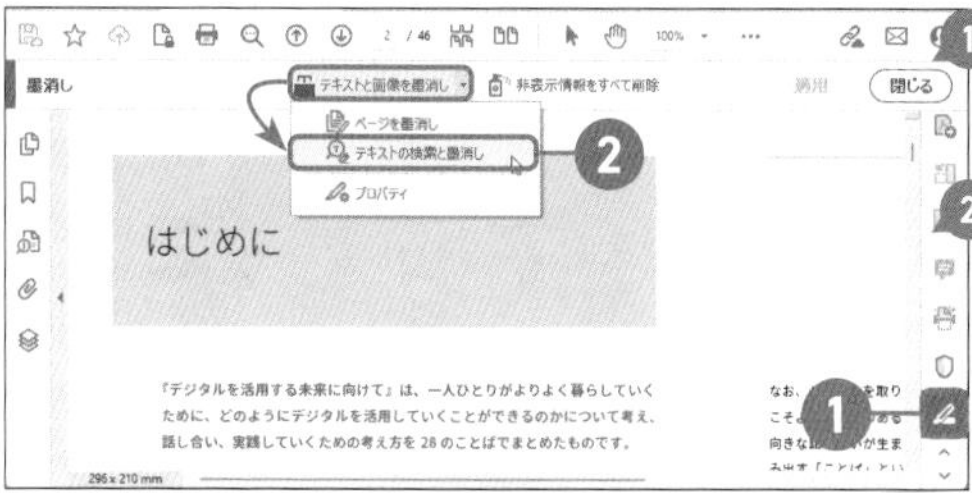

1 「墨消し」をクリックする。

2 「墨消し」ツールバーで「テキストと画像を墨消し」の「▼」をクリックして、「テキストの検索と墨消し」を選択する。

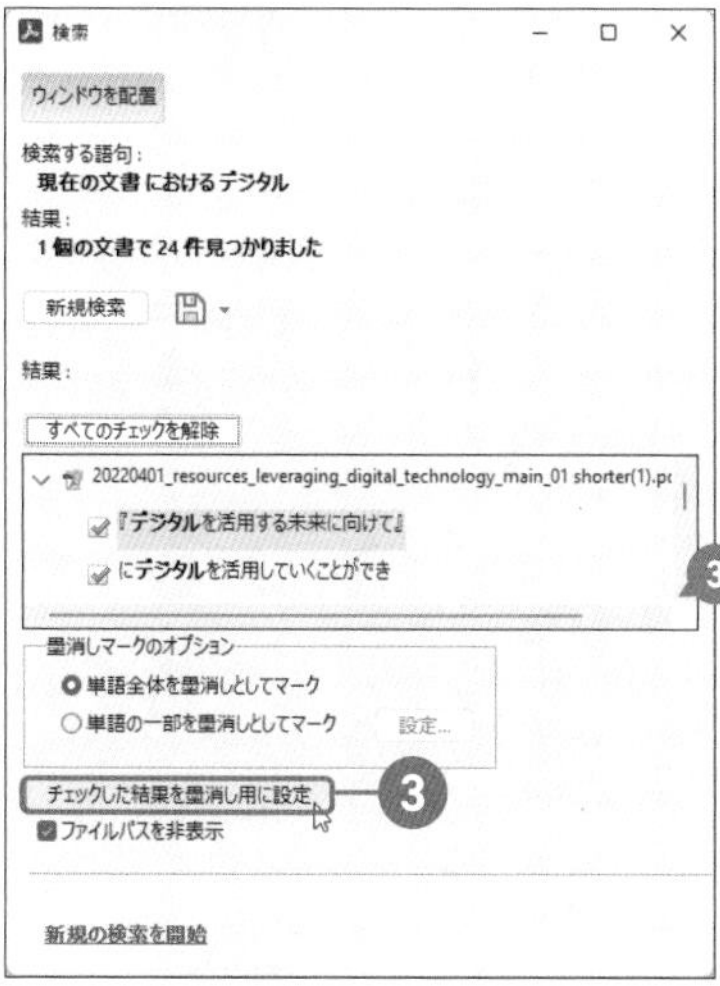

3 「検索対象を設定して「テキストを検索して削除」ボタンをクリックして、検索が終了したら、「チェックした結果を墨消しように設定」ボタンをクリックする。

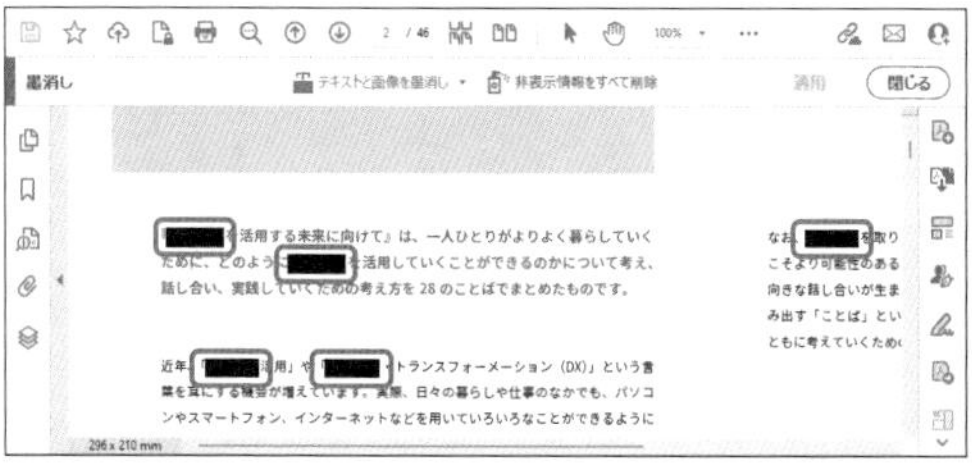

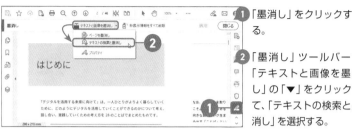

07 印刷やコピーができないようにする

キーワード
セキュリティ

ＰＤＦ文書の印刷を妨げたり、文書中のテキストや画像のコピーを阻止したりすることができます。これらのセキュリティ機能を有効にしても、ＰＤＦ文書を画面に表示すれば、スクリーンショットやカメラによって画面を記録することはできます。したがって、Acrobat Pro/StandardでＰＤＦファイルのセキュリティ権限を設定しても、制限は限定的となります。それでも、不正な複製を拒む意思を示すといった効果はあるでしょう。

印刷やテキストなどのコピーを阻むには、「パスワードによるセキュリティ設定」ダイアログボックスを開き、「権限」欄を設定します。

MEMO　「スクリーンリーダーデバイスのアクセスを有効にする」は、コンテンツの読み上げを許可するオプションです。

印刷やコピーを許可しないようにする

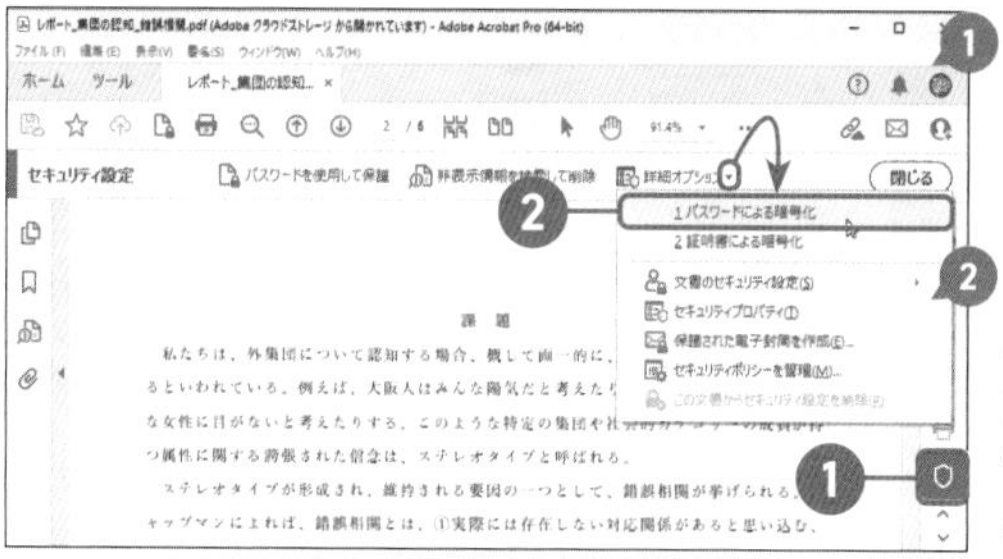

1 「セキュリティ設定」をクリックする。

2 「セキュリティ設定」ツールバーで「詳細オプション」の「▼」をクリックして、「パスワードによる暗号化」を選択する。

3 権限欄で「印刷を許可しない」「コピーを有効にしない」などを設定して、「OK」ボタンをクリックする。権限パスワードを正しく入力することで、設定が変更される。

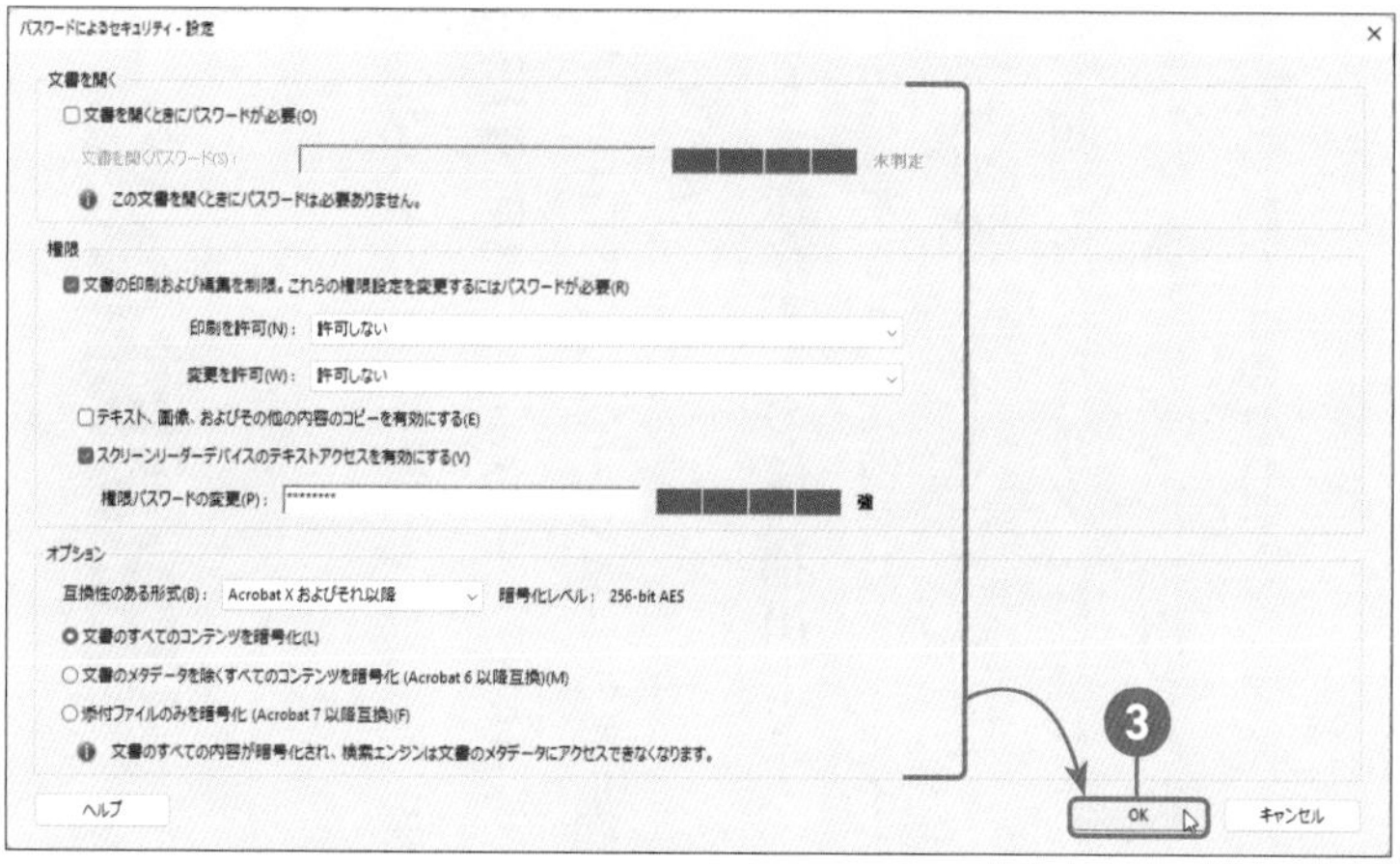

MEMO
「セキュリティ設定」タブの「詳細オプション」>「この文章からセキュリティ設定を削除」を選択します。

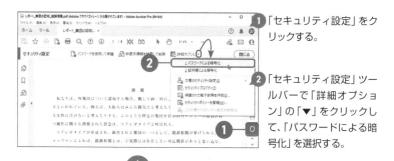

PDF

08 PDFからページを抜き出す

キーワード
抽出
分割

〝数十ページにもなるＰＤＦ文書中の任意のページだけが欲しい〟、Acrobat Pro/Standardでは、ページの抜き出しは、「抽出」機能で叶えることができます。ツールメニューから「ページを整理」を選択します。ここには、ページ単位の編集機能として「抽出」「挿入」「置換」「分割」などが揃っています。

任意のページを取り出して別ファイルとして保存するのは「抽出」です。「抽出後にページを削除」オプションを有効にして実行すると、元のＰＤＦファイルから抽出したページが切り取られます。「ページを個別のファイルとして抽出」オプションを有効にした場合は、抽出されたページは、指定したフォルダーに保存されますが、このオプションを有効にせずに抽出した場合は、新しいタブに抽出されたページが表示されます。抽出によってページが切り取られた元のＰＤＦファイルは、変更を保存しなければ元のページのままです。

MEMO 個別ファイルとして抽出したページは、ローカルなディスクに保存されます。

PDF文書中から特定のページを抜き出す

1 「ページを整理」をクリックする。

2 「ページを整理」ツールバーで「オプション」を設定し、「抽出」ボタンをクリックする。

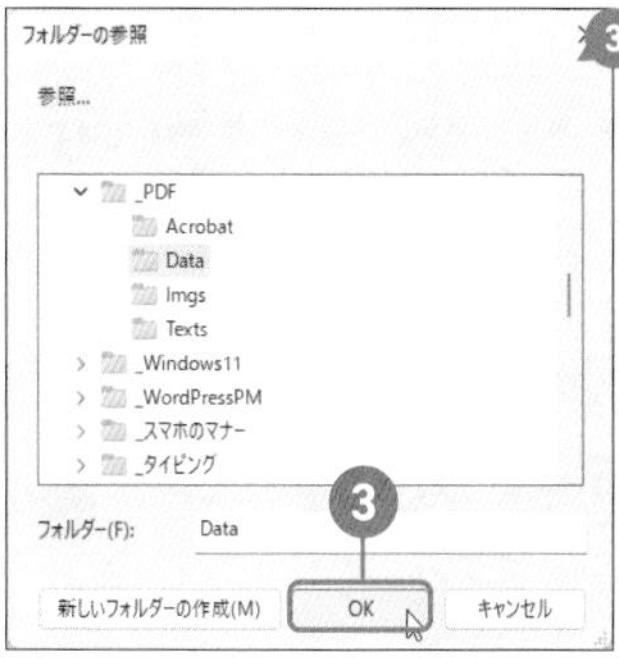

3 抽出したファイルを保存する場所を選択して、「OK」ボタンをクリックする。

MEMO 複数ページを抽出した場合、ページごとに別ファイルとして保存されます。

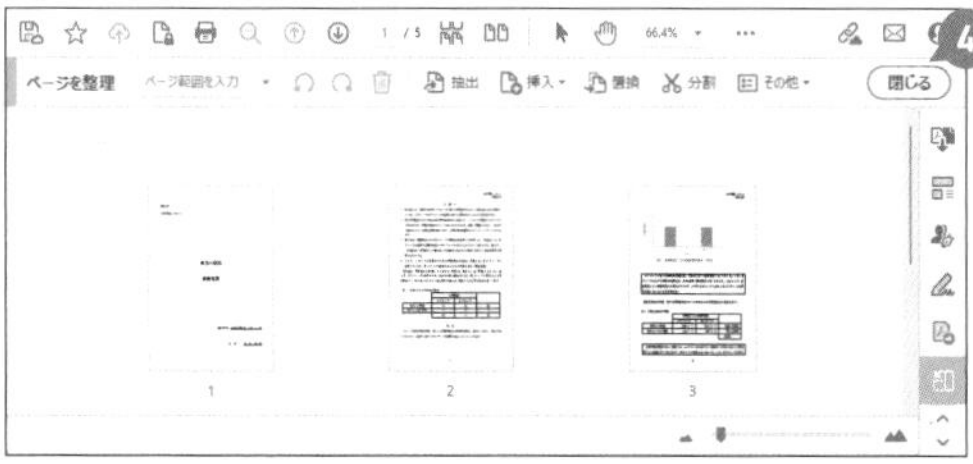

4 「抽出後にページを削除」がオンの場合は、元のPDF文書から指定したページが切り取られる。

PDF

09 複数のPDFを結合して1つのファイルにする

キーワード
ページを整理

Acrobat Pro/Standardの「ページを整理」機能には、ページを抽出する機能、ページを挿入する機能など、ページ単位で編集できる機能が揃っています。

「ページの挿入」では、別のファイルを、指定したページ間に挿入します。別のファイルとは、ディスクに保存されているＰＤＦファイルのほか、ＷｅｂページのＵＲＬを指定するとＷｅｂページをＰＤＦ化して挿入してくれます。

「ページの挿入」機能の「クリップボード」では、クリップボードにコピーされているデータを挿入するＰＤＦデータに貼り付ける形で挿入します。同じく「スキャナーから」では、ＰＣからアクセスできるスキャナー（スキャナー機能付きプリンターを含む）でスキャンしたデータを挿入します。なお、この機能は、「スキャンとＯＣＲ」機能からも実行可能です。

MEMO
「ページを整理」では、特定のページを削除することもできます。PDF文書は、削除ページを詰めます。

PDFに別のPDF ファイルを挿入する

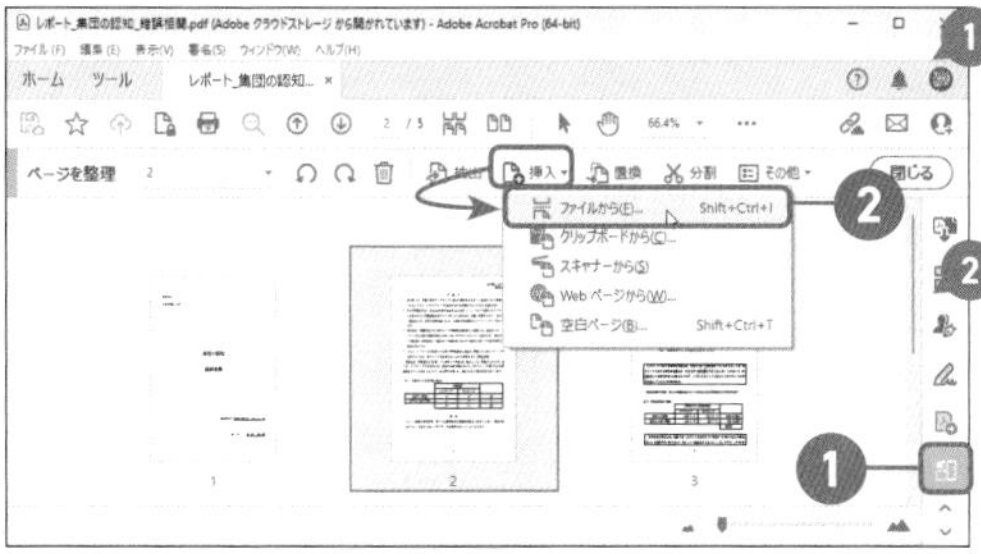

1 「ページを整理」をクリックする。

2 「ページを整理」ツールバーで「挿入」をクリックすると表示されるメニューから「ファイルから」を選択する。

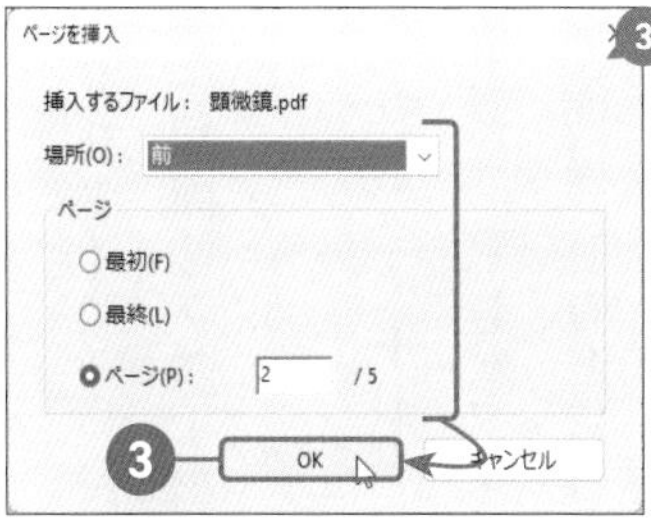

3 挿入するPDFファイルを選択して「開く」ボタンをクリックしたら、「ページを挿入」ウィンドウで、どの位置に挿入するかを指定し、「OK」ボタンをクリックする。

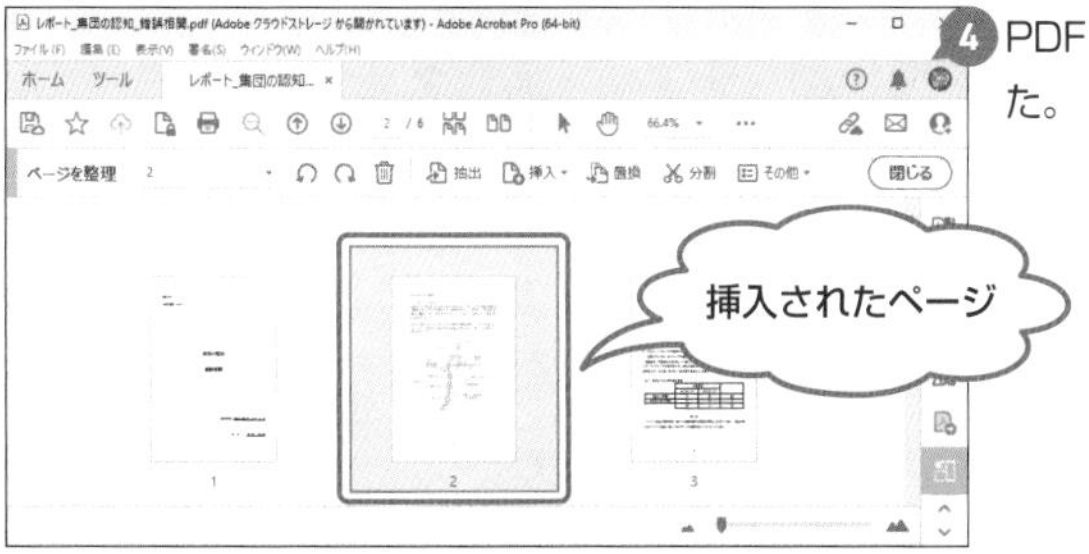

4 PDFファイルが挿入された。

MEMO
挿入したページをPDFファイルに反映するには、ファイルを保存しなければなりません。

PDF

10 PDFをOffice形式に変換する

キーワード
PDFを書き出し

Acrobat Pro/Standardでは、ＰＤＦファイルからOfficeのWord、Excel、PowerPointへファイル変換できるほかに、各種画像ファイル、ＨＴＭＬファイルなどへの変換も可能です。

例えば、会社の別部署がExcelから作成したＰＤＦファイルを持っていて、元のExcelファイルを既に破棄していた場合に、ＰＤＦファイルからExcelファイルを復元したいときなどに便利です。使う機能は「ＰＤＦに書き出し」機能です。

ここでは、ＰＤＦファイルをExcelファイルに変換します。ＰＤＦファイルをAdobe Acrobatで開いたら、「ＰＤＦに書き出し」を選択し、ツールバーから変換するファイル形式を指定して、「書き出し」ボタンをクリックします。この後、変換後のファイルを保存します。ＰＤＦファイルから変換後のExcelファイルを開いて見ると、表組はほぼ正しく変換されますが、グラフは図として挿入されています。

MEMO その他の形式としては、リッチテキスト形式、EPS、PostScript、XML1.0などがあります。

PDFファイルをExcelファイルに変換する

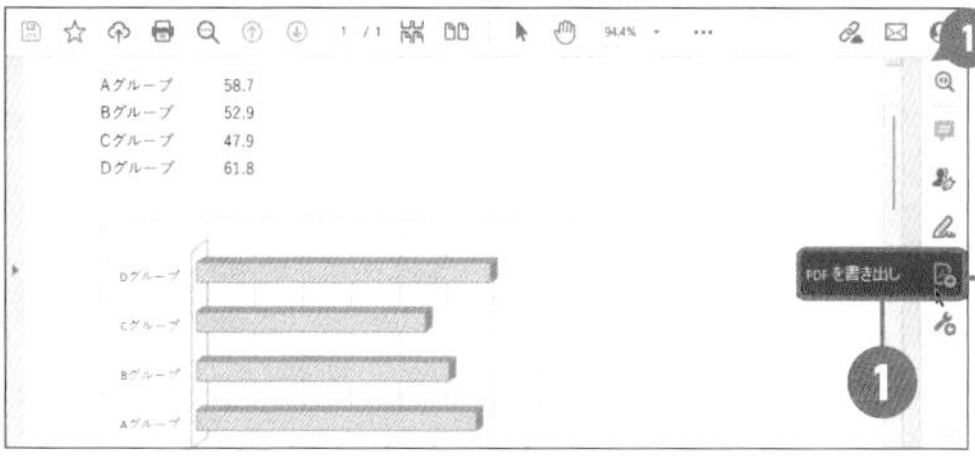

1 「PDFに書き出し」をクリックする。

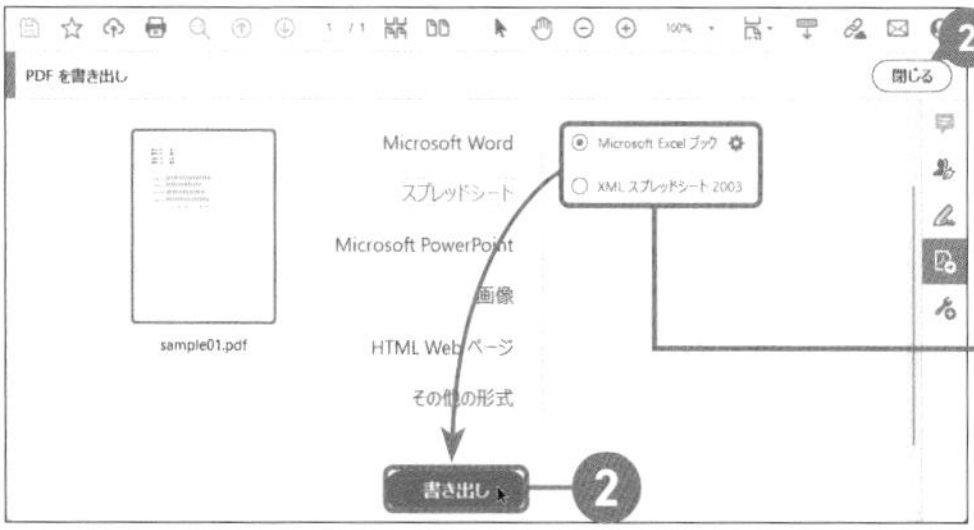

2 変換するファイル形式を選択し、「書き出し」を選択する。

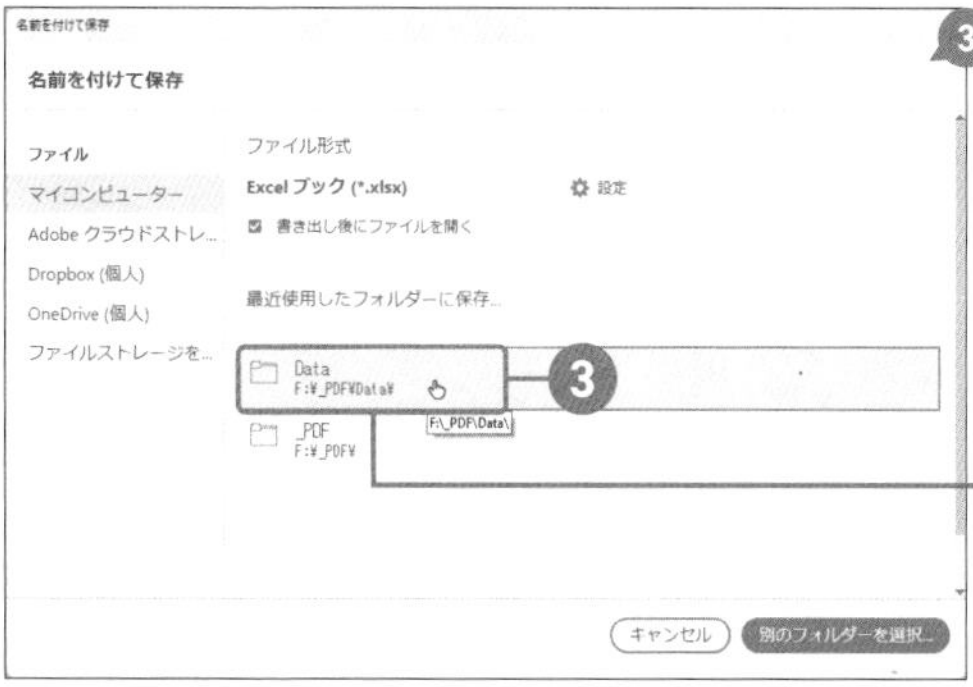

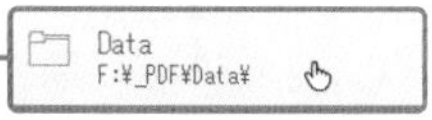

3 変換したファイルの保存先を指定する。クラウドを選択することも可能。

MEMO 「書き出し後にファイルを開く」オプションをオンにしておくと、変換後のファイルが開きます。

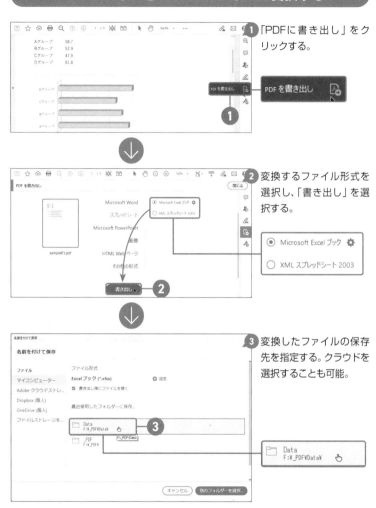

P
PDF

11 2つのPDF文書の差分を比較する

キーワード
ファイルを比較

「ファイルを比較」は、2つのよく似たＰＤＦ文書がある場合、2つの文章を自動で比べて違いを表示する機能です。1つのＰＤＦ文書を複数人で編集した結果、2つのファイルの差異を比べるときなどに便利な機能です。

Acrobat Proで「ファイルを比較」を起動したら、比較する2ファイルを選択します。ファイルのサムネイルが表示されるので、ファイルを選択しやすいでしょう。「比較」ボタンをクリックすると、2ファイルの比較が実行され、その結果が別ファイルとして別タブに表示されます。最初の2ページは、比較の概要です。詳細な差異を見比べるには、「ファイルを比較」ツールバーの「次の変更」をクリックします。2ファイルの差異があるページが左右に並んで表示され、差異の部分が色付きで分かりやすく表示されます。「…」を開き「フィルター」を設定すると、「テキスト」「画像」など、差異の箇所を種類ごとに表示させることもできます。

MEMO 差分比較の機能は、Acrobat Proだけです。

2つのPDFファイルを比べる

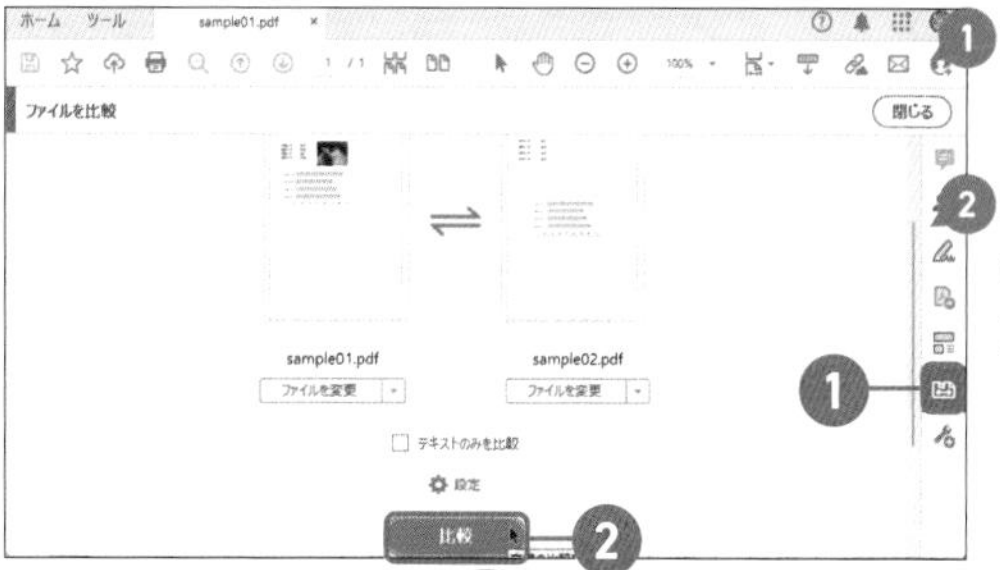

1「ファイルを比較」をクリックする。

2 比較する2つのファイルを指定して、「比較」ボタンをクリックする。

3 比較結果（概要）が表示される。

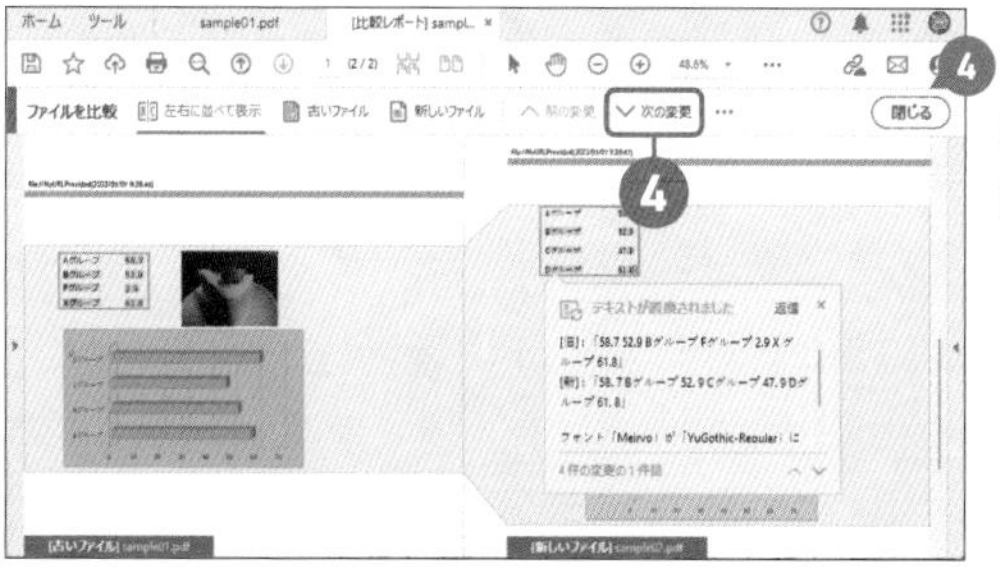

4「次の変更」をクリックすると、変更箇所を比べて表示される。

MEMO 比較結果は、「[比較レポート]」ファイルとして保存できます。

PDF

12 フッターにページ数を追加する

キーワード
ヘッダー
フッター

Acrobat Pro/Standardでは、「ＰＤＦを編集」を使って、ヘッダーやフッターに特定のテキストや日時、ページ番号などを挿入することができます。ヘッダーやフッターは、本文を入力するのとは異なる特別なエリアで、文書のタイトルや著者、製作日時などの付帯情報が表示されます。通常、レポートやマニュアルなどのページ番号は、フッターに表示します。

ヘッダーやフッターの設定は、「ＰＤＦを編集」機能を起動し、「ヘッダーとフッター」ダイアログボックスを表示して行います。例えば、ページ番号をフッターの中央に表示させたければ、ダイアログボックスの「中央フッターテキスト」ボックスを選択し、「ページ番号を挿入」ボタンをクリックします。このときボックスに入力された「<<1>>」はページ番号用のコードになっていて、ＰＤＦのページに沿って自動で数字が変化します。

MEMO ページ番号の書式を変えたいときには、ダイアログボックスの「ページ番号と日付の書式」をクリックします。

ページを挿入する

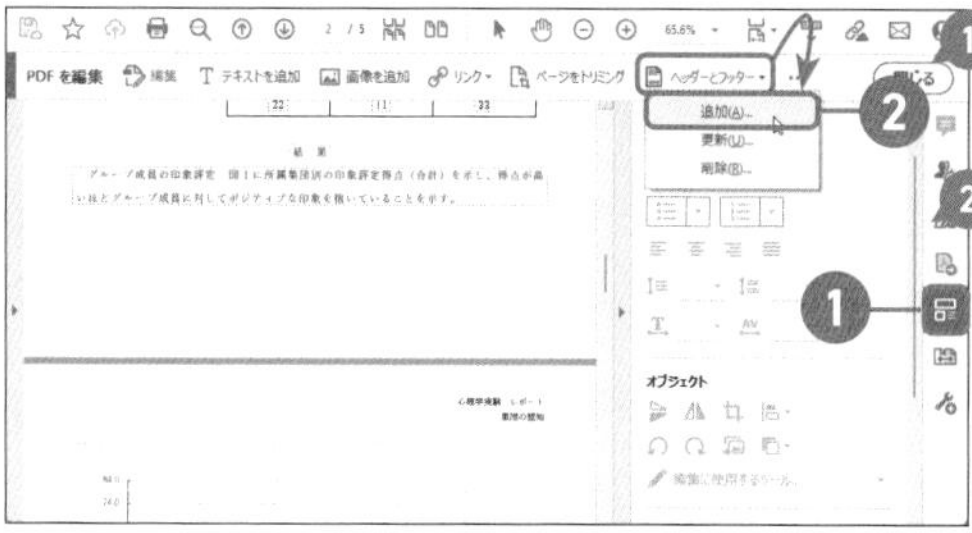

1 「PDFを編集」をクリックする。

2 「PDFを編集」ツールバーの「ヘッダーとフッター」メニューから「追加」を選択する。

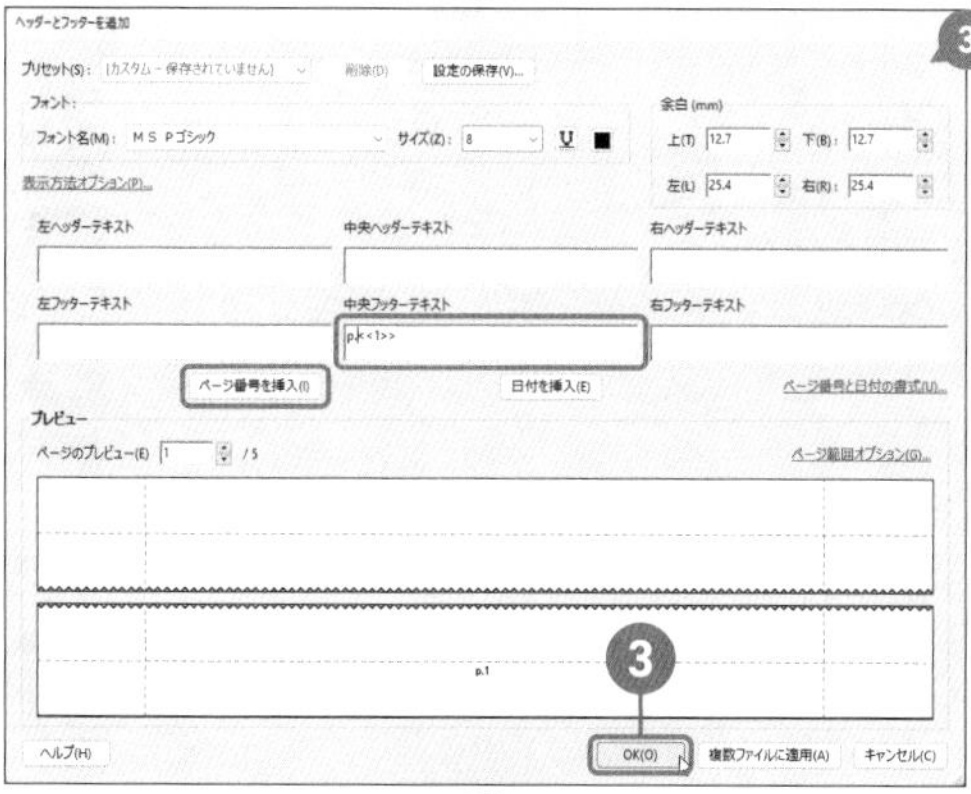

3 「ヘッダーとフッターの追加」ダイアログボックスで、ページ番号を表示するボックスを指定し、「ページ字番号を挿入」ボタンをクリックし、ページ表示を設定したら、「OK」ボタンをクリックする。

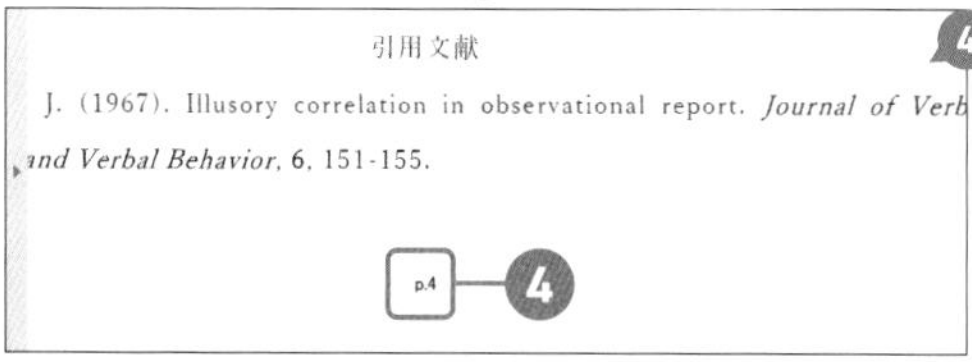

4 フッターに付けられたページ番号を確認する。

> **MEMO** プレビューに設定したヘッダーやフッターの様子が表示されます。

PDF

13

入力欄のあるPDF文書を作成する

キーワード
フォーム

PDFファイルの閲覧者が文字やチェックボックスに入力できるフォームをファイル上に作成するには、Acrobat Pro/Standardの「フォームを準備」機能を使います。

フォームを新規作成するには、次のようなフォームフィールドの追加と設定作業を行います。「フォームを準備」機能を起動して「新規作成」をクリックすると、白色の書面（フォーム）が表示されます。「フォームを準備」ツールバーから、フォームオブジェクトを選択し、それらをフォーム上に配置します。例えば、名前を入力させるテキストフィールドを挿入し、そのラベルをテキストボックスに入力したテキストで示します。同様にチェックボックスを配置し、そのラベルをテキストボックスで示します。配置するオブジェクトごとにプロパティを設定します。

MEMO
フォーム付きのPDF文書を受け取ったユーザーは、PDF文書を開いて、フォームに入力できます。

テキストフィールドとチェックボックスを設置する

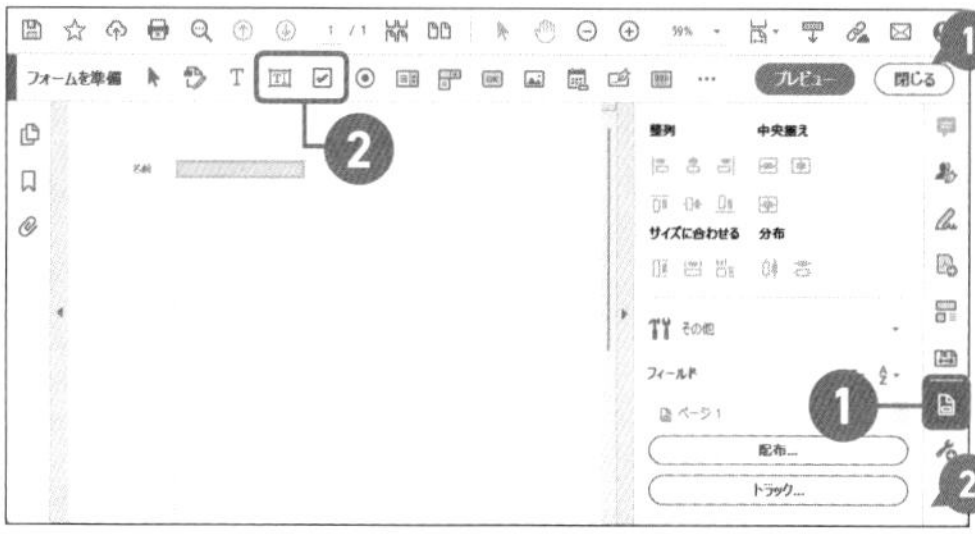

1 「フォームを準備」をクリックする。「新規作成」をクリックして「開始」ボタンをクリックする。

2 「フォームを準備」ツールバーからフォームアイテムを選択して、書面に配置する。

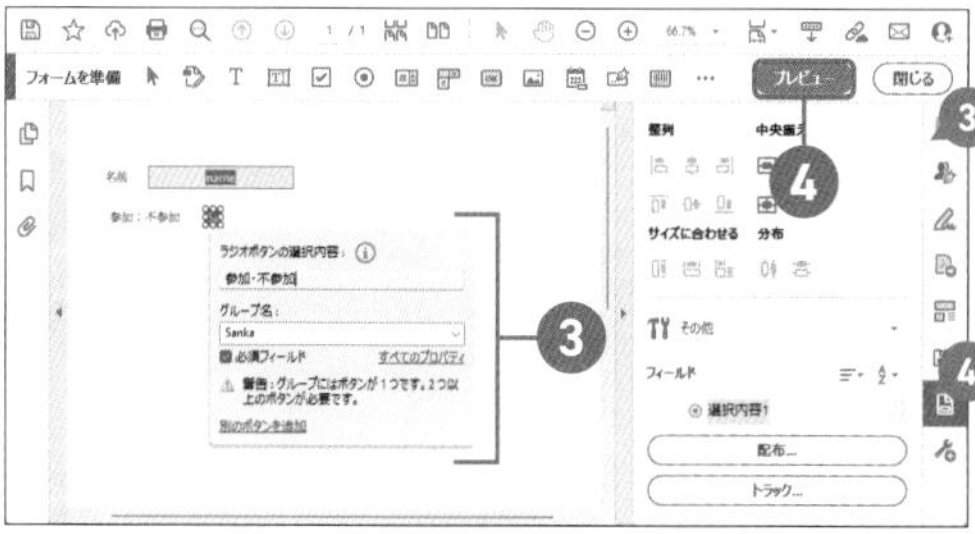

3 ここでは「テキストフィールド」と「チェックボックス」を追加している。

4 フォームの設置が完了したら、「プレビュー」ボタンをクリックする。

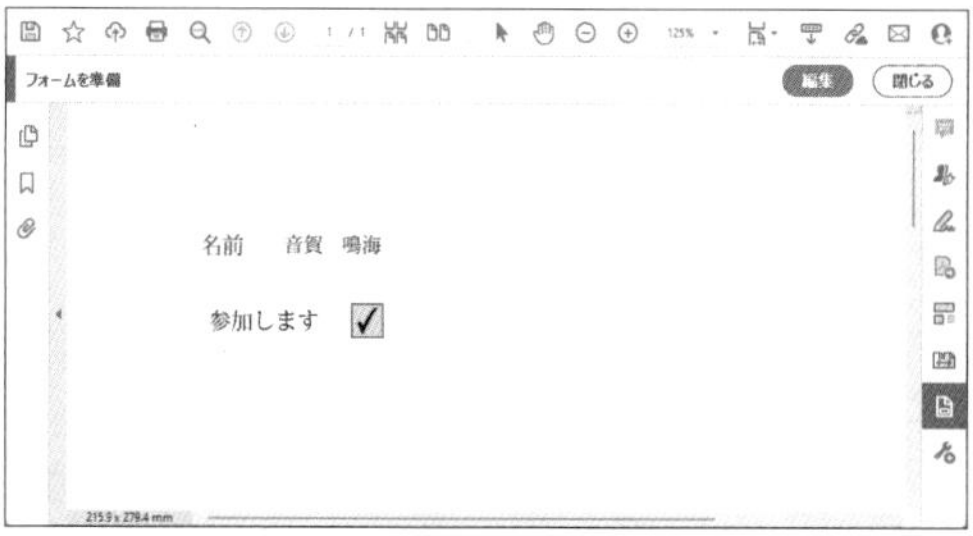

MEMO オブジェクトをダブルクリックすると開きます。

P
PDF

14 PDFファイルを他の人と共有する

キーワード
共有

同僚や友達と1つのＰＤＦ文書を共有設定するのもAcrobat Pro/Standardなら簡単です。ＰＤＦ文書はAdobeクラウドストレージに保存し、そのファイルへのリンクを共有します。クラウドのＰＤＦ文書へのリンクはメールで送信します。Acrobat Pro/Standardのツールバーの右端の共有アイコンをクリックすると、共有パネルが開きます。ここに共有メールを送信するユーザーのメールアドレスを追加します。メールアドレスを入力するのが面倒なときは、アドレスブックからユーザーを選択することもできます。メール本文に表示するメッセージを入力して、メールを送信します。

共有メールを受信したユーザーはAcrobat Reader やEdgeで開くことができます。このとき閲覧者はログインする必要はありません。コメントが書き込まれると、リアルタイムに反映されるので、ＰＤＦ文書を介して作業を進めることもできるでしょう。

MEMO 同一のPDFファイルを複数人で閲覧して、注釈を追加することができます。

PDFファイルを共有する

●共有ファイルに招待する

1 「共有」アイコンをクリックしたら、共有パネルでメールアドレスを追加する。メッセージを入力して、「送信」ボタンをクリックする。

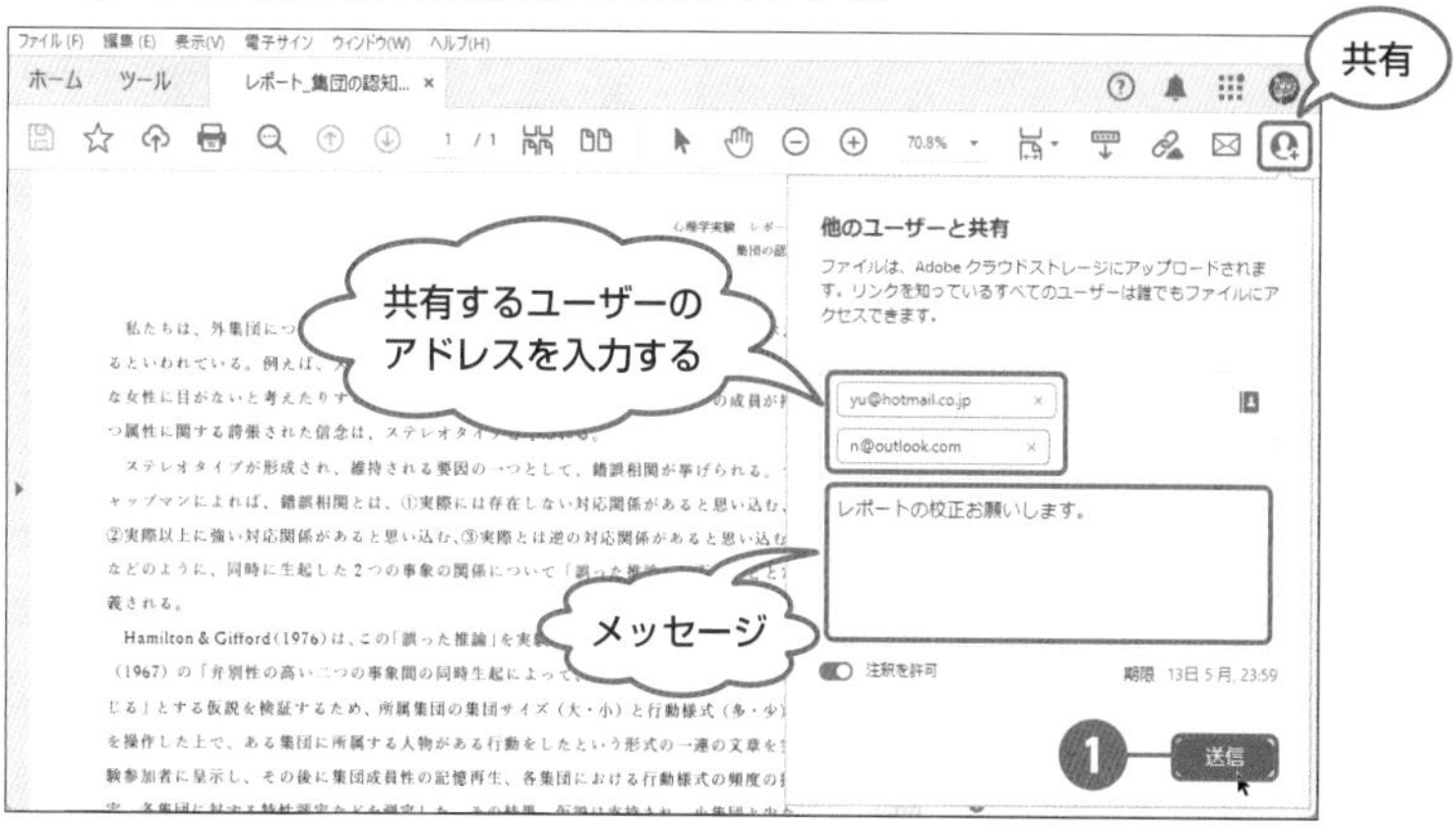

●共有の期限を設定する

共有に期限を設けるには、「期限を指定」をクリックし、カレンダーから日時を選んで「保存」ボタンをクリックする。

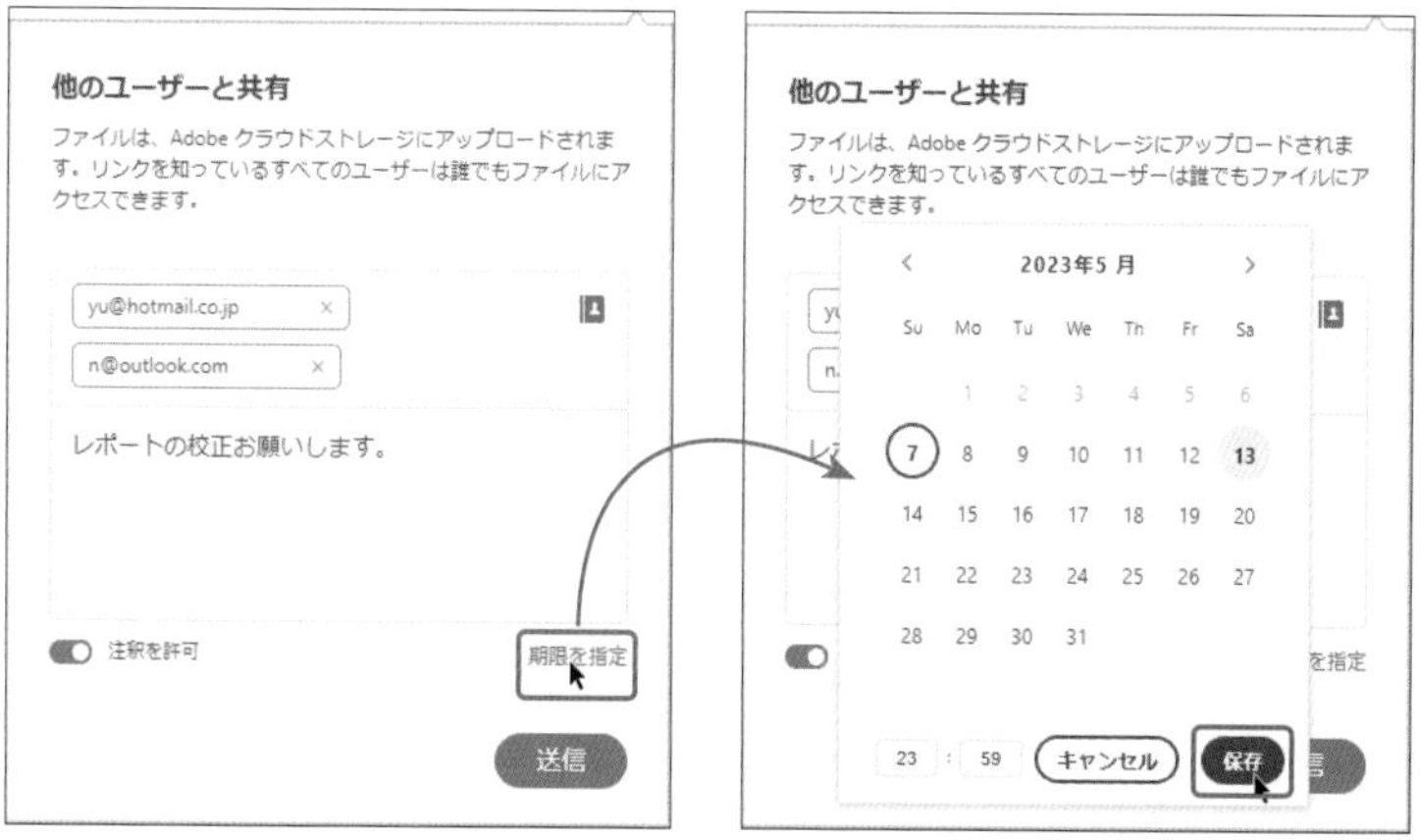

PDF

15 「草稿」「最終」などのスタンプを追加する

キーワード
スタンプ

Acrobat Pro/Standardのスタンプ機能には、ダイナミックスタンプ、標準スタンプ、署名スタンプ、カスタムスタンプの4種類が用意されています。スタンプ機能では、書面に押すゴム印と同じようにＰＤＦ文書に文書とは異なる印を残します。

ダイナミックスタンプは、日時や編集者名の情報がスタンプに挿入されます。標準スタンプは、仕事などでよく使用される、「承認済み」「却下」「極秘」「非公開」などのゴム印が用意されています。署名スタンプは、付箋紙のような形状のスタンプで署名する箇所を指し示すことができます。これらのスタンプや印鑑を書面に配置した後、クリックして選択すると、周囲にサイズ変更ハンドルが表示されます。このハンドルをドラッグすることで容易にサイズが変更できたり、位置を移動させたりすることができます。

MEMO コメント機能のメニューからも「スタンプ」を実行できます。

文書にスタンプを追加する

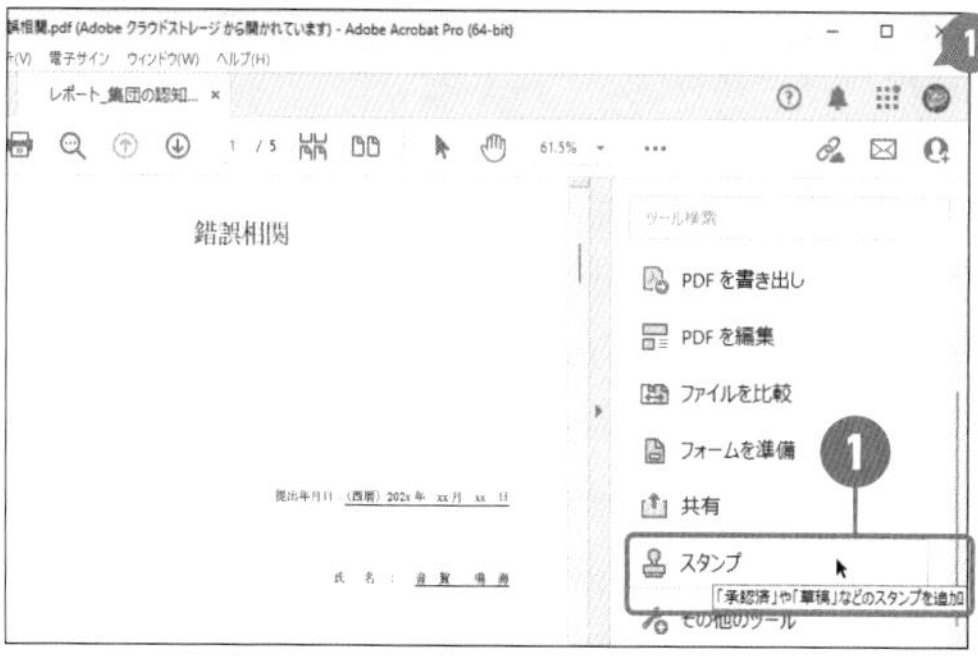

1 「スタンプ」を選択する。

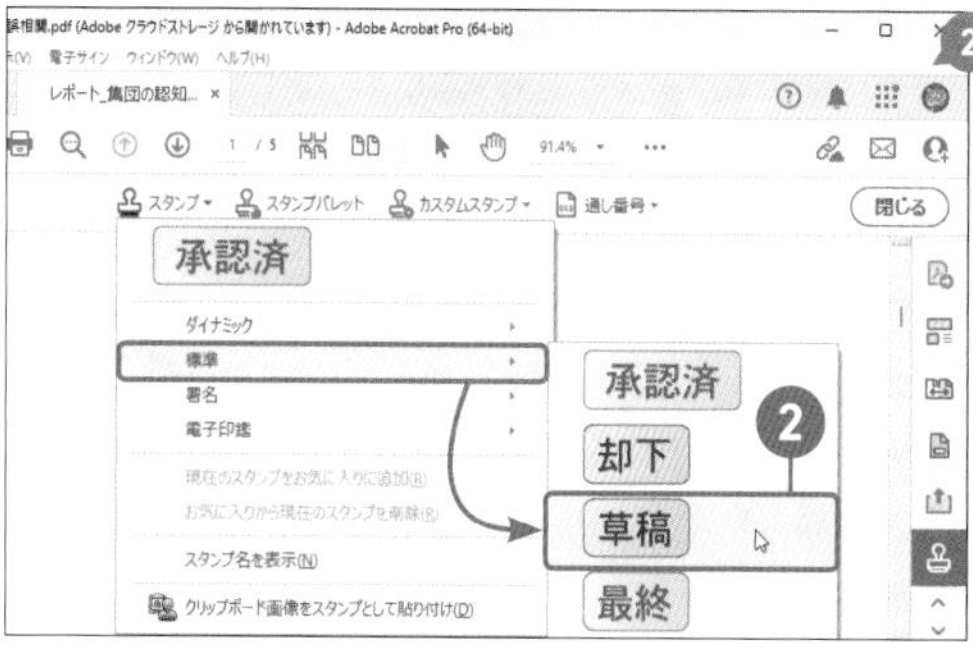

2 「スタンプ」ツールバーから「スタンプ」を選択して、スタンプの種類を選択する。

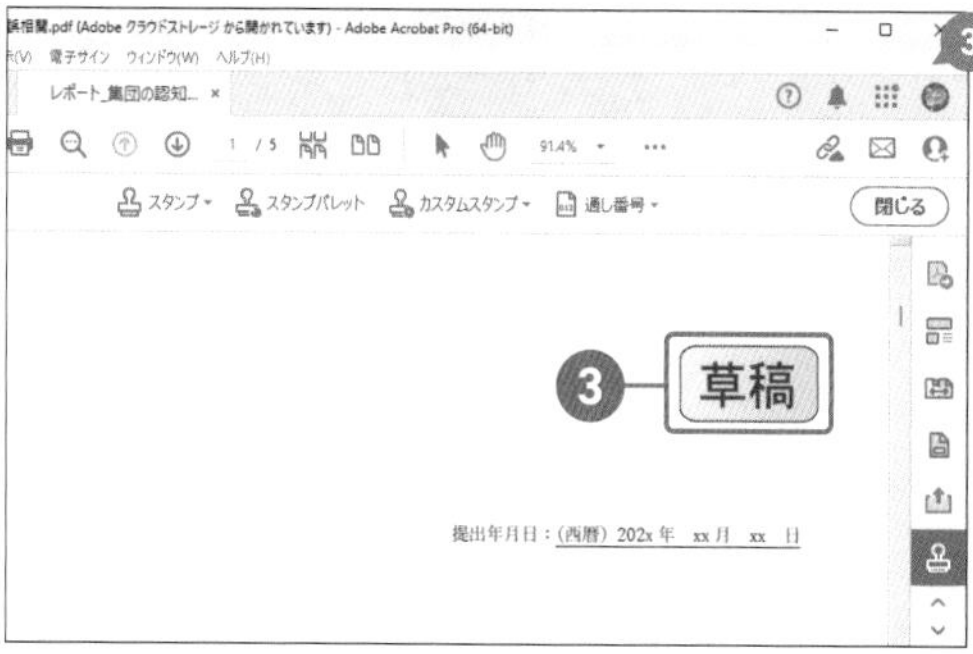

3 書面の任意の場所をクリックする。

16 電子印鑑を押印する

キーワード
電子印鑑

Acrobat Pro/Standardのスタンプと同じような機能に、「電子印鑑」があります。電子印鑑には、ダイナミックスタンプを印鑑の形にデザインした機能もあり、編集者名や日にちが入った、丸い印鑑のデザインがあります。通常の苗字だけの印鑑もありますが、少し安っぽい感じは否めません。

　スタンプ機能と同じように、書面をクリックするだけで任意の場所に配置することができます。また、配置された電子印鑑をクリックすると、周囲にサイズ変更ハンドルが表示されるので、このハンドルをドラッグしてサイズ変更ができます。電子印鑑の上辺の真ん中のハンドルは回転ハンドルです。このハンドルを操作すると、印鑑を少し傾けることができます。

　スタンプや電子印鑑を削除するには、スタンプや電子印鑑を選択して、Deleteキーを押します。

MEMO　電子印鑑については、法的効力が認められています（電子署名法第３条）。

電子印鑑を押す

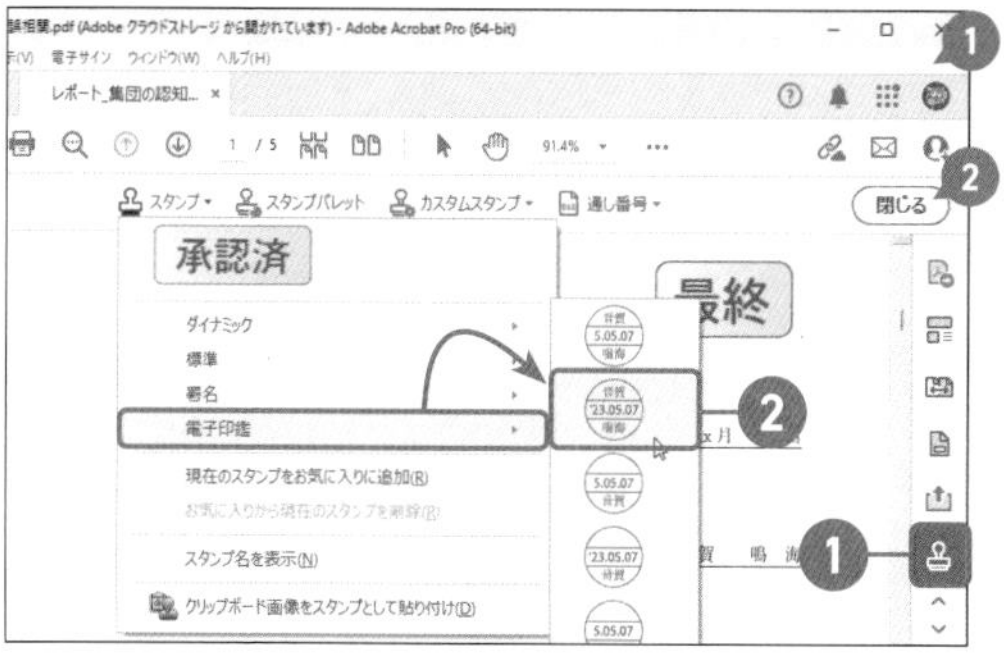

❶「スタンプ」を選択する。

❷「スタンプ」ツールバーから「スタンプ」を選択して、「電子印鑑」を選択して、印鑑の種類を選択する。

❸ 電子印鑑を選択し、移動して、サイズを変更したり、回転させたりする。

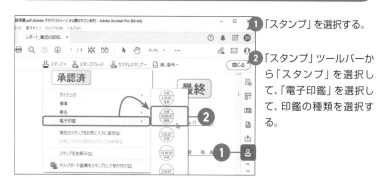

第3部

実践で役立つ編

第1章

1つのPDF文書を グループで共有する

PDF

01

ＰＤＦ文書を共有して作業する

キーワード
コメント

文書をグループで作成しようとするとき、まずはグループで文書が閲覧できるようにします。ＰＤＦ文書の場合、クラウドにアップロードした文書へのリンクを使って、グループの人たちに文書の在処を知らせます。このような操作ができるのは、ＰＤＦ文書を最初に作成し、その文書にファイル名を付けて保存した人です。この人をＰＤＦ文書の「所有者」といいます。

ファイルの所有者は、クラウド上の場所（リンク）をグループ内の人たちにメールなどで知らせます。リンクを知っているグループで１つのＰＤＦ文書を閲覧したり、作業したりする機能が「共有」です。

所有者に共有に招かれたグループ内の人は、ＰＤＦ文書に対して箇所を指定して「注釈」（コメント）を追加することができるようになります。共有している文書に対して、共有を許可されたグループによるチャット形式での意見交換の場です。

MEMO
共有ユーザーが共有ファイルにアクセスするには、共有ファイルの場所にログインする必要はありません。

共有PDFにコメントを書き込む

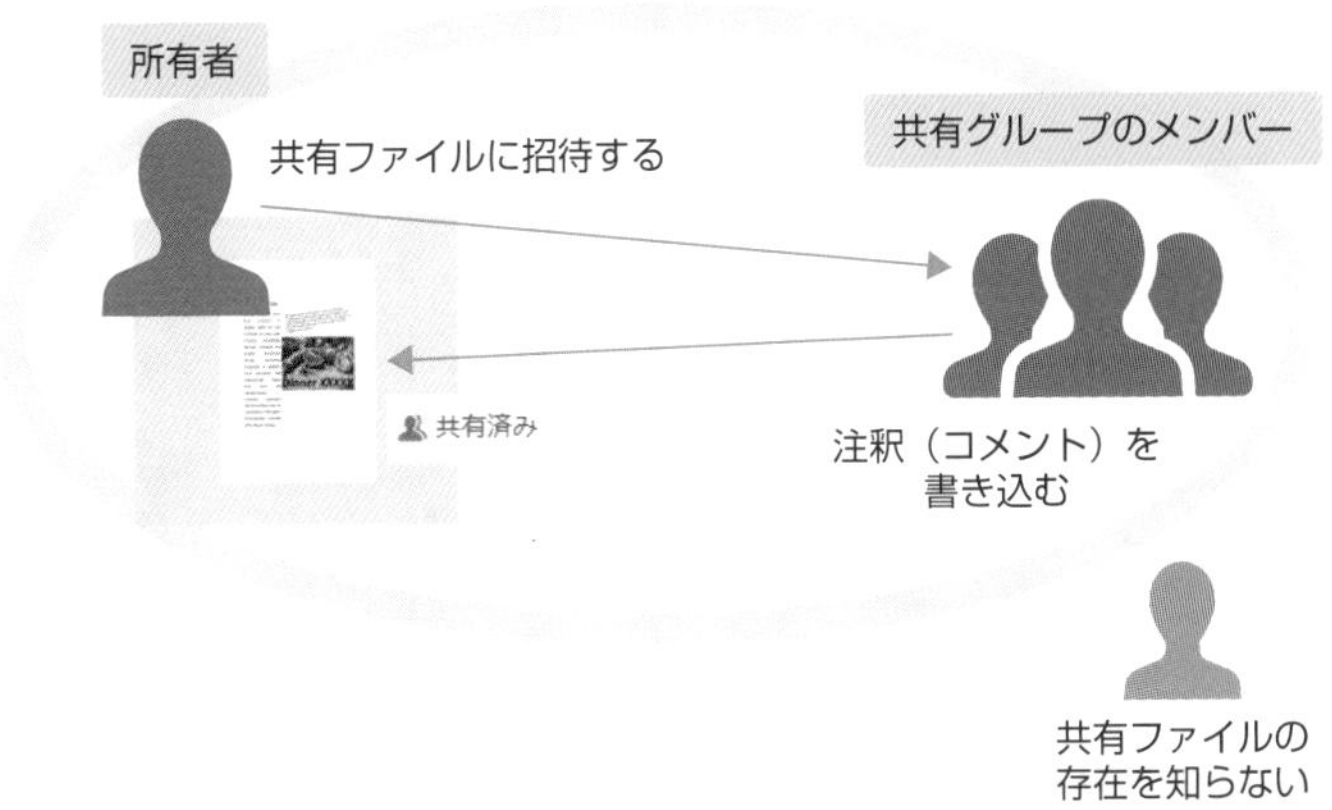
所有者
共有ファイルに招待する
共有グループのメンバー
共有済み
注釈（コメント）を
書き込む
共有ファイルの
存在を知らない

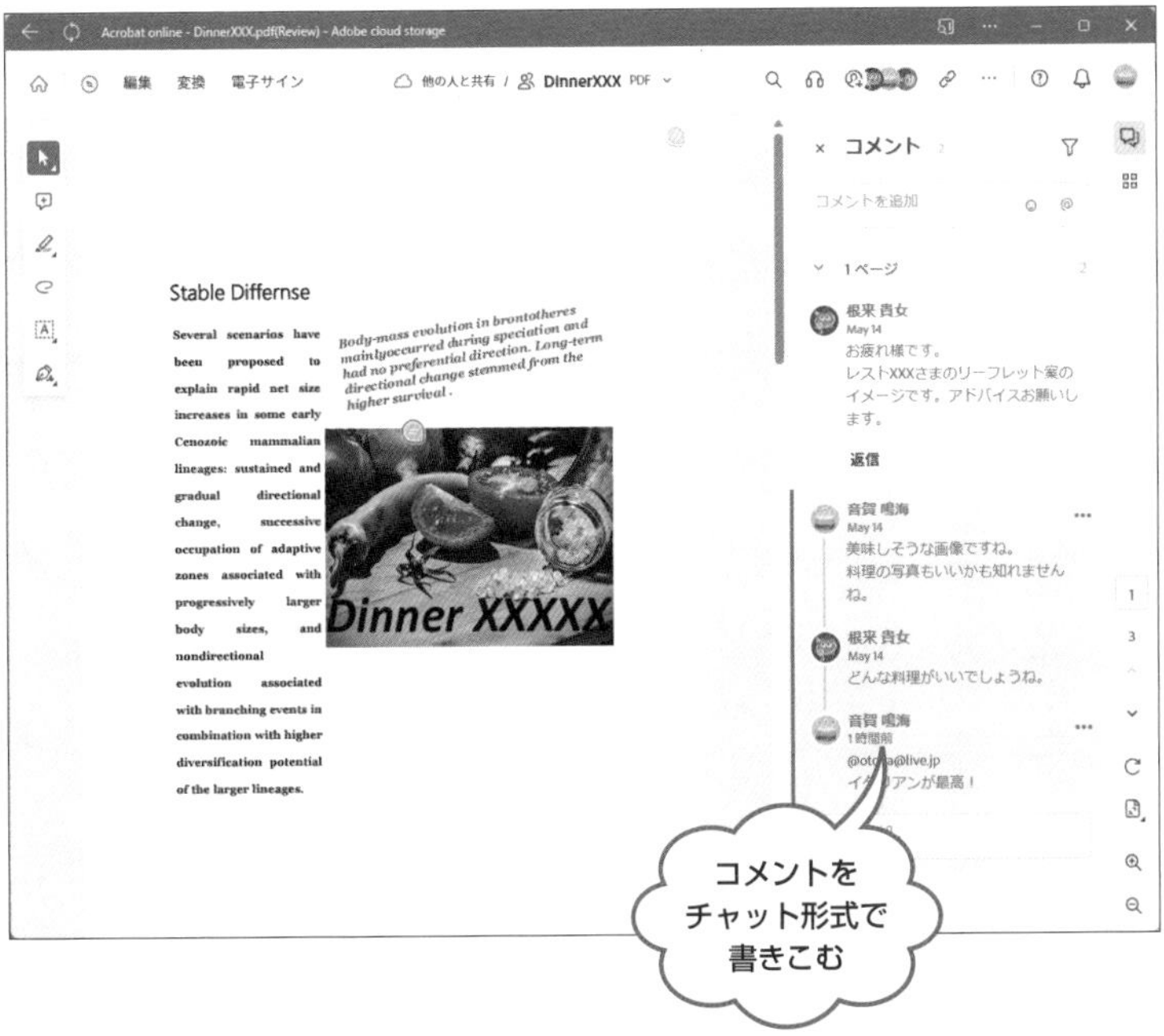
Acrobat online - DinnerXXX.pdf(Review) - Adobe cloud storage
編集　変換　電子サイン
他の人と共有 / DinnerXXX PDF
コメント
コメントを追加
1ページ
根来 貴女
May 14
お疲れ様です。
レストXXXさまのリーフレット案の
イメージです。アドバイスお願いし
ます。
返信
音賀 鳴海
May 14
美味しそうな画像ですね。
料理の写真もいいかも知れません
ね。
根来 貴女
May 14
どんな料理がいいでしょうね。
音賀 鳴海
1時間前
Stable Differnse
Several scenarios have been proposed to explain rapid net size increases in some early Cenozoic mammalian lineages: sustained and gradual directional change, successive occupation of adaptive zones associated with progressively larger body sizes, and nondirectional evolution associated with branching events in combination with higher diversification potential of the larger lineages.
Body-mass evolution in brontotheres mainlyoccurred during speciation and had no preferential direction. Long-term directional change stemmed from the higher survival.
Dinner XXXXX
コメントを
チャット形式で
書きこむ

P PDF

02 所有者が共有グループのメンバーをＰＤＦ文書に招待する

キーワード
リンク

ＰＤＦ文書を共有するための最初の作業は、Adobeクラウドストレージなどに ＰＤＦ文書を保存することです。クラウド上のファイルを共有ファイルに指定するには、Acrobat Pro/Standardなどの共有機能のあるAdobe製品がよいでしょう。Acrobat Pro/Standardの共有機能を使うと、ＰＤＦファイルのリンクをコピーしてメールに貼り付ける手間が省けます。クラウド上の共有リンクは、メールアドレスを指定するだけで送信されます。共有ファイルの所有者が行う設定は、以上で終了です。共有ファイルへのリンクを受信した人が、共有フィル以外にアクセスすることはできません。また、共有ファイルの内容が編集されることもありません。共有ファイルの所有者は、ファイルのコピーを保存して元ファイルや編集中のファイルのバックアップファイルを保存できます。また、いつでも共有を解除することができます。

MEMO
「共有リンクをコピー」すると、リンクがクリップボードにコピーされます。メールなどに貼り付けることができます。

共有ファイルへの共有をメールで招待する

Acrobat Pro/StandardでPDFファイルを共有ファイルに設定します。

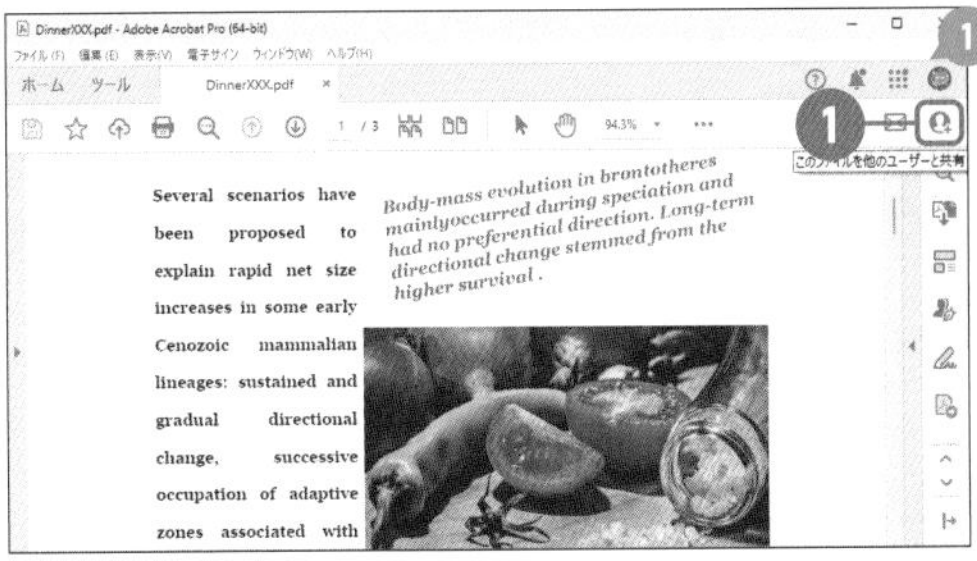
DinnerXXX.pdf - Adobe Acrobat Pro (64-bit)
ホーム　ツール　DinnerXXX.pdf
94.3%
このファイルを他のユーザーと共有
Several scenarios have been proposed to explain rapid net size increases in some early Cenozoic mammalian lineages: sustained and gradual directional change, successive occupation of adaptive zones associated with
Body-mass evolution in brontotheres mainlyoccurred during speciation and had no preferential direction. Long-term directional change stemmed from the higher survival.

1 Adobe Acrobatで共有するPDF文書を開き、ツールバーの共有をクリックする。

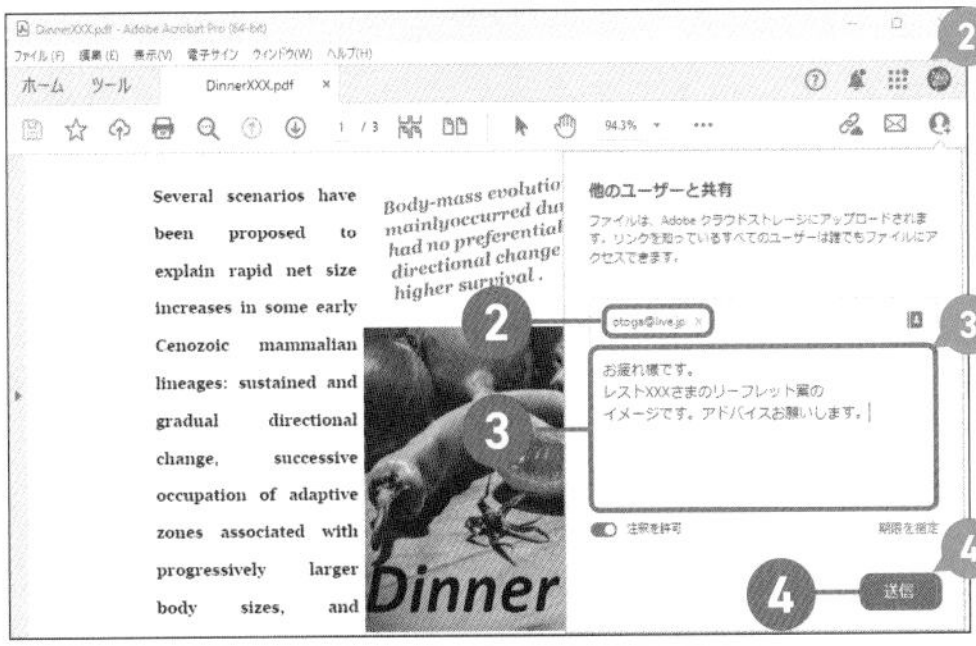
他のユーザーと共有
ファイルは、Adobe クラウドストレージにアップロードされます。リンクを知っているすべてのユーザーは誰でもファイルにアクセスできます。
otoga@live.jp
お疲れ様です。
レストXXXさまのリーフレット案の
イメージです。アドバイスお願いします。
注釈を許可
期限を指定
送信
Dinner

2 「ほかのユーザーと共有」パネルが開いたら、共有に招待するユーザーのメールアドレスを入力する。

3 メッセージを入力する。

4 「送信」ボタンをクリックする。

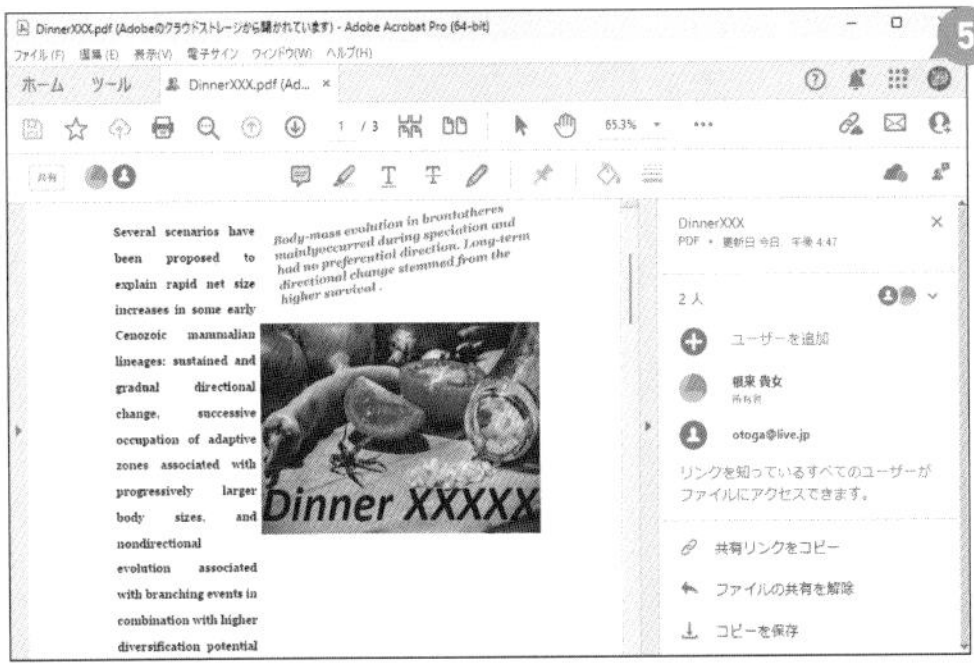
DinnerXXX.pdf (Adobeのクラウドストレージから開かれています) - Adobe Acrobat Pro (64-bit)
ホーム　ツール　DinnerXXX.pdf (Ad...
65.3%
DinnerXXX
PDF・更新日 今日 午後 4:47
2 人
ユーザーを追加
所有者
otoga@live.jp
リンクを知っているすべてのユーザーがファイルにアクセスできます。
共有リンクをコピー
ファイルの共有を解除
コピーを保存
Dinner XXXXX

5 所有者側の共有設定が終了した。

PDF

03 グループに招待された人が共有文書を閲覧する

キーワード
共有グループ

　共有グループへの参加者には、共有ファイルの所有者からメールが届きます。メールには、共有ファイルへのリンクボタンが配置されています。このボタンをクリック（タップ）すると、操作したデバイスのＰＤＦビューワーが起動して、共有ファイルが表示されます。EdgeやChromeがＰＤＦビューワーに設定されている場合は、これらのＷｅｂブラウザの新しいタブにＰＤＦファイルが表示されます。

　共有ファイルを開くと、ＰＤＦビューワーに共有ファイルが表示されます。また、グループ内のメンバーによって送信されたコメントがコメントパネルに投稿された順番に表示されます。

　共有ファイルを受け取った人が、後に共有ファイルを開くには、ＰＤＦビューワーでAdobeクラウドストレージに接続して、「文書」＞「ファイル」＞「ほかのユーザーが共有」を開いてＰＤＦファイルを選択します。

MEMO　現在のバージョンでは、メールの内容は英語です。

共有文書を閲覧する

●共有ファイルへアクセスする

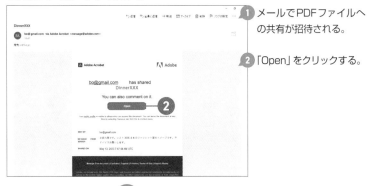

1 メールでPDFファイルへの共有が招待される。

2 「Open」をクリックする。

3 PDFビューワー（ここではEdge）が起動して、共有設定されている文書が開く。

4 コメントパネルにコメントの内容が表示される。

●自分が所有者ではない共有ファイルの一覧

「文書」＞「ファイル」＞「ほかのユーザーが共有」を開くと、共有ファイルの一覧が表示できます。

PDF

04 共有文書にコメントを寄せ合う

キーワード
コメント

ＰＤＦファイルの共有機能では、チャット形式のメッセージ送信を行います。コメントを寄せ合い、ファイルの内容などについて意見交換ができます。ファイルの内容を互いに編集するわけではなく、ファイルの内容や作業の進め方などについて、意見を出し合うといった使い方です。

コメントは、コメント欄にチャット形式のテキストを書き込むほか、本文の特定の部分や図やグラフなどにコメントマークを挿入して、それらの箇所についてコメント欄にメッセージを挿入できます。

グループ内の別のメンバーのコメントについてコメントする場合は、コメント下の「返信」をクリックして、コメントします。すると、返信したコメントが、元のコメントにカスケード表示されます。

MEMO 「@」（メンション）をクリックしてアカウントを選択すると、グループ内の特定のユーザーにコメントできます。

共有文書にコメントする

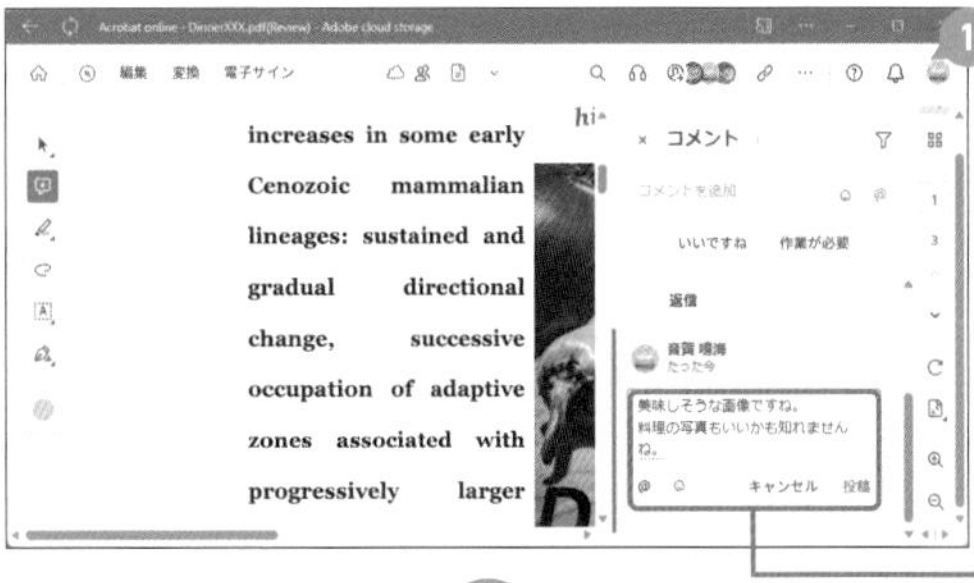

1 共有ファイルにコメントを投稿する。

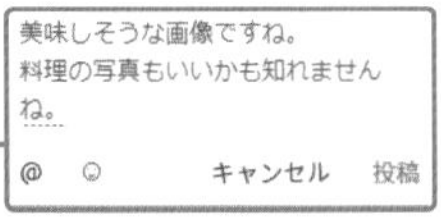
美味しそうな画像ですね。
料理の写真もいいかも知れませんね。
@　☺　キャンセル　投稿

2 共有ファイルにコメントを投稿する。

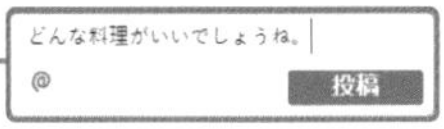
どんな料理がいいでしょうね。
@　投稿

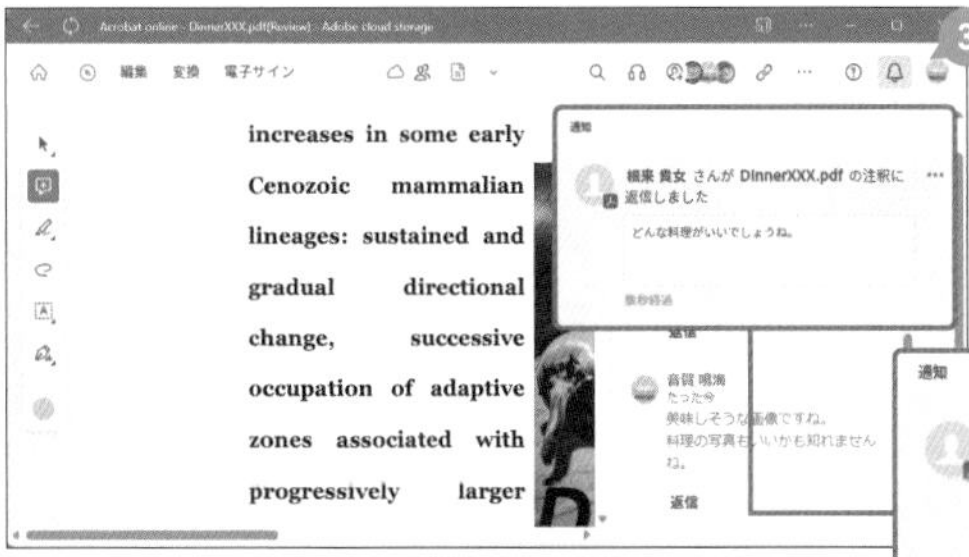

3 共有ファイルにコメントを投稿する。

通知
根来 貴女 さんが DinnerXXX.pdf の注釈に返信しました
どんな料理がいいでしょうね。
数秒経過

05 コメントの一覧を作成する

キーワード
注釈の一覧

共有文書に関して、グループでああでもない、こうでもないとコメント（注釈）が寄せられたとしましょう。しかし、文書を編集するのは、ファイルの所有者です。どんな意見があり、議論がどのように行われたのかを確認するには、注釈の意一覧を作成し、場合によっては印刷して見るとよいでしょう。

また、注釈の内容を保存しておくと、次の作品を作成するときに参考にしたり、他のメンバーに注釈の内容を送信したりできます。保存されたコメントデータは、本人でも後から編集することができません。

これらのコメントに関する操作は、コメントパネル（注釈パネル）の「…」をクリックすると開くメニューから実行することができます。もちろん、共有ファイルに対してこのような操作ができるのは、ファイルの所有者に限られます。

MEMO 「印刷」ウィンドウで「グレースケールで印刷」のチェックを外すとカラー印刷できます。

すべての注釈を一覧にして表示する

●注釈の一覧を印刷する

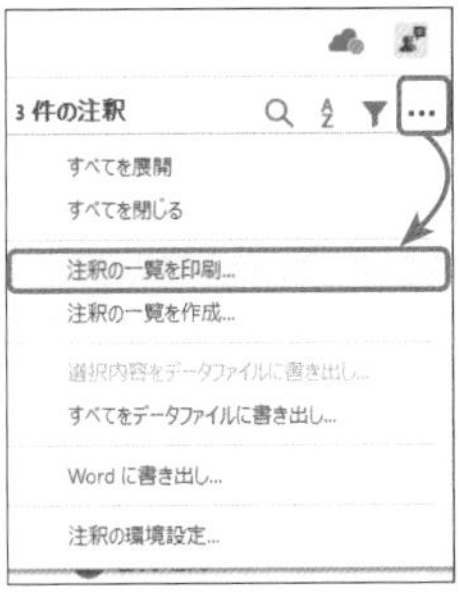

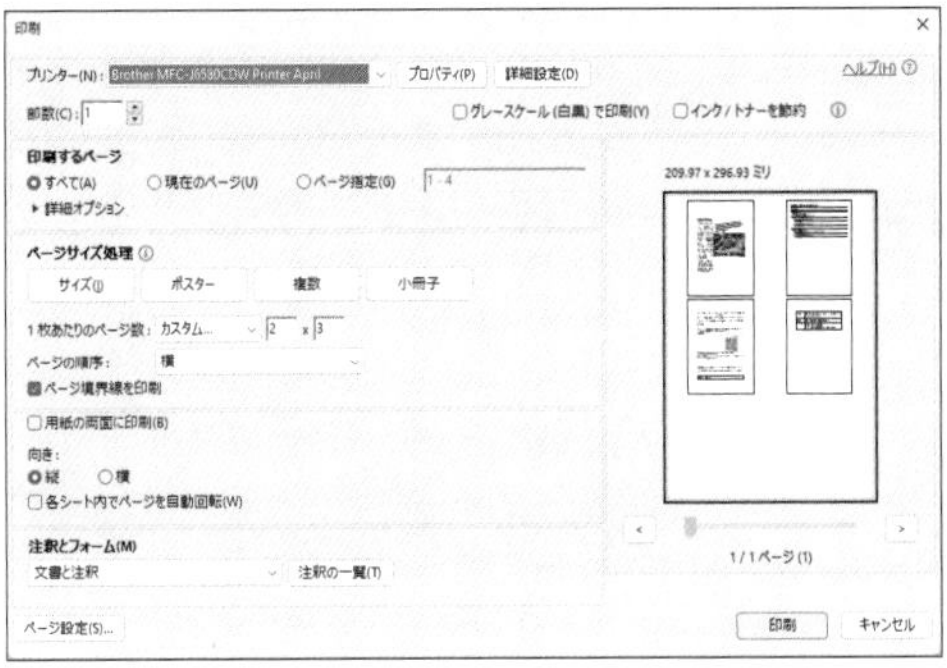

●注釈の一覧を作成する

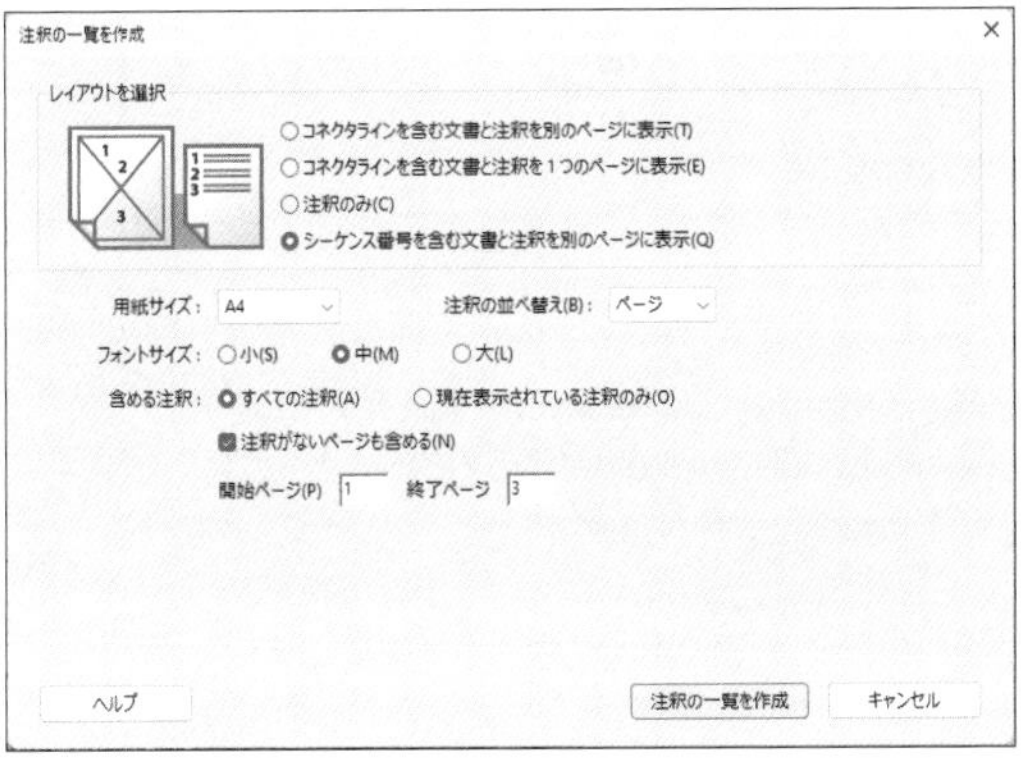

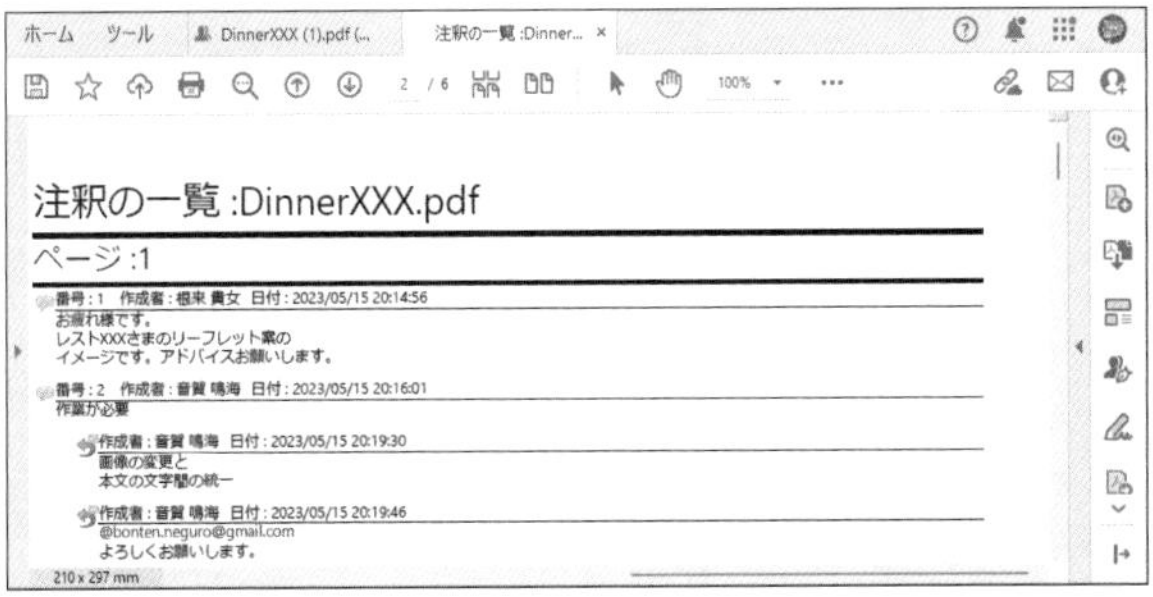

COLUMN ● Acrobat Pro/Standardの購入

Acrobat Proは、Adobe社のフルPDF編集ソフトです。さらに、オンラインでの使用が便利なAdobeクラウドストレージの容量が100GBついてきます。ビジネス等でPDFファイルの作成や編集の作業効率を重視したいときや、協働作業を行うときには1つは用意したいソフトです。

●システム要件（Acrobat Pro）

システム	Windows	Mac
プロセッサー	IntelまたはAMD プロセッサー1.5GHz以上	インテルまたはアップル M1／M2プロセッサー
OS	Windows 11、Windows 10（1809 以降）、Windows Server 2016、Windows Server 2019（すべて64 ビット版）	macOS v10.15以降
RAM	2GB以上	2GB以上
ハードディスク	4.5GB以上の空き容量	2.75GB以上の空き容量
Webブラウザ	Edge、Internet Explorer 11、Firefox、Chrome、Safari 11以降、Android付属のネイティブブラウザ	

サブスクリプションの契約はクレジットカード情報を入力します。

Adobe体験版やサブスクリプションの解約方法や支払いについてのヘルプページは、「https://helpx.adobe.com/jp/manage-account/using/cancel-subscription.html」にあります。

第2章

PDFで進めるDX化

P
PDF

01

ＤＸ化にＰＤＦはどのように役立つのか

キーワード
ＤＸ化

これまで紙で出されていた書類をデジタル化された文書にすること、つまりデジタルトランスフォーメーション（ＤＸ）への移行が様々な職種で始まっています。そして、そのデジタル文書として世界的に規格が統一され、将来にわたって信頼できるとされるのが、AdobeのＰＤＦエンジンを使用した正式なＰＤＦです。

ＰＤＦは、紙媒体に対しては、保存管理や再利用のしやすさ、配布スピードやコストの優位性などをあげることができます。ＰＤＦ以外のデジタルデータ形式に対しては、他のファイル形式への変換の自由度、編集のしやすさ、コメントや電子契約機能などのビジネス作業への対応力などが挙げられます。

実際の使用では、スマホの「Adobe Scan」で紙媒体やホワイトボードを写したものを、一連のデータファイルとしてＰＤＦ化し、さらにそれをオンラインストレージにアップロードすることができます。

MEMO
「Digital Transformation」の「Trans」を「X」と表すことから「DX」と略されます。

PDFによるDX化

紙媒体の情報は、Adobe Scanで簡単にPDF化できます。PDFファイルにすることで、情報同士を結合し、編集することが容易になります。ファイルをクラウドに保存することで、PDF文書の編集や作成にメンバーからコメントを寄せてもらえるようになります。

◀ Acrobat Scanのアイコン

1 Adobe Scanで紙媒体のテキストや画像を撮影する。
2 撮影した紙面はPDF化して、クラウドにアップロードする
5 メンバーがコメントを記す
3 PCで編集する。
4 ほかのメンバーと共有する。

02 OneDriveやGoogleドライブでPDFファイルを利用する

キーワード
スター付き

Acrobat（無料版）では、Adobeクラウドストレージのほかに OneDriveとGoogleドライブをクラウドに登録することができます。Acrobat Pro/Standardでは、さらにbox、Dropbox、SharePointサイトも利用できます。

これらのクラウドは、インターネット上のＰＤＦファイルの保存場所として使用できます。それぞれのクラウドにＧＢ単位のファイル容量があるので、ＰＤＦファイルだけなら十分な容量があるでしょう。これらのストレージへのアクセスには、それぞれのアカウントが必要になります。ＰＤＦファイルを共有してコメントをやり取りするなら、ＰＤＦファイルはクラウドに保存する必要があります。

クラウドに保存したファイルを効率よく探すためには、部署ごと、ファイルの種類ごとに適宜フォルダーを作って分類したり、ＰＤＦ文書に「スター」を付けたりします。スター付きのファイルは、簡単に検索することができるようになります。

MEMO
メニューで「スターを付き」を選択すると、「★」付きのファイルが検索されます。

クラウド上のPDFファイルを整理する

●フォルダーに分類する

Adobeクラウドストレージでは、フォルダーを作成してファイルを分類できます。ファイルをフォルダーに移すには、「移動」機能を使います。

1. Acrobat ReaderなどでクラウドトのPDFファイル一覧を開く。
2. 特定のファイルをチェックし、フォルダーを指定して、移動する。

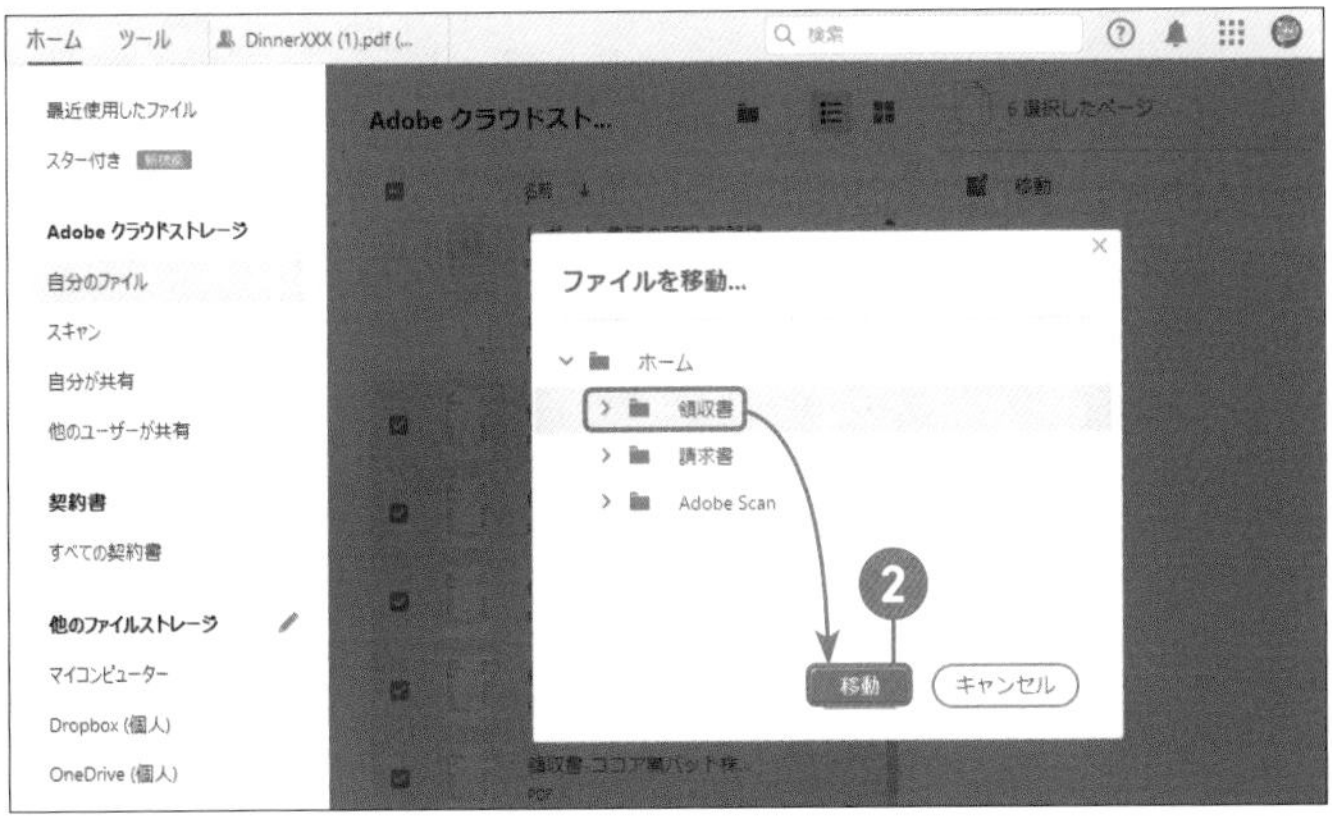

●スターを付ける

1. 特定のファイルの「☆」をクリックして、「★」にする。

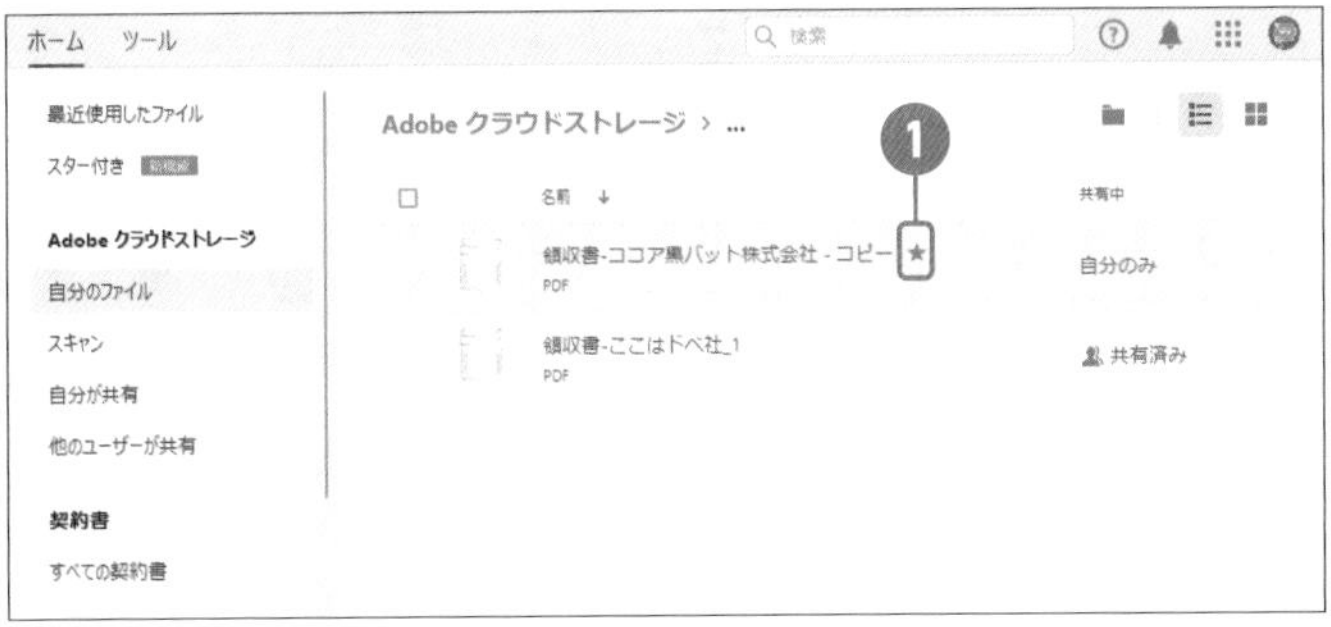

PDF

03 PDF文書に電子サインを依頼する

キーワード
サイン

これまでの会社事務の慣例をＤＸ化するとき、日本では押印、海外ではサインによる〝承認〟表示をどのように電子化するかが問題となります。Acrobatなどの編集ソフトには、電子サイン、電子押印の機能が備わっています。

Acrobat Pro/Standardの電子サイン機能では、ＰＤＦ文書の作成者（所有者）がサインする箇所を指定します。これにはフォーム機能が使われていますが、単なるテキストフォームではなく、タブレットやスマホなどからは手書きによるサインをすることができます。電子署名には、Adobe Acrobat Signが使用され改ざんや編集を見張り、内容を証明します。電子署名の前には文書の編集を完了しておき、電子署名を操作すると署名を依頼するメンバーに、電子メールが送信されます。電子メールにファイルが添付されるのではありません。ＰＤＦ文書をクラウドに保存し、そのファイルへのリンクがメンバーに送信します。

MEMO 電子署名用ファイルには、Officeファイル、各種画像ファイル、HTMLおよびテキストファイルを送信できます。

電子サインを依頼する

Acrobat Proで作業を行います。PDFファイルはクラウドに保存します。

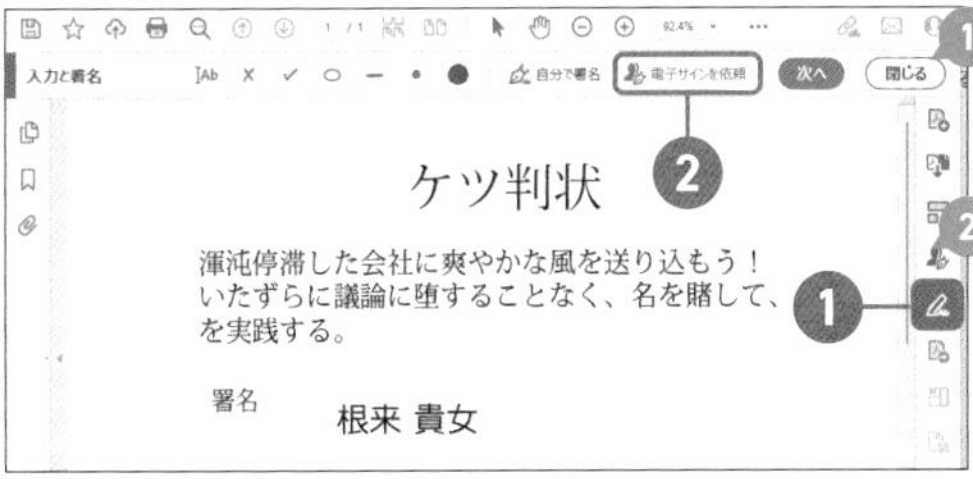

1 ツールから「入力と署名」をクリックする。

2 「電子サインを依頼」をクリックする。

3 電子サインを依頼するメンバーのメールアドレスを入力して、「署名場所を指定」をクリックする。

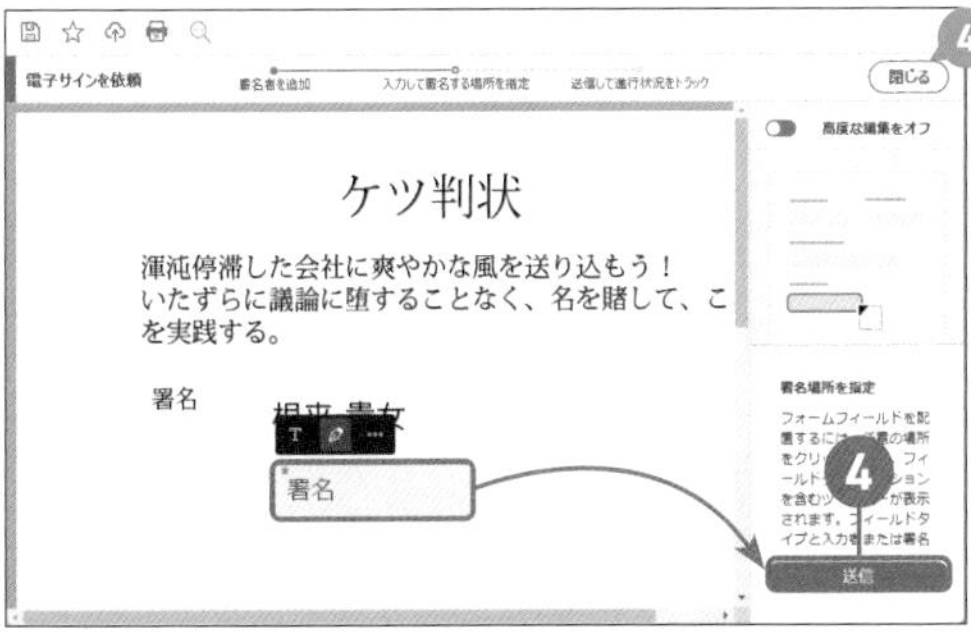

4 電子署名を促すテキストフォームを挿入して、「送信」をクリックする。

PDF

04 署名依頼に電子サインする

キーワード
サイン

ＰＤＦの所有者から電子サインの依頼メールが届いたとしましょう。メールを開くと、「署名依頼が届きました」という本文と、「確認して署名」のリンクが表示されます。リンクをクリックすると、そのユーザーが既定にしているＰＤＦビューワー（EdgeやAcrobat Readerなど）が起動し、リンクの署名ファイルがダウンロードされて表示されます。

署名を催促されている箇所は、ボックス状で色が変わっているので、一目でわかります。ここをクリックして、名前を入力することができます。このとき、文字の書体などを選択することもできます。また、手書きでサインを書くこともできます。

署名が終了すると、ウィンドウに確認のためのメッセージと、確認ボタンが表示されます。確認ボタンをクリックすると、契約したことになる旨のメッセージが表示されるので、文書の内容をよく確認してから、署名を確認するようにしましょう。

MEMO 電子署名文書の作成は前節を参照してください。

電子サインをする

1 署名を依頼するメールを開く。

2 「確認して署名」リンクをクリックする。

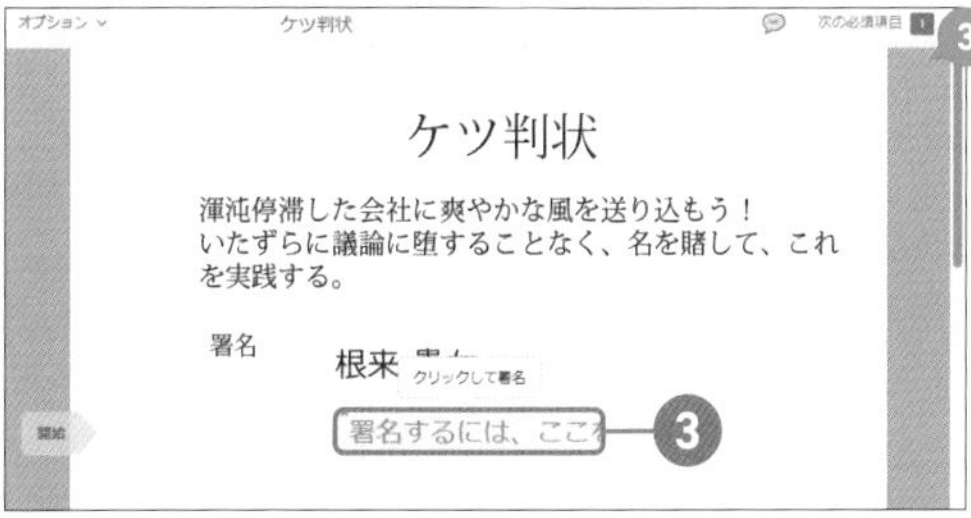

3 署名欄をクリックして署名する。

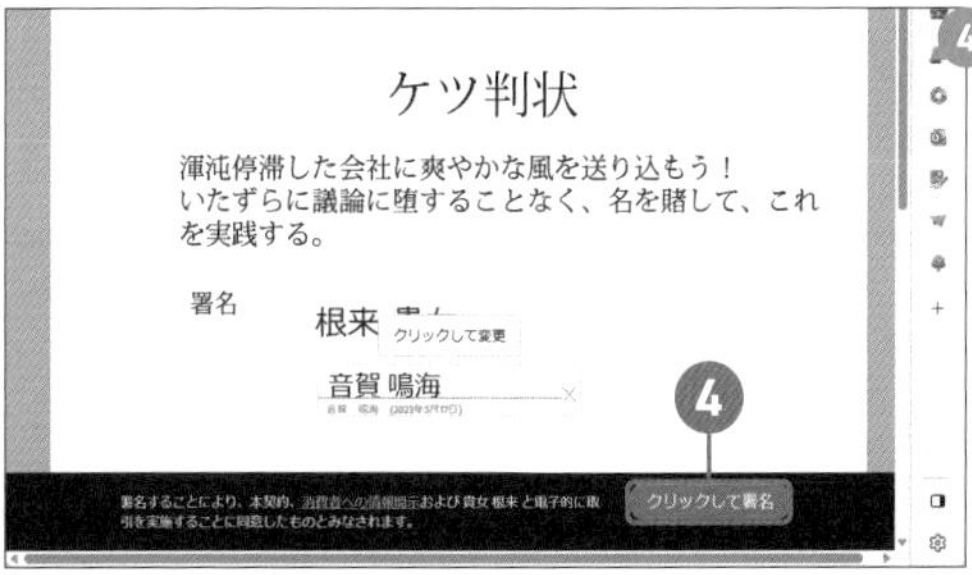

4 入力した署名を確認したら、「クリックして署名」ボタンをクリックして署名を完了する。

MEMO 署名は手書きすることもできます。

05

PDFの契約書に電子署名を追加する

キーワード
電子署名

ペーパーレスでの契約では、実印に代わるものが「電子署名」です。電子文書が本物かどうかの証明で重要なのは、電子文書の作成者の本人性を証明できるか、改ざんされていないこと（非改ざん性）が証明できるかの２点です。電子文書の本人性と非改ざん性は、暗号化技術によって達成できます。残りの問題は、紙の契約書なら実印に当たる電子署名が本物かどうかです。実印なら役所が証明する印鑑証明です。電子署名の場合は、信用のおける第三者機関（ＣＡ）による証明です。ちなみに、「電子サイン」は証明機関による特別な証明を含まない簡易的な署名も含む広い概念です。

Acrobat Proには、ＰＤＦ文書に電子署名を挿入する機能があります。電子署名にはＣＡによる証明書が添付されます。これによって、電子署名が正しいものであることが証明されるのです。

MEMO 電子証明では、印紙代などが節約でき、コストダウンにもつながります。

PDF文書に電子署名する

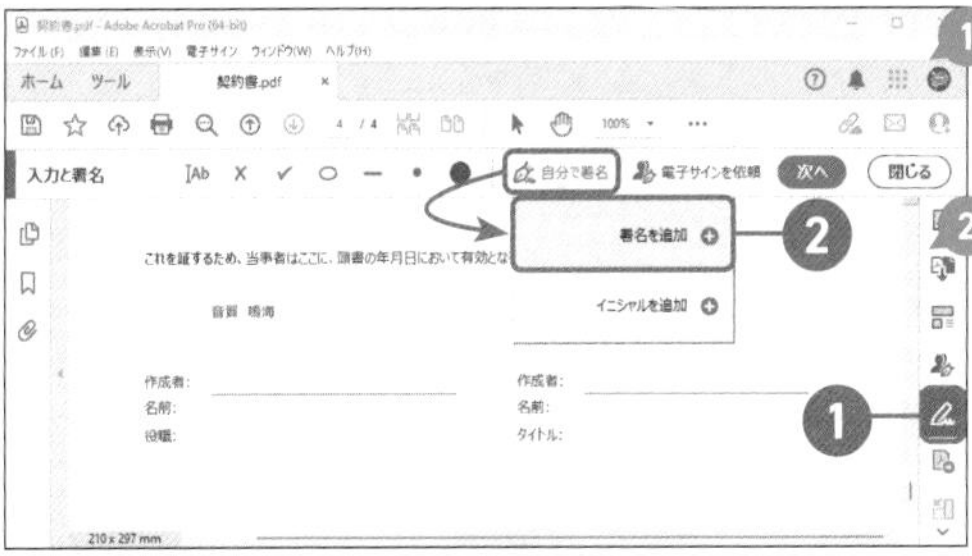

1 「入力と署名」をクリックする。

2 「自分で署名」をクリックして、「署名を追加」を選択する。

3 電子署名のフォント（スタイル）を設定して、「適用」ボタンをクリックする。

4 署名を挿入する場所をクリックする。

5 挿入された署名のサイズや位置を設定して、「次へ」ボタンをクリックする。

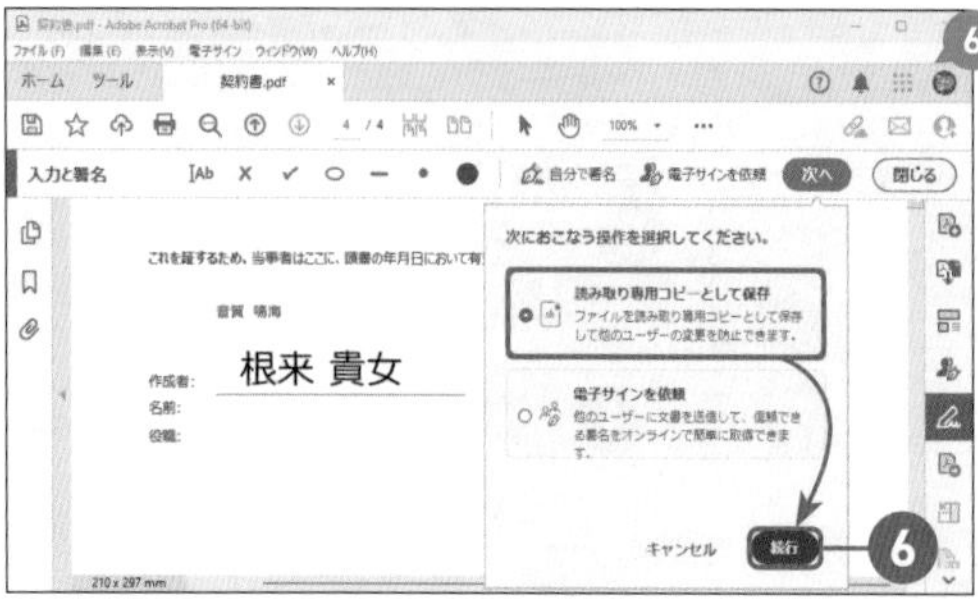

6「読み取り専用コピーとして保存」を選択して、「続行」ボタンをクリックする。

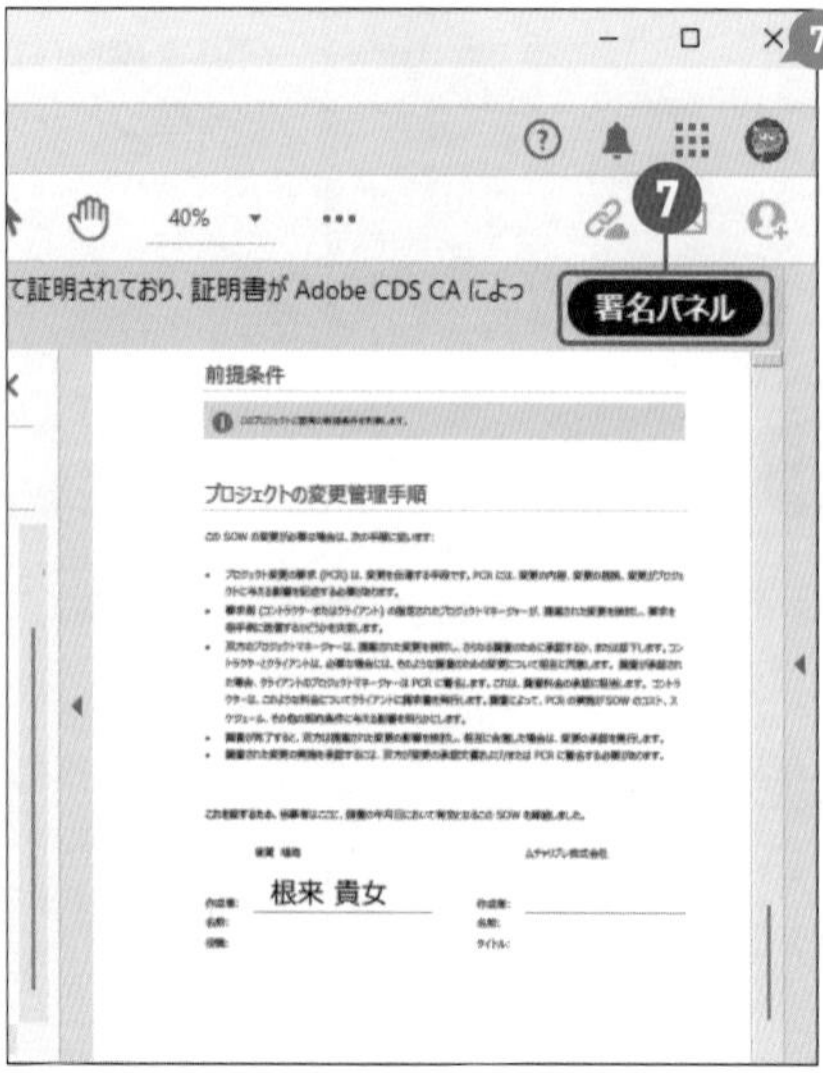

7「署名パネル」を開くと、CAによる電子証明の詳細を確認することができる。

MEMO 電子署名されたPDF文書は保護され、内容の編集ができなくなります。

第3章

PDFと
セキュリティ対策

01 ＰＤＦファイルを保護モードで守る

キーワード
保護モード

インターネットでの流通がメインとなるＰＤＦファイルでは、その信頼性が重要となります。ウイルスが埋め込まれていたり、悪意ある自動実行機能が仕込まれていたりする危険性もあります。特に、作成者または送信元が不明か、信頼できないＰＤＦファイルを開こうとしたとき、ＰＤＦビューワーはファイルの信頼性について警告を発します。

さらに、ＰＤＦファイルには、「保護モード」（「サンドボックス」テクノロジーが使われている）というセキュリティ機能が備わっています。「保護モード」は、コンピューターやスマホを管理しているＯＳの機能を自由に使えない領域のみで、ＰＤＦファイルの挙動を決定します。このため、悪意ある実行プログラムが仕込まれていたとしても、情報が搾取されたり、コンピューターが意図しない挙動を行ったり、さらにはＯＳが決定的なダメージを受けたりすることを避けることができます。

MEMO Acrobatの保護モードは、無効になっていることがあります。

保護モードを設定する

●保護モードを確認する

ダウンロードしたPDFファイルを開くときに、Acrobat ReaderやAcrobatの機能（編集機能など）を制限するのが「保護モード」または「保護されたビュー」機能です。これらは、サンドボックスを使用してセキュリティを高めます。

1 開いたPDF文書を右クリックして、「文書のプロパティ」を選択し、「詳細設定」タブを開くと確認できる。

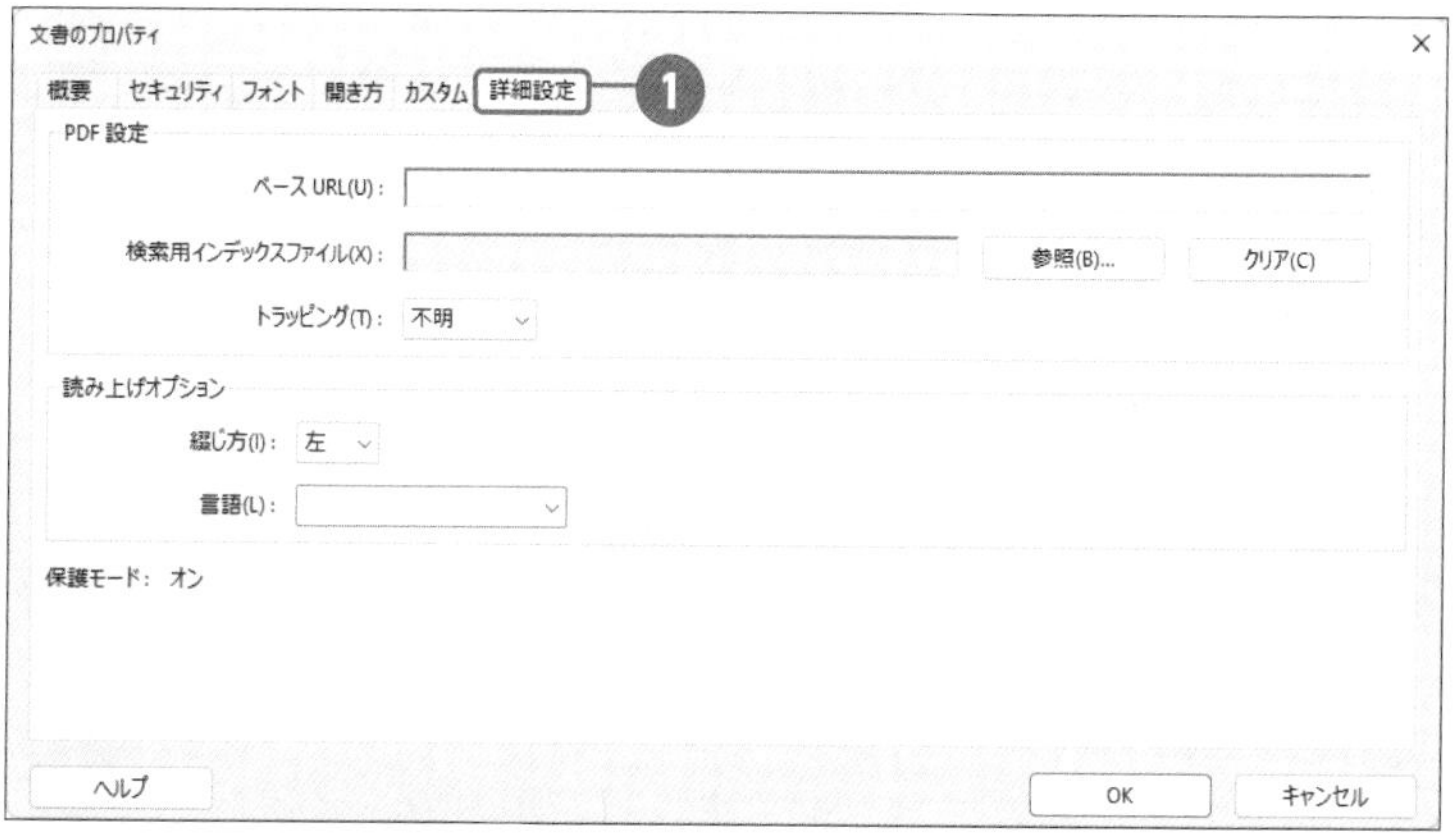

●保護モードの設定を変更する

AcrobatでPDFファイルを開いたら、Ctrl ＋ K キーを押して、「環境設定」ウィンドウを開きます。

1 分類欄で「セキュリティ（拡張）」を選択する。

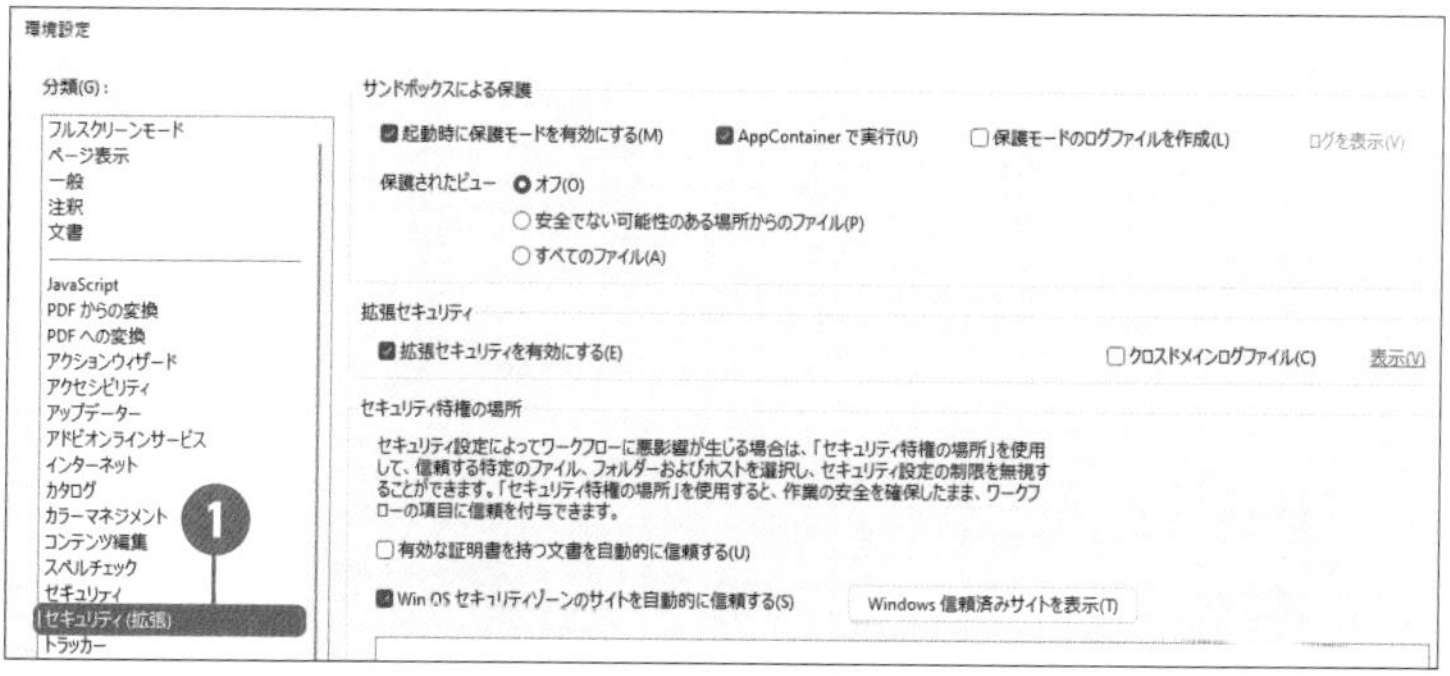

02 閲覧と編集の2種類のセキュリティレベル

キーワード
パスワード

ＰＤＦファイルにパスワードを設定すると、ＰＤＦファイルの使用者や使用方法を限定できます。Acrobat Pro/Standardのセキュリティレベルは、「閲覧」と「編集」の2種類です。「閲覧」用のパスワードを設定されれば、パスワードを知らないユーザーは、ファイルの中を見ることができません。また、「閲覧」用のパスワードを知っていても、「編集」ができるとは限りません。セキュリティレベルを分けてＰＤＦファイルを運用したいときは、まず「閲覧」用のパスワードを設定し、続いて「編集」用のパスワードを設定しましょう。なお、もちろん「閲覧」用と「編集」用に同じパスワードは設定できません。

ＰＤＦファイルをAcrobat Pro/Standardで開き、「セキュリティ設定」＞「パスワードを使用して保護」と操作します。「パスワードを使用して保護」ウィンドウが開いたら、パスワードレベルを指定して、パスワードを入力します（2回）。

MEMO パスワードは6文字以上です。忘れないようにしましょう。

パスワードを設定する

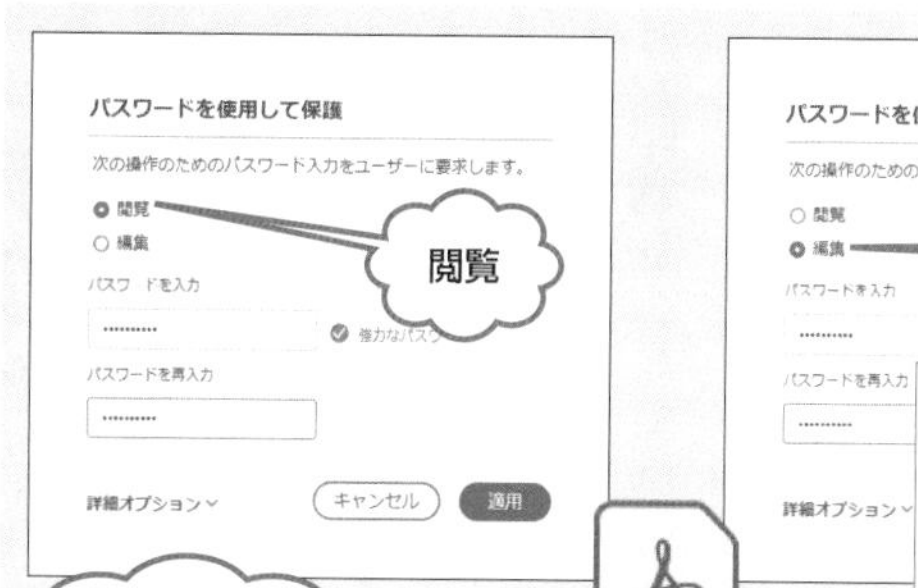

PDFファイルにパスワードレベル（閲覧、編集）を選択して、それぞれのパスワードを設定（適用）する。

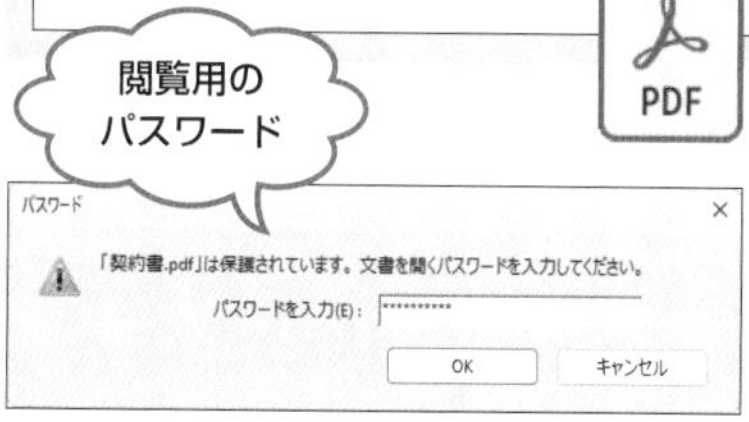

「閲覧」がパスワードによって保護されていると、PDFファイルを開くときにパスワードの入力が求められる。

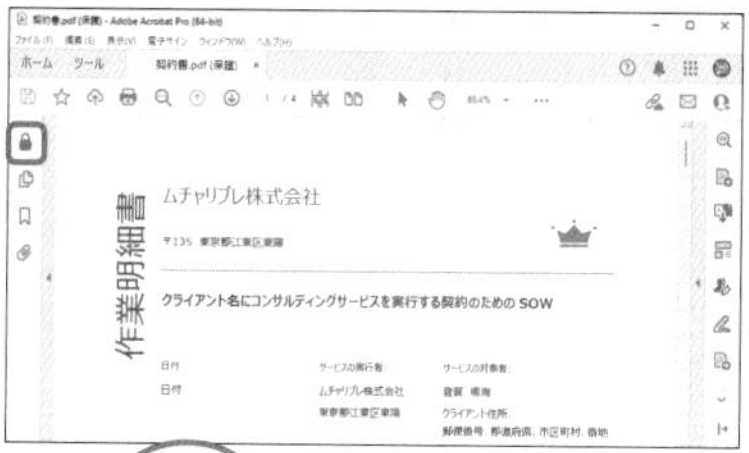

パスワードが正しければ、PDFファイルが開く。

「編集」がパスワードによって保護されている場合で、編集機能を実行しようとすると、編集用のパスワードの入力が促される。

MEMO

パスワードなどによって保護されている文書を開くと、ファイル名の後ろに「保護」が付きます。

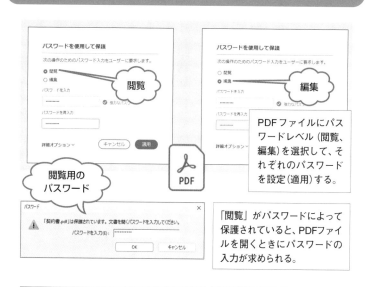

03 詳細なパスワードセキュリティを設定する

キーワード
詳細な権限

PDFファイルに付加する保護レベルは、大きく分けると「閲覧」と「編集」の2種類ですが、Acrobat Pro/Standardなどでは「文書のプロパティ」の「セキュリティ」タブによってさらに詳細なセキュリティレベルを設定することもできます。

例えば、印刷レベルでは、「許可しない」「低解像度」「高解像度」の3レベルが設定可能です。文書のプロパティウィンドウを開く方法はいくつかありますが、Acrobat Pro/Standardのファイルメニューから「プロパティ」を選択する（ショートカットキーは「Ctrl + D」）とよいでしょう。

文書のプロパティのセキュリティタブを開いたら、「セキュリティ方法」を「パスワードによるセキュリティ」に指定すると、「パスワードによるセキュリティ－設定」ウィンドウが開きます。「権限」欄では印刷や編集に関係した権限をパスワードによって保護することができます。

MEMO
PDFの機能でグレースケール印刷を選択する場合は、「高解像度」に設定します。

詳細な権限を設定する

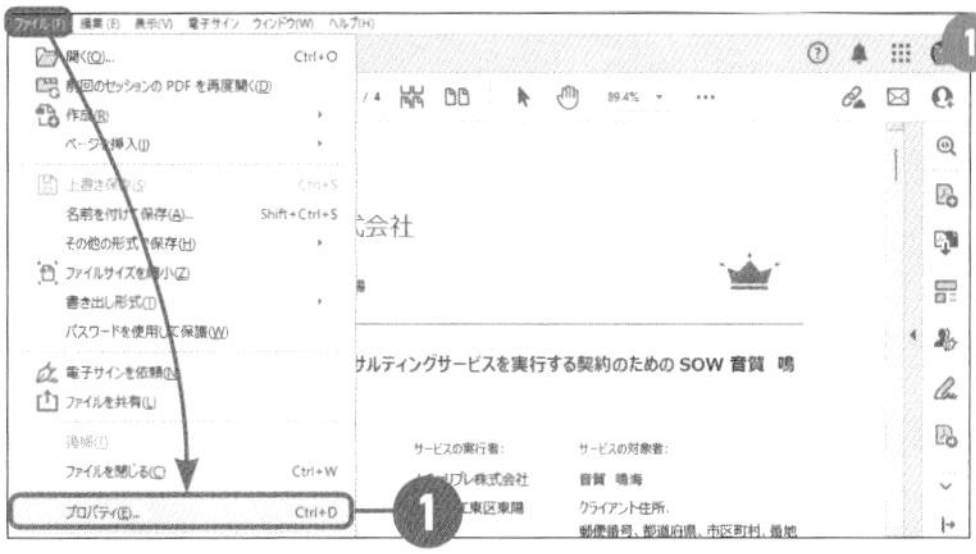

1 PDFファイルを開き、「ファイル」メニューから「プロパティ」を選択する。

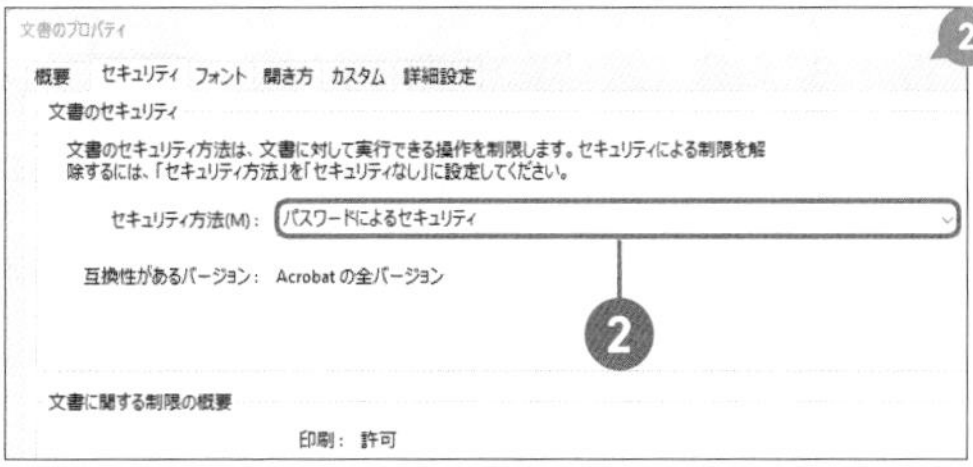

2 「文書のプロパティ」ウィンドウの「セキュリティ」タブで「パスワードによるセキュリティ」を指定する。

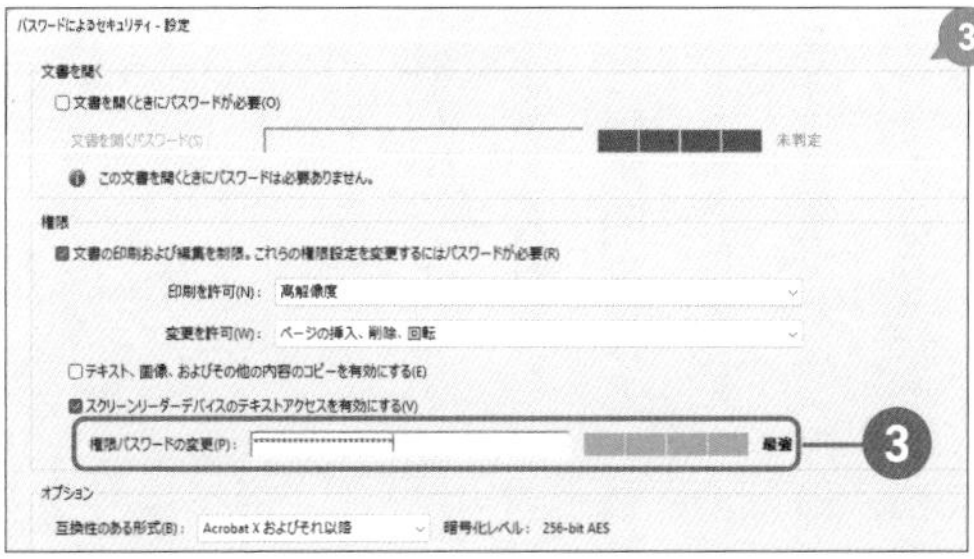

3 「権限」欄で印刷や編集の詳細な権限を設定する。設定変更のためのパスワードを設定する。

MEMO セキュリティ設定を変更しときは、次回、開いたときから設定が実行されます。

P

PDF

04

保護された電子封筒

キーワード
電子封筒

いくつかの保護されたＰＤＦファイルを1つにまとめ、それらをメールで相手に送信します。この作業をウィザードのように一覧の作業として進められるのが、「保護された電子封筒」機能です。例えば、数枚の契約書や企画書に証明書による暗号化を施してから、メールに添付して取引先に送信する作業をサポートします。

電子封筒化するＰＤＦファイルを用意したら、「セキュリティの設定」＞「詳細オプション」＞「保護された電子封筒を作成」を選択します。ここからウィザードが開始します。電子封筒に同梱するＰＤＦファイルを選択します。次に電子封筒用のセキュリティテンプレート（デフォルトで3種類）を選択します。次に電子封筒の送信タイミングを指定します。すぐに送信する場合は、この後、メール送信の設定をします。セキュリティポリシーを設定して完了です。

MEMO 電子封筒を開くには、メールを開いて、添付されているファイルを開く操作をし、パスワードを入力します。

電子封筒ウィザードで電子封筒を送信する

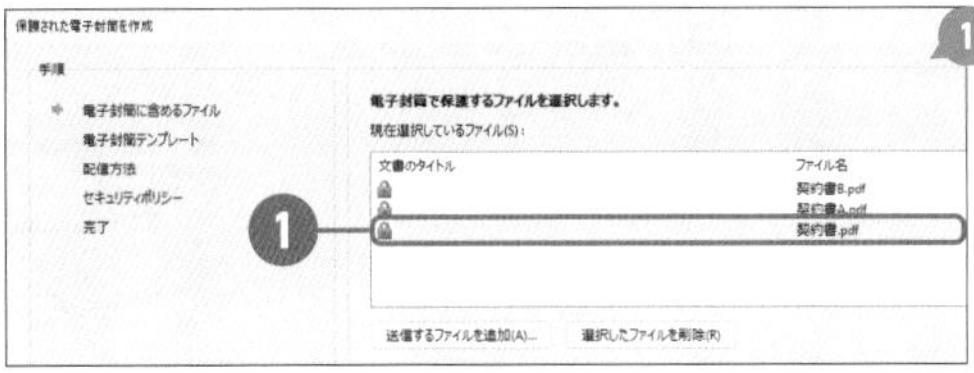

1 電子封筒に収めるPDFファイルを選択する。

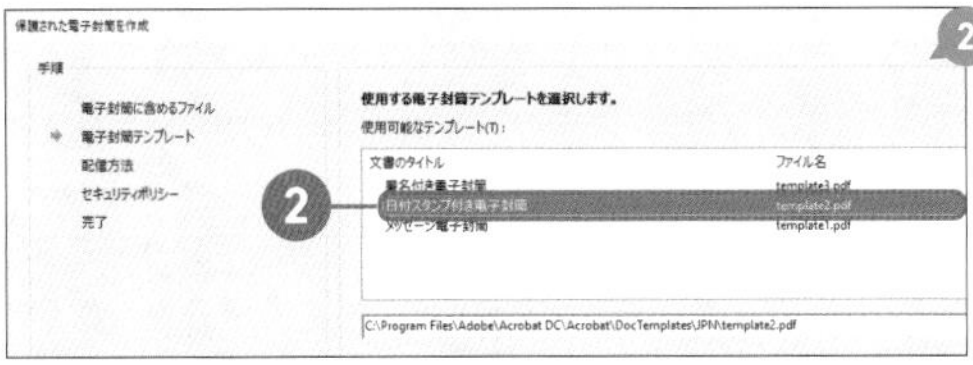

2 電子封筒のテンプレートを選択する。

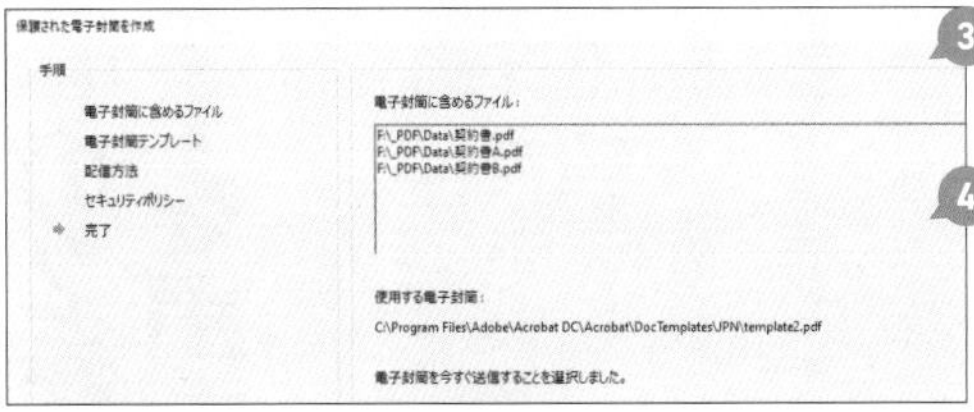

3 配信方法やセキュリティポリシーを設定する。

4 設定を確認する。

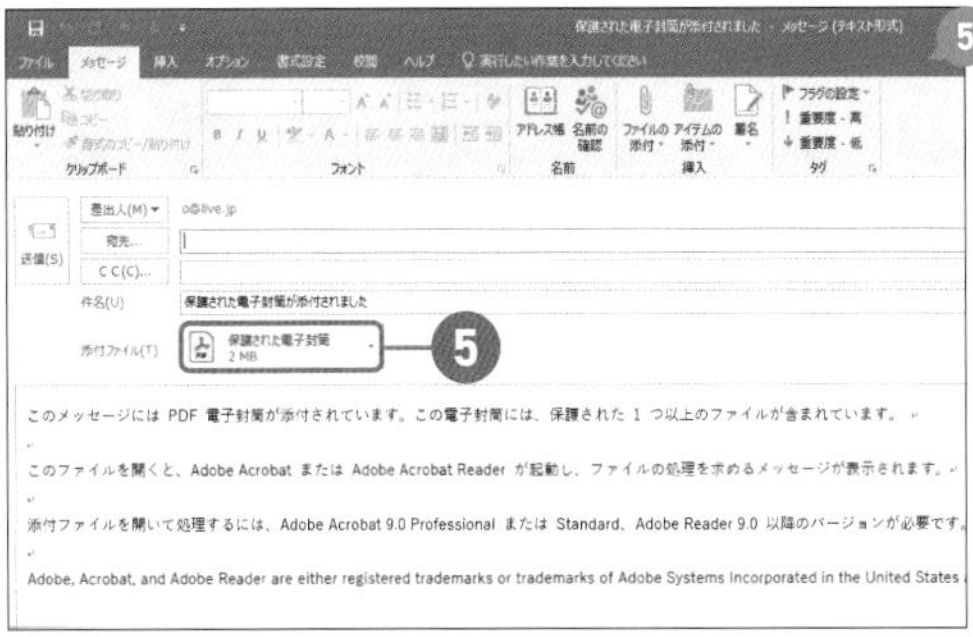

5 電子メールソフトが起動して、電子封筒が添付される。

05 「一般用」と「非公開」の2種類のセキュリティポリシーを用意する

キーワード
セキュリティポリシー

いくつものＰＤＦ文書にパスワードを設定する場合には、パスワードのレベルとそのパスワードを記したセキュリティの指示書を作成しておき、作業としてはその指示書に沿ったセキュリティレベルに設定するのが簡単です。このセキュリティの指示書のことを「セキュリティポリシー」と呼びます。

例えば、社内用のＰＤＦファイルに一般用（低いセキュリティレベル）と非公開（高いセキュリティレベル）の2種類のセキュリティポリシーを作成しておくことで、必要に応じてＰＤＦ文書に統一されたセキュリティを簡単に設定できるようになります。

セキュリティポリシーを設定するには、次のように操作します。「セキュリティ設定」の「詳細オプション」メニューから「セキュリティポリシーの管理」を選択します。デフォルトでは、2種類のセキュリティポリシーが存在します。

MEMO 既存のセキュリティーポリシーをコピーしてカスタマイズするのが簡単です。

セキュリティポリシーを設定する

●セキュリティポリシーを設定する

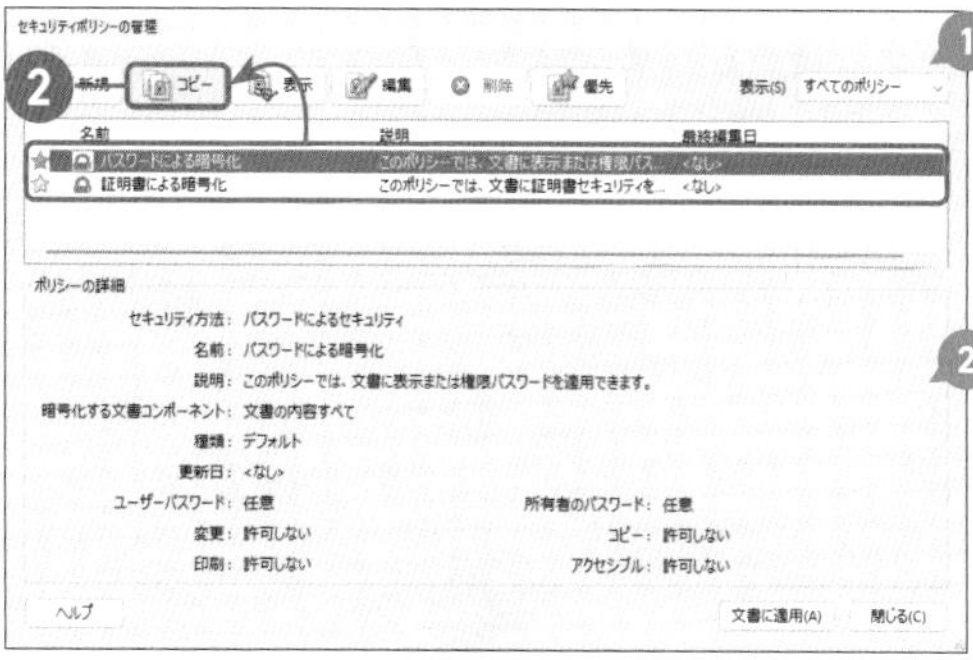

1 「セキュリティ設定」>「詳細オプション」>「セキュリティポリシーを管理」を選択する。

2 デフォルトのセキュリティポリシーのどちらかを選択して、「コピー」ボタンをクリックする。

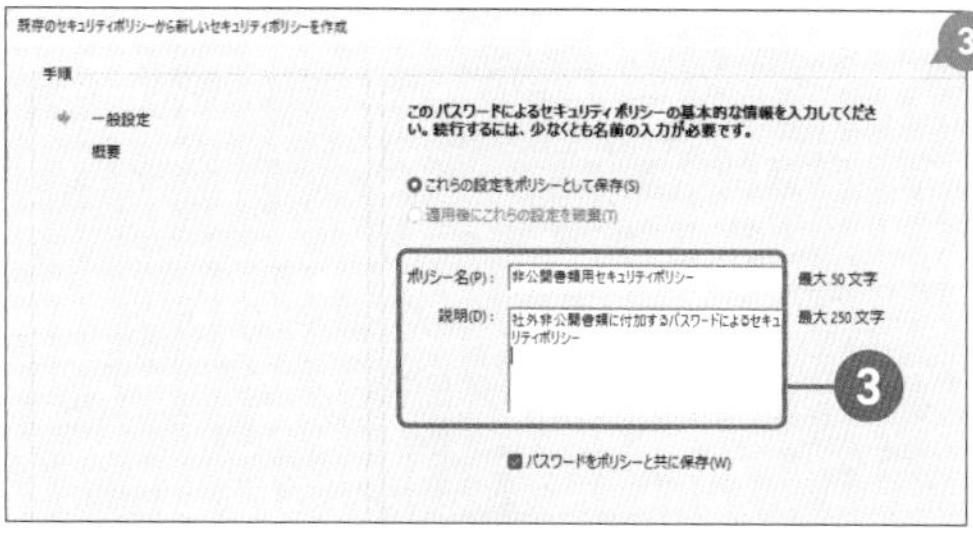

3 「ポリシー名」「説明」を編集する。

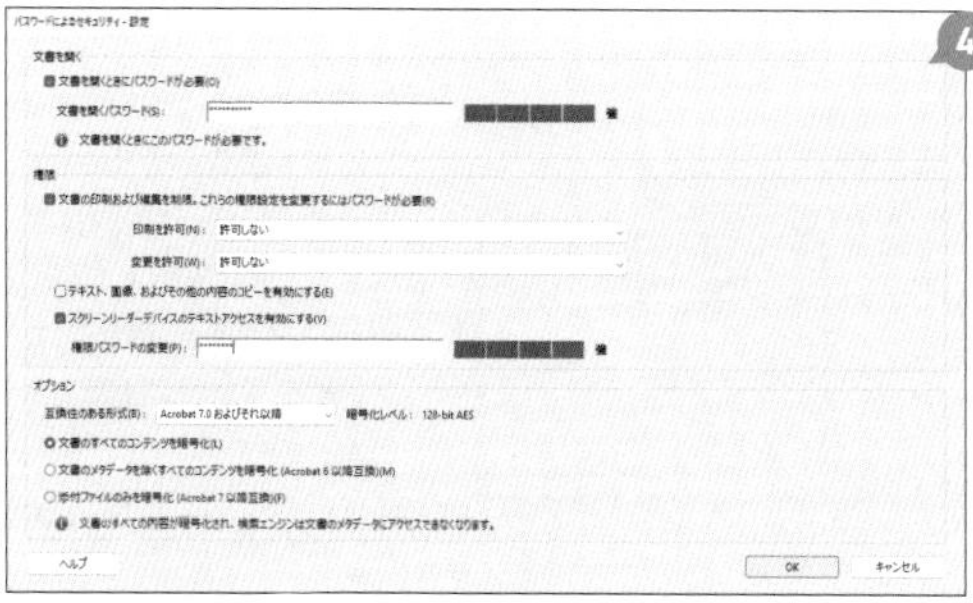

4 セキュリティポリシーを設定する。

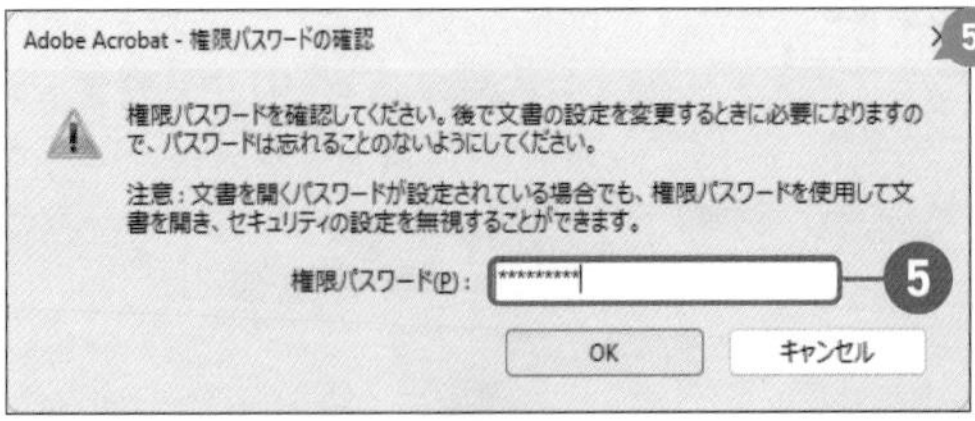

5 権限パスワードを入力する。

6 セキュリティポリシーの内容を確認する。

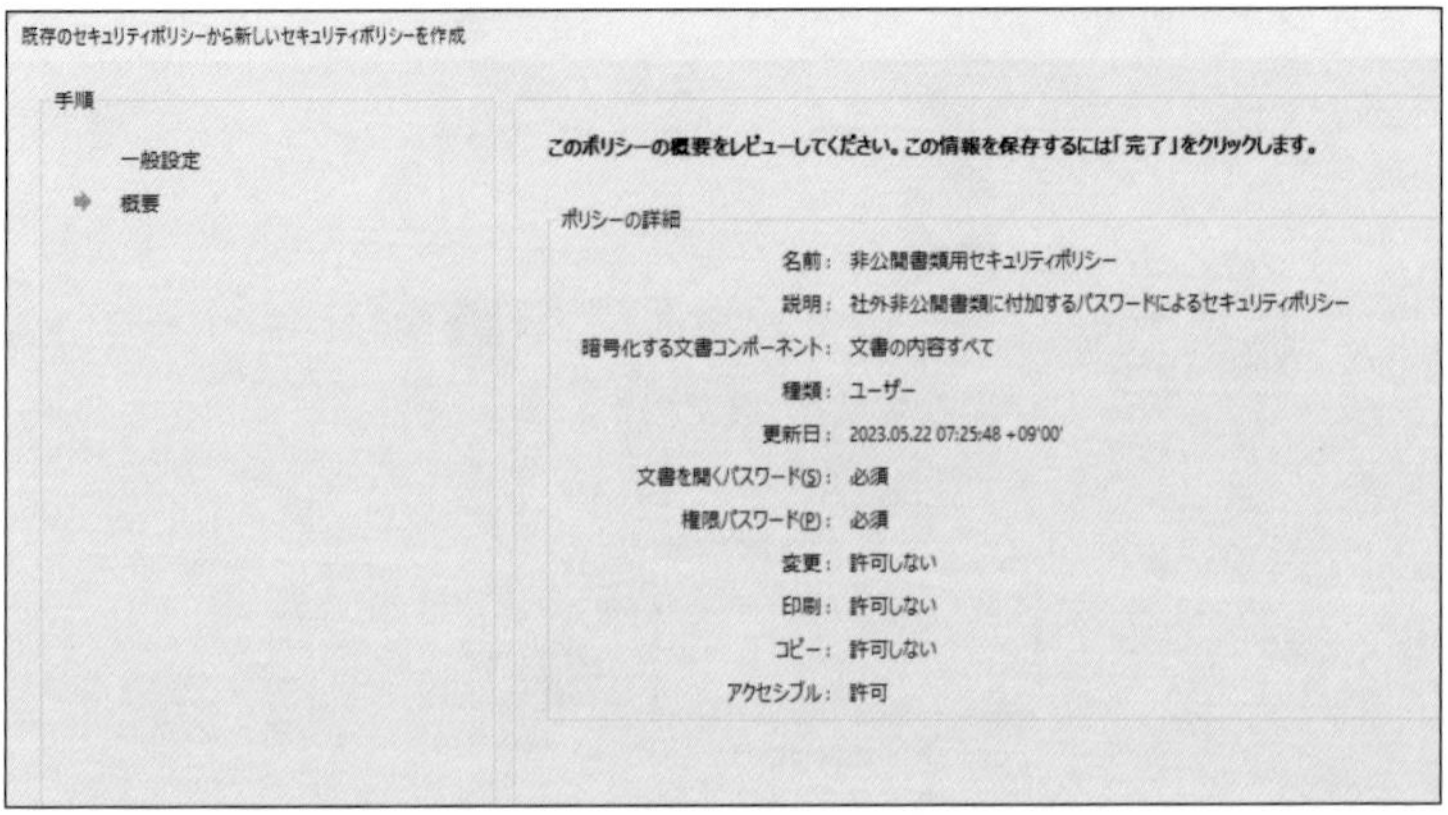

●設定したセキュリティポリシーを付加する

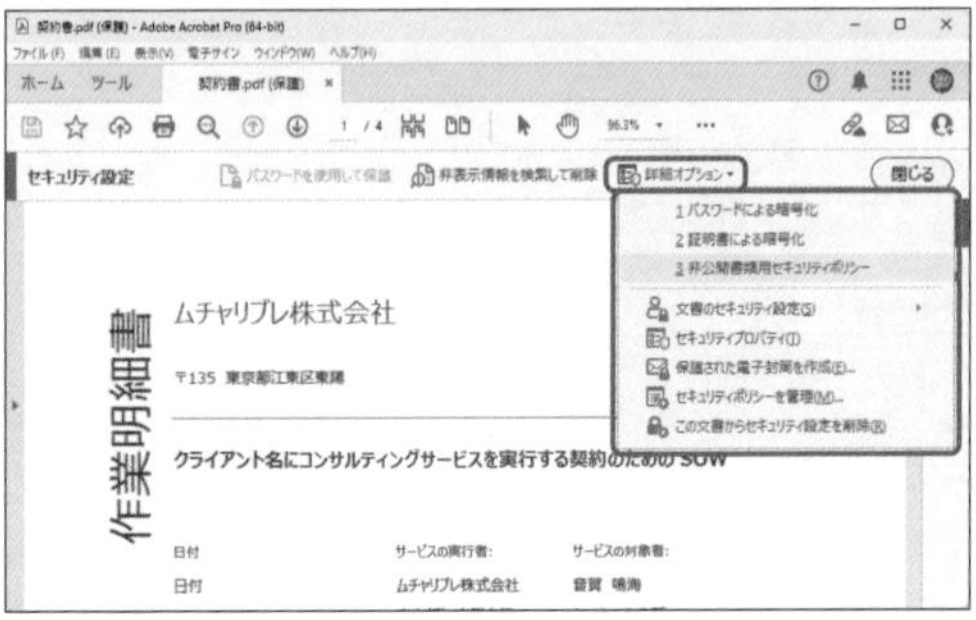

詳細オプションウィンドウには、設定したセキュリティポリシーが表示される。これを選択すれば、PDFファイルに同セキュリティポリシーが付加される。

第4章

こんなときはどうする?

01

編集中でPDFが固まった！

キーワード
復元

ＰＤＦファイルを開いて編集作業などをしている最中に、ＰＤＦの編集ソフトが固まって動かなくなったときは、編集中のＰＤＦ文書はあきらめるしかないのでしょうか。せっかく時間をかけて編集したのに、また最初からやり直しになるのでしょうか。

Acrobat Pro/Standardを使って編集している場合には、ある間隔で自動バックアップファイルが作られている可能性があります。つまり、作業途中でコンピューターが動かなくなったり、停電が突然起きたりしても、バックアップされているファイルの編集時点までは復元できる可能性があります。

Acrobatが突然固まったらアプリを強制的に終了させますが、その後、再起動したときに復元を促すメッセージパネルが表示されることがあります。「復元」操作を実行したときにどこまで復元されるかは、バックアップの時間間隔によります。

MEMO　自動バックアップの設定は、環境設定パネルで行います。初期設定は5分です。

自動バックアップでファイルを復元する

●Acrobatを再起動したときの復元メッセージ

Acrobatがフリーズしたり、停電したりしてして編集中のPDF文書が保存されていないときには、自動バックアップファイルで復元できる可能性があります。

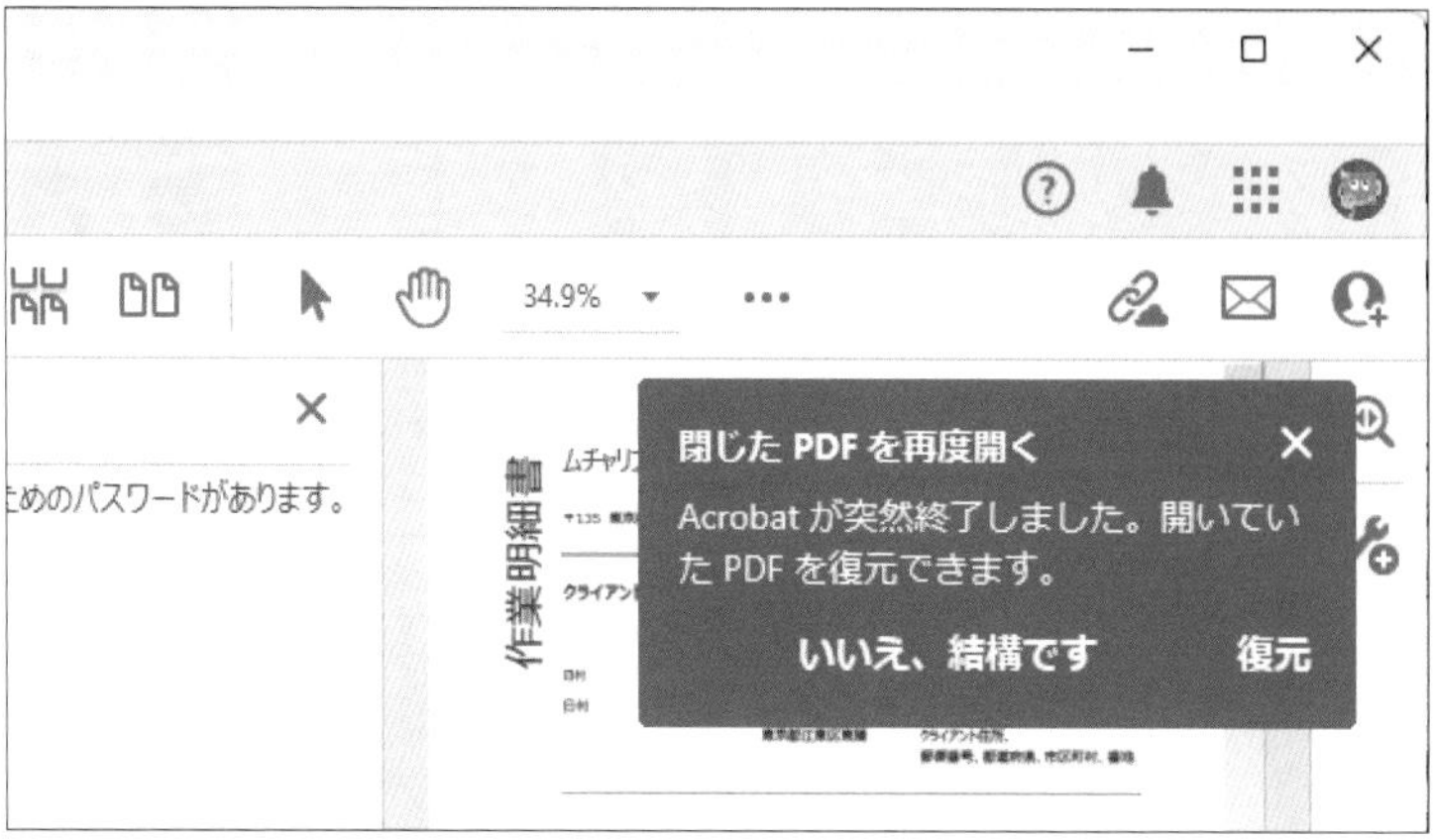

●自動バックアップの間隔の設定

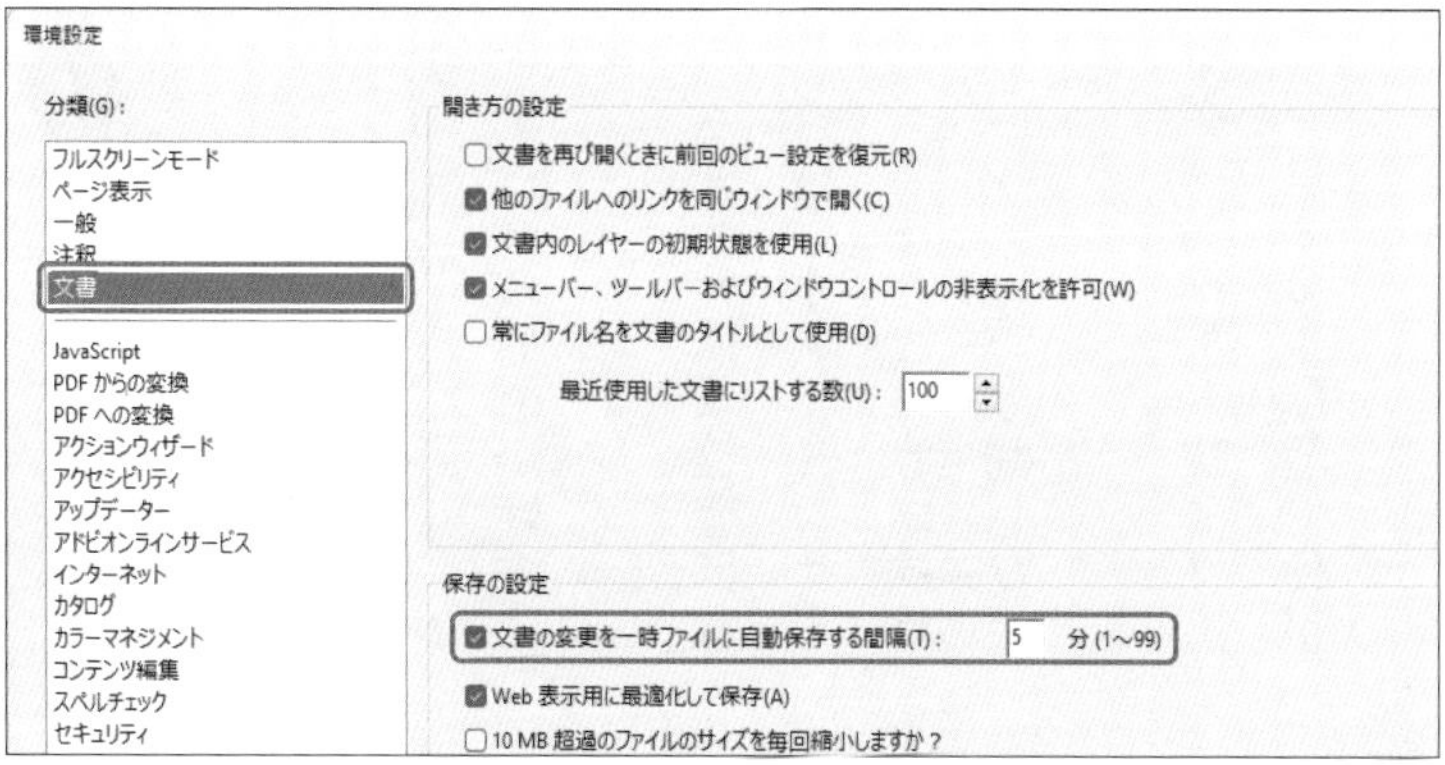

02 無料でPDFファイルの結合や分割がしたい

キーワード
Adobe Online

Acrobat Pro/Standardを使えば、ＰＤＦファイルの結合や分割が行えますが、ソフトを使用するにはサブスクリプション契約が必要になります。コストをかけずにＰＤＦファイルの結合や分割をすることができます。

１つの方法は、Adobe以外の無料アプリを探す方法です。Edgeの拡張機能にもＰＤＦファイルの結合や分割ができるものがあります。２つ目は、オンラインサービスを利用する方法です。Adobe Onlineを利用する場合、ＥdgeなどＷｅｂブラウザーでそれぞれのＷｅｂページを開き、結合させたいＰＤＦファイル、分割したいＰＤＦファイルをページにドラッグ＆ドロップするだけです。

ただし、インターネットを利用するため、アップロードやダウンロード時にファイルが盗聴されるリスクは残ります。重要な機密ファイルは、ローカル環境で使用できるソフトを使うことを検討するとよいでしょう。

MEMO Adobe Onlineなら、広告の表示はありません。

Adobe Onlineでファイルを編集する

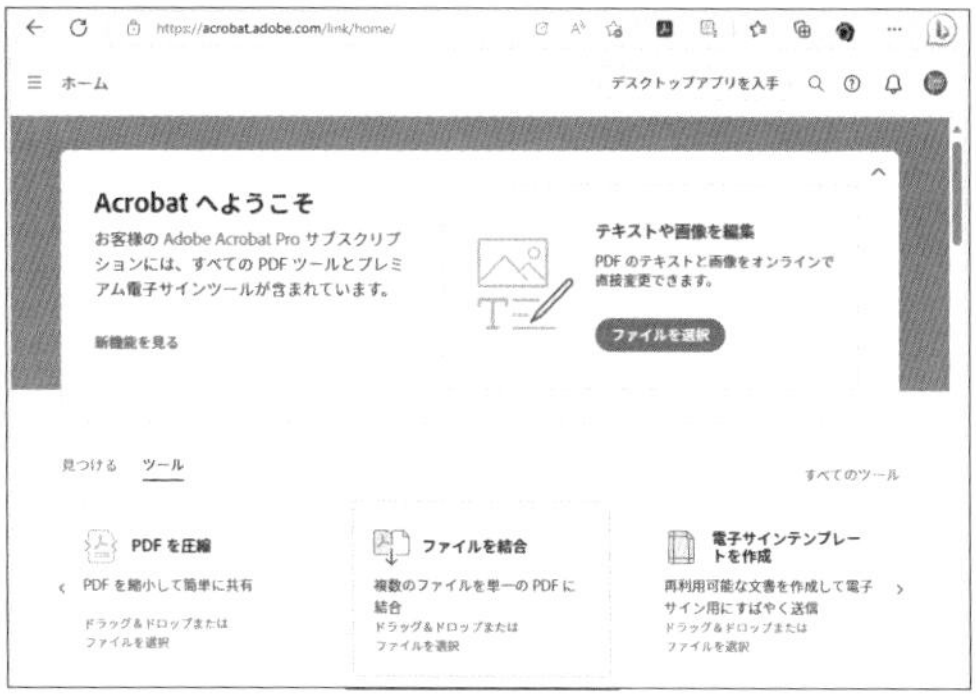

Adobe Onlineにアクセスして、「ファイルを結合」「ファイルを分割」を選択する。

●ファイルを結合

「ファイルを結合」では、結合するPDFファイルをドラッグ&ドロップする。

●ファイルを分割

「ファイルを分割」では、分割するPDFファイルをドラッグ&ドロップする。

PDF

03 開いたら「アクセス許可が制限されています」と表示された

キーワード
アクセス許可

EdgeなどＷｅｂブラウザーでＰＤＦ文書を開く機会は多いと思います。その際、「アクセス許可が制限されている」旨のメッセージが表示されることがあります。このようなときは、作成者によってＰＤＦファイルにセキュリティが設定されている場合あります。どのような制限があるのかを確認するには、「アクセス許可の表示」リンクをクリックします。すると、「ファイルのアクセス許可」ウィンドウが表示されて、できることとできないことが表示されます。赤字の表示は、機能が制限されています。

また、ＷｅｂページのＰＤＦ文書のリンクをクリックしても、ＰＤＦファイルが開かない場合は、リンクを右クリックして、「名前を付けてリンクを保存」を選択して、ＰＤＦファイルをいったんダウンロードしてからローカル環境で開いてみましょう。

MEMO 暗号化されると、検索エンジンによるメタ情報の収集がされなくなります。

アクセス権を設定する

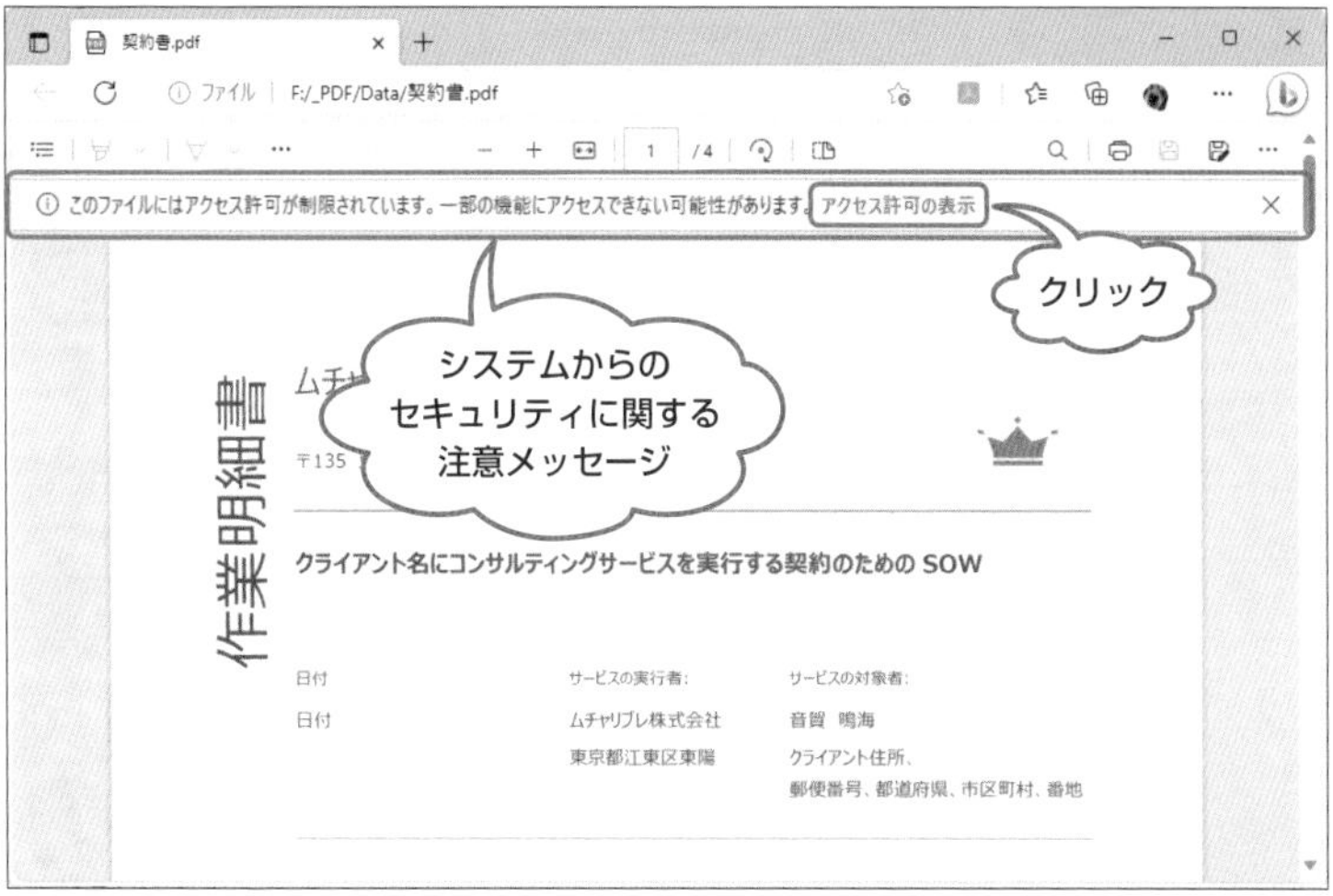
契約書.pdf
ファイル　F:/_PDF/Data/契約書.pdf
1 /4
このファイルにはアクセス許可が制限されています。一部の機能にアクセスできない可能性があります。アクセス許可の表示
クリック
システムからの
セキュリティに関する
注意メッセージ
作業明細書
〒135
クライアント名にコンサルティングサービスを実行する契約のための SOW
日付
サービスの実行者:
サービスの対象者:
日付
ムチャリブレ株式会社
音賀　鳴海
東京都江東区東陽
クライアント住所、
郵便番号、都道府県、市区町村、番地

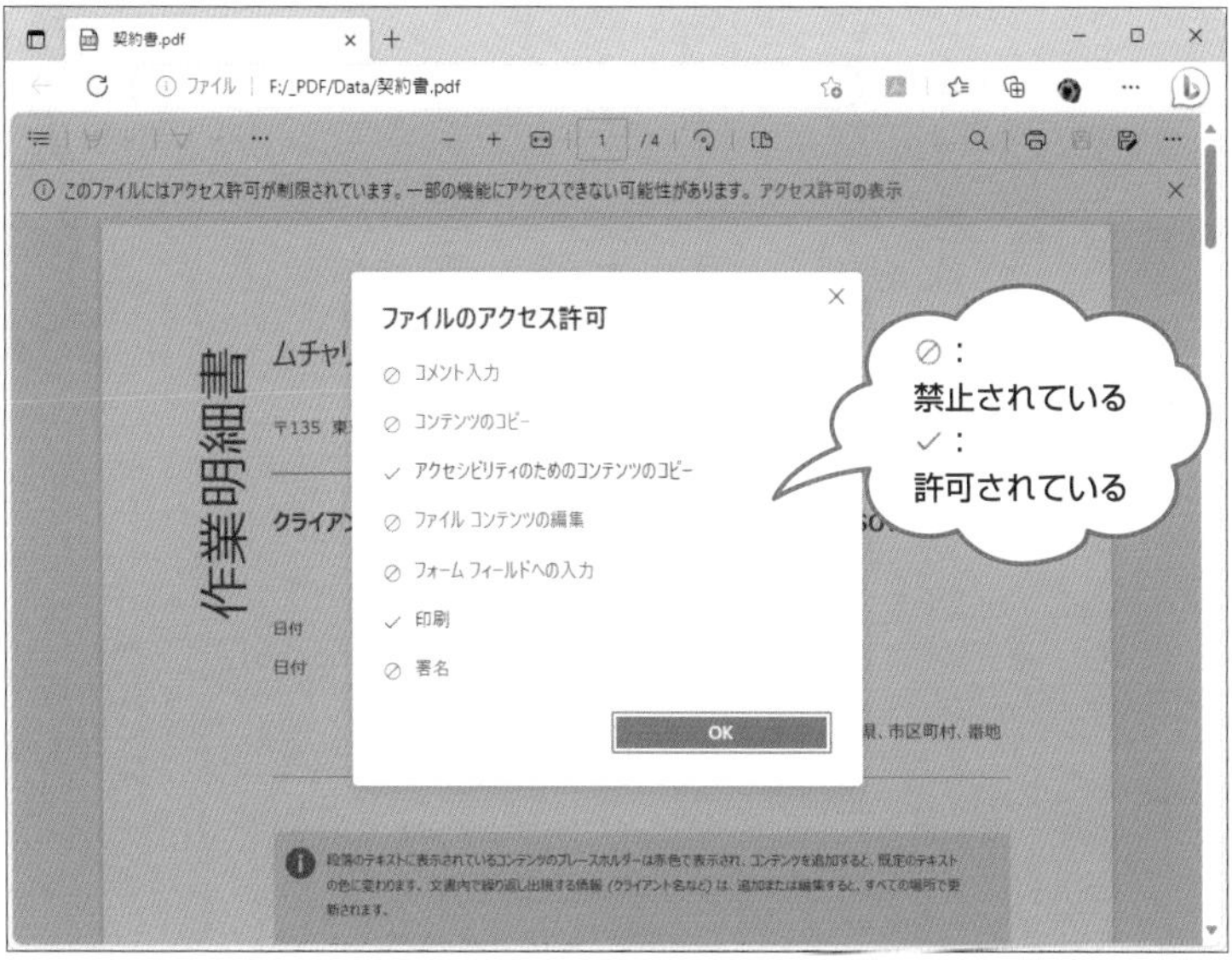
契約書.pdf
ファイル　F:/_PDF/Data/契約書.pdf
このファイルにはアクセス許可が制限されています。一部の機能にアクセスできない可能性があります。アクセス許可の表示
ファイルのアクセス許可
⊘ コメント入力
⊘ コンテンツのコピー
✓ アクセシビリティのためのコンテンツのコピー
⊘ ファイル コンテンツの編集
⊘ フォーム フィールドへの入力
✓ 印刷
⊘ 署名
OK
⊘：
禁止されている
✓：
許可されている
作業明細書

PDF

04 PDF文書内のテキスト検索ができない

キーワード
OCR

ＰＤＦ文書を開いて、特定の文字を検索しようとしても、（その文字列が文書内にあるにもかかわらず）検索されない場合があります。これは、開いたＰＤＦ文書がテキストボックスで構成されていて、そこにテキストが挿入されているのかどうかが問題です。ＰＤＦ文書は非常に美しく見えても、文字データとしてではなく、画像データとしてＰＤＦ紙面を構成していることもあり、ＰＤＦビューワーには一般に画像から文字列を認識して検索する機能はありません。

そこで、このような場合は、ＰＤＦの紙面を写真として、画像から文字を起こしてテキストデータとする作業が必要になります。このような機能をＯＣＲ（光学式文字認識）といいます。写真やスキャンデータ用のＯＣＲ機能は、Acrobat Pro/Standardに備わっています。また、無料でアプリやオンラインサービスでＯＣＲ機能を提供するところもあります。

MEMO　スキャンデータをOCRでテキスト化するオンラインソフト（無料）もあります。

写真からテキストを検索する

写真に撮った文字は、OCRソフトでPDFのテキストデータに変換することができます。

多少の歪みなどは自動で修正されますが、できるだけきれいにスキャンした紙面を用意するようにしましょう。

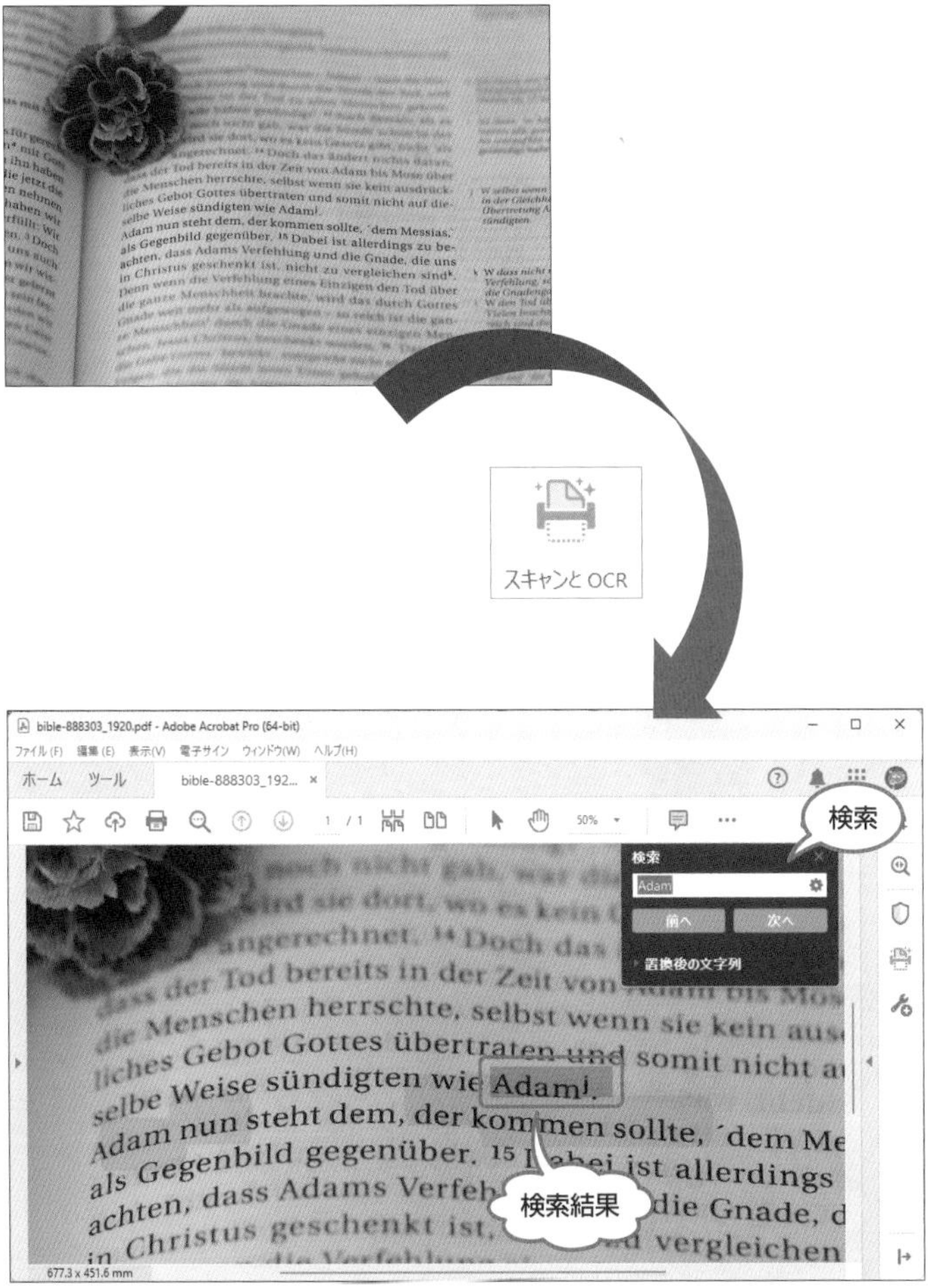

05 しおり付きのＰＤＦ文書をWordで作成するには

キーワード
しおり

WordをＰＤＦ文書作成エディタとした場合、ＰＤＦ用のしおりをどのように作るか解説します。

ＰＤＦに変換したときのしおりを何にするかは、Wordで文書を作成するときにあらかじめ決めておきましょう。しおりに変換できるのは、見出し、スタイル、ブックマークの３つのいずれか、または全部です。見出しを設定するには、その段落にマウスカーソルを置いた状態で、「ホーム」タブの「スタイル」から「見出し1」などを選択します。見出しが設定できた文書をＰＤＦ文書として保存します。その際、「オプション」ボタンをクリックして、「Wordの見出しをしおりに変換」に設定します。

ＰＤＦ文書を確認すると、Wordで見出しに設定した段落がしおりに変換されたのを確認できます。このとき、見出しのカスケード順にしおりもカスケードされています。

MEMO ここでは、「見出し」が設定されているスタイルを選択するようにしてください。

Wordでしおりを設定する

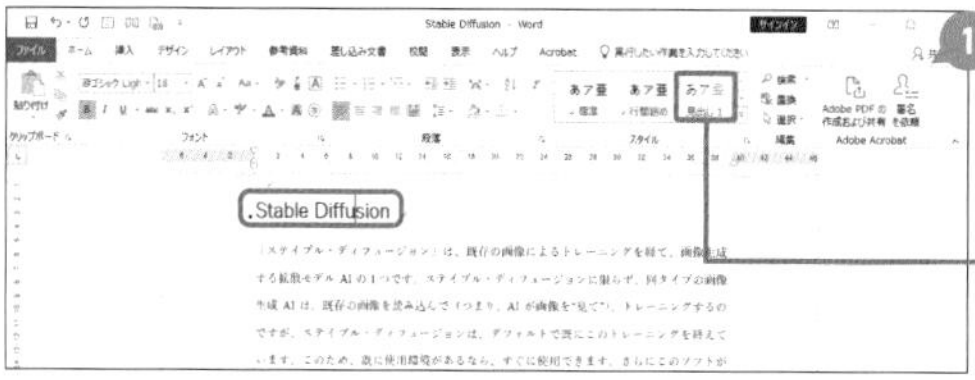

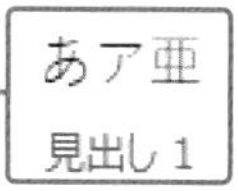

1 Wordで見出し付き文書を作成する。

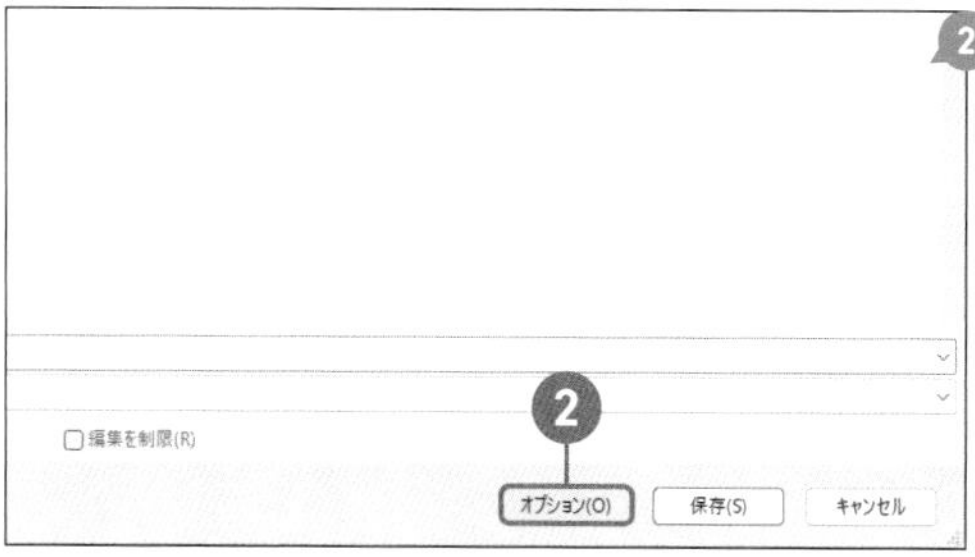

2 PDF文書として保存するときに、「オプション」ボタンをクリックする。

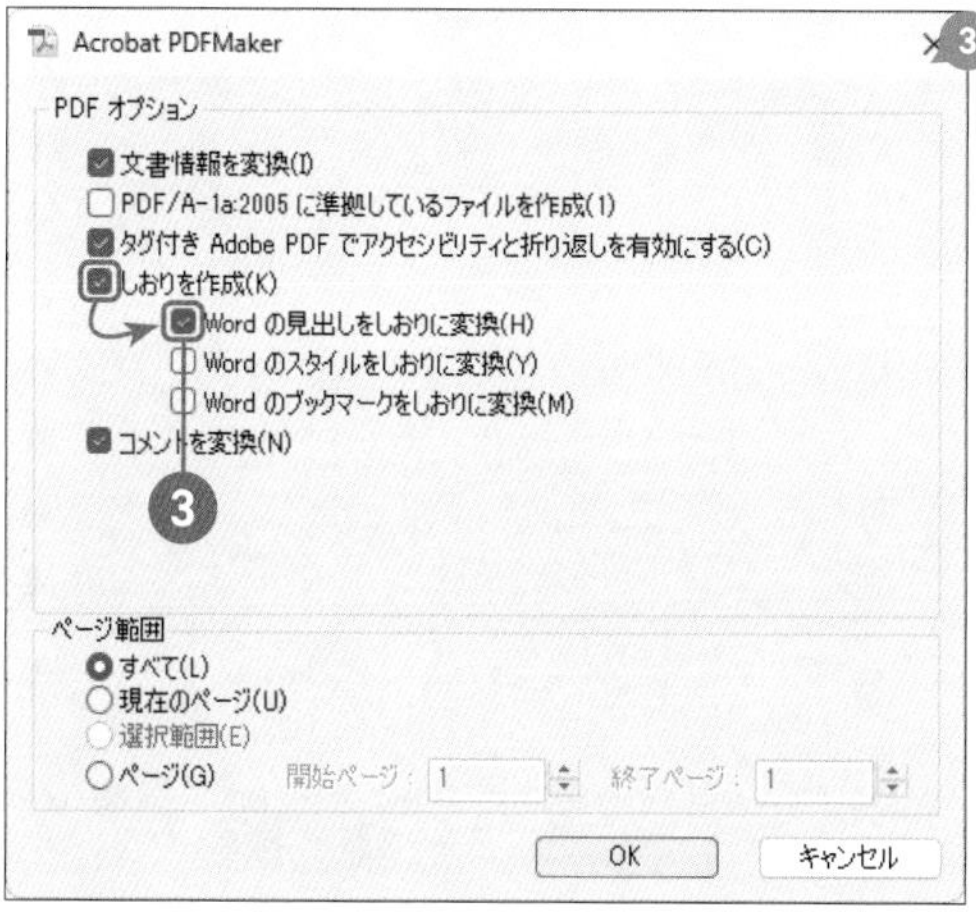

3 「しおりを作成」にチェックを入れ、「Wordの見出しをしおりに変換」にチェックする。

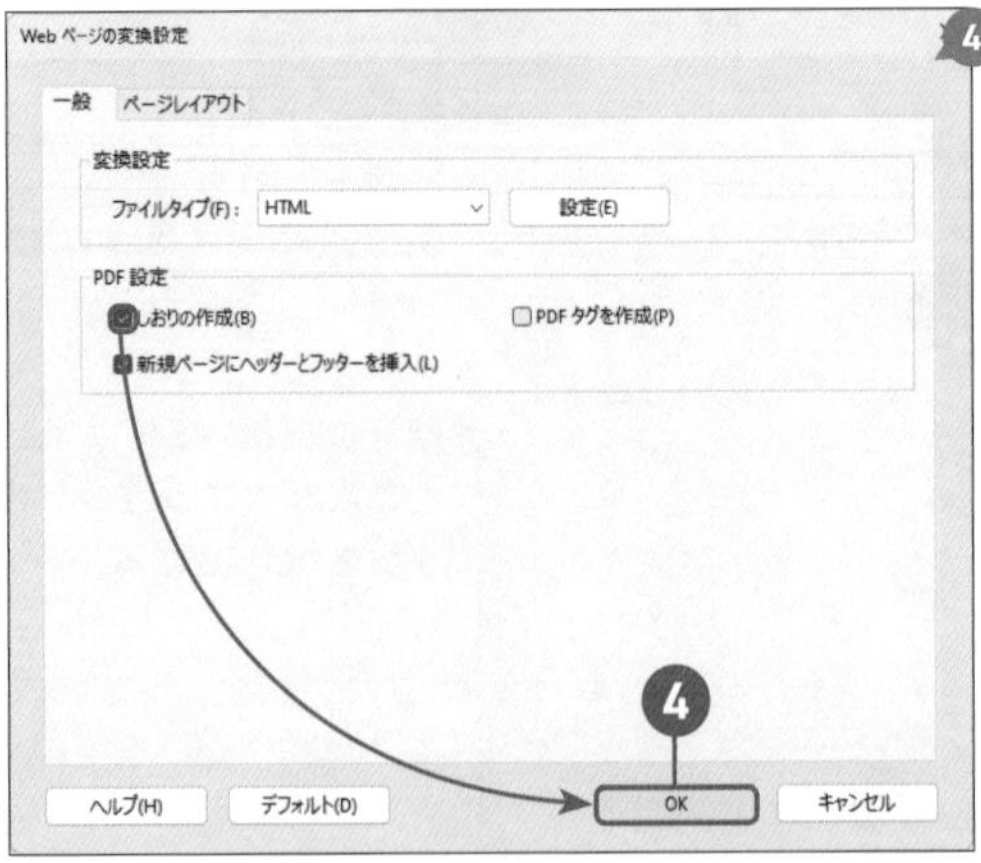

4 「PDF設定」で「しおりの作成」にチェックして、「OK」ボタンをクリックする。

●Wordの見出しがしおりに変換されたPDF文書

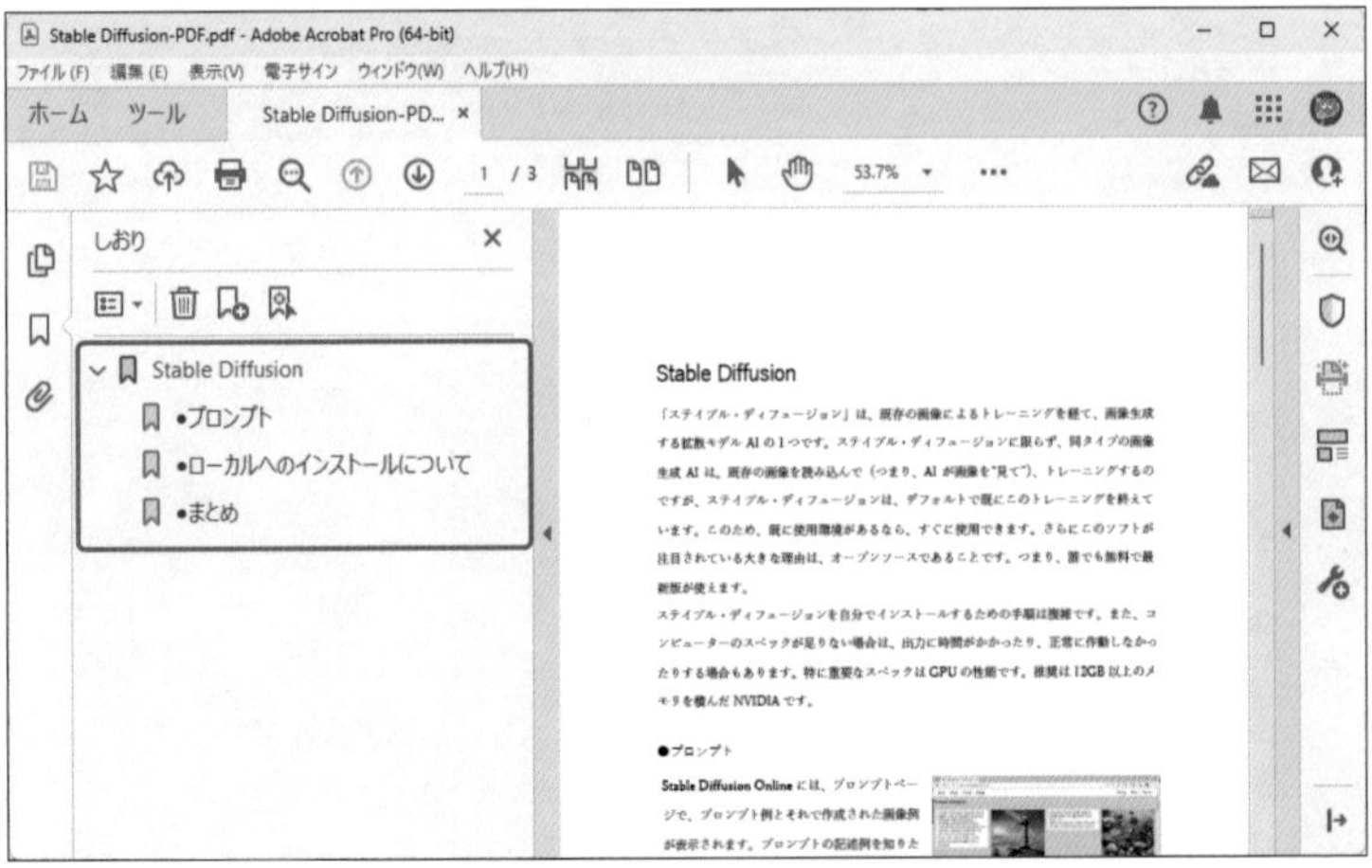

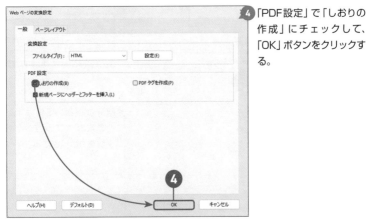

索引

さ行

あ行

か行

ま行

た行

な行

は行

や行

ら行

アルファベット

ダウンロードリンクについて

本書で紹介したソフト（アプリ）をオンラインで入手するための情報やダウンロードページです。Webブラウザから下記のURLを入力していただくか、本書のダウンロードリンクサービスをご利用ください。

●PDF関連のダウロードページのURL

アプリ名	URL
Adobe Acrobat Reader	https://www.adobe.com/jp/acrobat/pdf-reader.html
Adobe Acrobat	https://www.adobe.com/jp/acrobat.html
Kindle	https://play.google.com/store/apps/details?id=com.amazon.kindle&hl=ja&gl=US
Foxit PDF Reader	https://www.foxit.co.jp/products/foxit-pdf-reader/

●Adobe Acrobat Reader

●Adobe Acrobat

●Kindle

●Foxit PDF Reader

スマホやタブレット用のPDFアプリの入手は、以下のQRをデバイスでスキャンしてください。

●Acrobat関連アプリのダウンロードページへのQRコード

	Adobe Scan 紙の文書をPDF化	Adobe Acrobat Reader PDF 書類の管理
iOS/ iPadOS		
AndroidOS		

●Adobe Scan

●Adobe Acrobat Reader

本文イラスト　タナカ　タカヒロ

図《ず》解《かい》でわかる ビジネスマンのための
最《さい》新《しん》 PDF《ピーディーエフ》 便《べん》利《り》帳《ちょう》

発行日　2023年 7月30日　　第1版第1刷

著　者　音《おと》賀《が》　鳴《なる》海《み》&アンカー・プロ

発行所　株式会社　秀和システム
〒135-0016
東京都江東区東陽2-4-2　新宮ビル2F
Tel 03-6264-3105（販売）Fax 03-6264-3094

印刷所　三松堂印刷株式会社　　Printed in Japan

ISBN978-4-7980-7017-9 C3055

定価はカバーに表示してあります。

乱丁本・落丁本はお取りかえいたします。

本書に関するご質問については、ご質問の内容と住所、氏名、電話番号を明記のうえ、当社編集部宛FAXまたは書面にてお送りください。お電話によるご質問は受け付けておりませんのであらかじめご了承ください。